U0312063

中国石油勘探开发研究院出版物

构造变形与油气成藏实验和数值模拟技术系列丛书·卷五

主编 赵孟军 刘可禹 柳少波

构造变形物理模拟与构造建模技术及应用

陈竹新 雷永良 贾 东 陈汉林 等◎著

Physical Analog and Structural Modeling
Techniques and Applications

科学出版社

内 容 简 介

本书主要介绍了构造变形物理模拟与构造建模技术进展及应用,包括构造物理模拟实验技术发展历程、实验装置构成与功能、构造物理模拟实验理论基础和分析技术、前陆冲断褶皱带实例应用及挤压滑脱冲断构造和变形机制认识等。

本书适合从事构造地质专业的研究人员参考,也可作为高等院校师生和科研机构相关专业研究人员的参考用书。

图书在版编目(CIP)数据

构造变形物理模拟与构造建模技术及应用 = Physical Analog and Structural Modeling Techniques and Applications / 陈竹新等著. —北京:科学出版社,2019.1

(构造变形与油气成藏实验和数值模拟技术丛书/赵孟军,刘可禹,柳少波主编;卷五)

ISBN 978-7-03-059151-7

Ⅰ. ①构… Ⅱ. ①陈… Ⅲ. ①构造变形–物理模拟 Ⅳ. ①P541

中国版本图书馆 CIP 数据核字(2018)第 240942 号

责任编辑:吴凡洁　冯晓利 / 责任校对:彭　涛
责任印制:师艳茹 / 封面设计:无极书装

科 学 出 版 社 出版
北京东黄城根北街 16 号
邮政编码:100717
http://www.sciencep.com

三河市春园印刷有限公司 印刷
科学出版社发行　各地新华书店经销
*
2019 年 1 月第 一 版　开本:787×1092 1/16
2019 年 1 月第一次印刷　印张:16 1/4
字数:369 000

定价:228.00 元
(如有印装质量问题,我社负责调换)

　　进入 21 世纪以来，我国油气勘探进入一个新阶段，以湖盆三角洲为主体的岩性油气藏、复杂构造为主体的前陆冲断带油气藏、复杂演化历史的古老碳酸盐岩油气藏、高温高压为特征的深层油气藏、低丰度连续分布的非常规油气藏已成为勘探的重要对象，使用传统的手段和实验技术方法解决这些勘探难题面临较大的挑战。自 2006 年以来，在中国石油天然气集团公司科技管理部主导下，先后在中国石油下设研究机构和油田公司建立了一批部门重点实验室和试验基地，盆地构造与油气成藏重点实验室就是其中的一个。盆地构造与油气成藏重点实验室依托中国石油勘探开发研究院，大致经历了三个阶段：2006 年至 2010 年的主要建设时期、2010 年正式挂牌到 2012 年的试运行时期和 2013 年来的发展时期。盆地构造与油气成藏重点实验室建设之前，我院构造、油气成藏研究相关的实验设备和实验技术基本为空白。重点实验室围绕含油气盆地形成与构造变形机制、油气成藏机理与应用和盆地构造活动与油气聚集等三大方向，重点开展了油气成藏年代学实验分析、构造变形与油气成藏物理模拟和数值模拟技术系列的能力建设，引进国外先进实验设备 35 台/套，自主设计研发物理模拟等实验装置 11 台/套。

　　通过 10 年来的实验室建设与发展，形成了物理模拟、数值模拟、成藏年代学、成藏参数测定等四大技术系列的 31 项单项技术，取得了 5 个方面的实验技术方法重点成果：创新形成了以流体包裹体、储层沥青、自生伊利石测年等为核心的多技术综合应用的油气藏测年技术，有效解决了多期成藏难题；自主设计制造了全自动定量分析构造变形物理模拟系统，建立了相似性分析参数模板，形成了应变分析和三维重构技术；利用构造几何学和运动学分析，构建三维断层、地层结构，定量恢复三维模型构造应变分布，形成了构造分析与建模技术；自主研发了油气成藏物理模拟系统，为油气运移动力学、运聚过程、变形与油气运移、成藏参数测定等研究提供了技术支持；利用引进的软件平台，开发了适合我国地质条件的盆地模拟技术、断层分析评价技术和非常规油气概率统计资源评价方法。

　　"构造变形与油气成藏实验和数值模拟技术"系列丛书是对实验室形成的技术方法的全面总结，丛书由五本专著构成，分别是：《油气成藏年代学实验分析技术与应用》（卷一）、《非常规油气地质实验技术与应用》（卷二）、《油气成藏数值模拟技术与应用》（卷三）、《油气成藏物理模拟技术与应用》（卷四）、《构造变形物理模拟与构造建模技术及应用》（卷五）。丛书中介绍的实验技术与方法来自三个方面：一是实验室建设过程中研究人员与实验人员共同开发的技术成果，其中包括与国内外相关机构和实验室的合作成果；二是对前人建立的实验技术与方法的完善；三是基于丛书主线和各专著需求，总结国内外已有的实验技术与方法。

"构造变形与油气成藏实验和数值模拟技术"系列丛书是该重点实验室建设与发展成果的总结,是组织、参与实验室建设的广大科研人员和实验人员集体智慧的结晶。在这里,我们衷心感谢盆地构造与油气成藏重点实验室建设时期的领导和组织者、第一任重点实验室主任宋岩教授,正是前期实验室建设的大量工作,奠定了重点实验室技术发展和系列丛书出版的基础;衷心感谢以贾承造院士、胡见义院士为首的重点实验室学术委员会,他们在重点实验室建设、理论与技术发展方向上发挥了指导和引领作用;感谢重点实验室依托单位中国石油勘探开发研究院相关部门的支持与付出;同时感谢中国石油油气地球化学和油气储层重点实验室的支持和帮助。

希望通过丛书的出版,让更多的研究人员和实验人员关注构造与油气成藏实验技术,推动实验技术的发展;同时,我们也希望通过这些技术方法在相关研究中的应用,带动构造与油气成藏学科的发展,为国家的油气勘探和科学研究做出一份贡献。

赵孟军　刘可禹　柳少波

2015 年 7 月 1 日

前言

　　随着油气勘探的不断深入，我国中西部地质结构复杂的冲断褶皱带已成为油气资源发现的主要领域。由于受勘探及地质资料品质的限制，难以准确认识复杂构造的变形结构和形成机制，制约了冲断带的区带评价和优选、目标圈闭的识别和刻画。地质构造物理模拟实验作为一种有效的技术手段，始于 19 世纪早期，至今已经历了 200 多年的发展历程。随着基础理论和数据处理技术的不断发展进步，构造模拟实验分析技术正逐渐实现控制自动化、检测数字化、模型可视化和分析定量化。

　　为满足油气勘探中复杂构造解析、油气藏评价和富油气区预测等重大生产需求，发展完善盆地构造基础理论和分析评价技术，中国石油天然气集团公司(以下简称中国石油)盆地构造与油气成藏重点实验室自主研制了新一代多向动力加载数字化盆地构造物理模拟装置，开发了针对相似性计算、模拟过程、数据采集及后处理等方面的实验技术，形成了构造变形物理模拟与构造解析建模技术，为复杂地质构造的几何学结构、运动学过程和动力学机制的研究提供了实验平台，丰富了复杂构造的研究方法。

　　近几年，盆地构造物理模拟技术在国家油气科技重大专项和中国石油科技项目研究中已获得了应用，重点开展了我国中西部挤压冲断构造、多滑脱构造和盐构造等方面的结构特征和成因机制研究；深化了环青藏高原盆山体系构造演化过程、深层构造结构及领域和区带评价的认识，为中西部冲断带油气勘探领域、区带和目标评价提供了实验依据、理论基础及技术支持。本书主要总结了模拟实验与建模理论技术的进展及重点研究区的应用情况，包括构造物理模拟技术发展历史和设备装置介绍、构造物理模拟实验的理论基础和分析技术、挤压冲断带和复杂构造区的实例应用及挤压滑脱冲断构造的结构特征和变形机制认识。

　　本书主要包含九章内容。第一章简要回顾了构造物理模拟实验技术的发展历程，由雷永良和陈竹新编写；第二章介绍了构造物理模拟实验装置的技术构成与功能实现，由陈竹新、贾东和吴晓俊编写；第三章梳理了构造物理模拟的相似性分析原理，由雷永良和陈竹新编写；第四章阐述了构造物理模拟实验的操作流程及主要后处理技术，由雷永良、陈竹新和沈礼编写；第五章介绍了库车冲断带地质结构及盐构造物理模拟，分析了挤压盐构造形成机制，由陈竹新和雷永良编写；第六章介绍了塔西南冲断带典型构造物理模拟与变形机制，由陈汉林、陈竹新和王春阳编写；第七章介绍了基于陆内挤压和多层滑脱等构造作用下的冲断构造物理模拟研究，由贾东、陈竹新、孙闯和沈礼编写；第八章介绍了构造物理实验模型的粒子成像测速技术和应变定量分析技术，由陈竹新、贾东和沈礼编写；第九章总结了挤压滑脱构造模型、增生方式及控制因素，由陈竹新、雷永良和尹宏伟编写。本书最后由陈竹新统稿。

　　在实验室建设和课题研究过程中，得到了许多单位和部门相关人员的大力帮助，在此一并致谢。感谢中国石油科技管理部、中国石油勘探开发研究院及中国石油塔里木油田分公司等各级领导的支持。感谢教育部盆地构造研究中心各位老师的指导与帮助。衷心感谢贾承造院士、杨树锋院士和邹才能院士长期以来对实验室建设、发展和研究的大力支持和帮助。特别感谢宋岩教授、张水昌教授、魏国齐教授、李本亮教授、张朝军高级工程师、石昕高级工程师、管树巍高级工程师和吴晓俊副教授在实验室建设和课题研究中做出的贡献。

本书作为研究团队阶段工作和认识成果的总结，希望能为相关专业研究人员和实验人员提供一些经验和帮助，以期推动构造变形实验和分析技术的进步。由于作者水平有限，书中不妥之处在所难免，敬请各位读者批评指正。

作　者

2018 年 6 月 1 日

目录

第一章　构造物理模拟实验技术概况

地质构造变形现象所发生的时间和空间尺度是相当大的，这一尺度通常可达到数十个百万年和上千公里。因此，对地质学家而言，要想直接重建一个漫长的地质构造演化过程、分析构造变形的机制和发生的格局并非易事。构造物理模拟就是一种能够在实验室条件下再现地质构造变形的形成过程，并通过数字记录、影像回放和图像处理，定量地分析变形结果和地质结构成因机制的实验技术。模拟需要将地质原型按一定比例进行几何尺度的缩小，并根据比例换算选择适当力学强度的实验材料，满足一定的动力和时间相似关系。这种比例上的缩放需要遵循相似性原则，因此，构造物理模拟实验通常也被称为相似性物理模拟(physical analog modeling)或比例模拟(scale modeling)。

地质构造变形现象的物理模拟实验始于 19 世纪早期，至今已经历了 200 多年的发展历程。在这一历程中，技术发展具有一定时代性和阶段性。本书将其大致划分为四个发展阶段：先导萌芽阶段、推广探索阶段、相似分析阶段和数字数据阶段(图 1-1)。

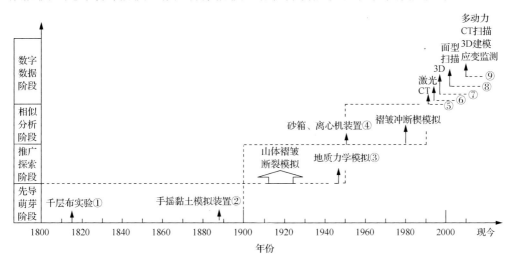

①爱丁堡皇家学会(Hall, 1815)；②苏格兰地质调查局(Cadell, 1888)；③中央研究学院(李四光，1947)；
④壳牌石油公司(Hubbert, 1951)；⑤法国石油研究学院(IEP)(Calletta et al., 1991)；⑥法国雷恩大学(Martinod and Davy, 1994)；
⑦美国得克萨斯大学经济地质局(Guglielmo et al., 1997)；⑧英国伦敦大学(Adam et al., 2005)；⑨中国石油勘探开发研究院(2009)[①]

图 1-1　构造物理模拟技术发展阶段

第一节　先导萌芽阶段

19 世纪，模拟实验具有一定的先导测试特性，技术规范和理论认识尚存在局限。先

---

① 资料来源：中国石油勘探开发研究院. 重点实验室(内部报告). 北京，2009：57-80.

驱者通常使用一些简陋的装置来重复实现地质褶皱的变形现象，以尝试模拟褶皱变形和分析褶皱机制。

Hall 是最早开展褶皱模拟实验的地质学家，他于 1815 年利用叠层布和叠层湿黏土再现了褶皱的形成过程，即著名的"叠层布"或称"千层布"实验[图 1-2(a)]。Hall(1815)用挤压"叠层布"的实验解释了苏格兰东海岸的褶皱起因，并强调水平压力在褶皱机制中的重要性。

Hall 的实验可谓构造地质模拟迈出的第一步。但此后近半个世纪，有关地质模拟的实验并没有得到足够的重视和发展，直至 19 世纪 70 年代，随着一些研究者开始投入到地壳褶皱现象的研究中，模拟实验才逐渐变得丰富起来。例如，Daubrée(1878)用锌、铁或薄层铅作变形层，研究了围压、地层厚度、地层流变属性对单层褶皱几何形态的影响，论证了褶皱的波长与地层的厚度和流变性有关，褶皱的对称性与围压有关，同时他也利用染色的石蜡层模拟了类似增生楔的模型[图 1-2(b)]；Favre(1878)设计了一种底部带有伸缩橡胶垫的装置，其上部保持自由面，用来模拟野外的褶皱变形[图 1-2(c)]；Schardt(1884)利用湿砂和湿黏土混层研究了地层的流变性对褶皱和断层相关褶皱的影响，提出强能干层对褶皱形态起主控作用，而弱能干层则是随之产生被动变形的创新认识[图 1-2(d)]；Reade(1886)研究了混层模型中层间滑动和层厚对褶皱的影响[图 1-2(e)]；

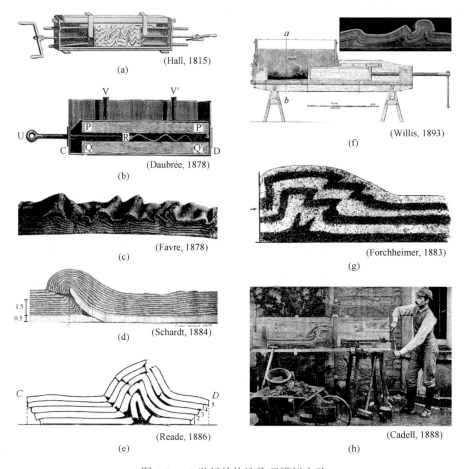

图 1-2　19 世纪的构造物理模拟实验

Willis(1893)在阿巴拉契亚褶皱带的研究中利用蜜蜡、石膏、松节油等脆性–黏性混合材料，模拟分析了围压、层厚和地层塑性对褶皱变形的影响，提出褶皱的缩短量与地层的能干性及围压有关，褶皱过程中存在滑脱层的韧性流动聚集[图1-2(f)]。

19世纪的地质模拟研究除了聚焦地层褶皱现象外，也有部分研究者致力于冲断构造和造山过程的研究。冲断构造是一种受侧向应力作用造成地层收缩、错断的地质构造。Forchheimer(1883)在利用多层湿黏土和砂构建的混层模型分析侧向压力传递问题时得到了冲断增生楔体模型[图1-2(g)]。Cadell(1888)利用染色的熟石膏、湿砂和黏土等脆性材料模拟了冲断构造，验证了冲断面朝向施压方向、冲断的向外传播通常与褶皱相伴[图1-2(h)]。

Cadell的贡献不仅在于冲断构造的模拟分析，还在于较早地提出了模拟实验的比例尺度(即相似性)问题，这使他成为认识"模拟相似性"的重要先驱者之一。德国学者Reyer(1892)也对模拟的比例尺度进行了论述，他认为用几何尺度和时间尺度都比实际地质体小得多的模型再现构造变形时，所使用的材料的黏度必须比岩石的黏度也低得多。

纵观19世纪的构造物理模拟，尽管研究者寥寥，实验缺乏严格的理论推导和技术规范，实验材料也形形色色，但关注地层围压、地层流变学属性和能干性对变形的影响，以及增生楔模型和模拟相似性比例问题的提出等无疑为构造模拟的研究树立了较高的起点，为20世纪构造地质学的大发展奠定了一个良好的开端。

第二节　推广探索阶段

20世纪上半叶是一个地质学观点林立、假说繁多的时代，无论是地质学还是地质模拟实验都处在探索和实践当中。在这一时期，由于众多地质学家对探索地质造山运动历史表现出了突出的兴趣，实验模拟也随之得到应用推广，进入了一个造山模拟的大探索时代。其中，实验装置上不乏出现一些复杂的设计(图1-3)。

对造山运动的模拟从一开始就涉及地质构造的各种成因关系分析。如高山穹隆的成因(Gilbert，1904)、褶皱的不对称性与围压的关系(Meunier，1904)、褶皱随深度的3D演化(Avebury，1903)、褶皱与断裂的关系(Koenigsberger and Morath，1913；Link，1927)、岩性与变形样式的关系(Lohest，1913)、褶轴旋转的剪应力作用及运动学函数关系(Mead，1920)、褶皱变形与地层流变的关系(Chamberlin and Shepard，1923；Kuenen and de Sitter，1938；Bhattacharji，1958)、构造型式与构造作用应力的关系(Cloos，1928；Lee，1929)等。与此同时，模拟所涉及的地质结构也是复杂多样的，如弧形山体结构(Hobbs，1914；Chamberlin and Shepard，1923；Lee，1929)、低角度冲断(Chamberlin and Miller，1918；Rich，1934)、推覆构造(Gorceix，1924)、侧向汇聚构造(Cloos，1928)、反转构造(Terada and Miyabe，1929)、盐构造(Torrey and Fralich，1926；Escher and Kuenen，1929；Dobrin，1941；Nettleton，1943；Parker and McDowell，1955；Belousov，1961)、楔形构造(Chamberlin，1925)等。

在这一时期，尽管实验技术体系并不完善，仍缺乏规范、严格的相似性理论分析，但模拟实践的种类之繁多无疑造就了实验技术向构造地质学广泛渗透的一个重要时代。而与此同时，地质力学也开始兴起和发展。力学是分析地质构造成因关系的基础，力学与地质解释、模拟相结合是 20 世纪早期不可忽略的一项重要进展。例如，Anderson（1905）发表了断裂动力学的研究成果，Griffith（1921）提出了破裂理论，Hubbert（1937）推导了地质模拟的相似性计算问题，李四光（1947）提出了地质力学思想并带领团队开始在专题研究中开展相关构造物理模拟实验（Lee，1948）。随着力学分析思维的加入，越来越多的地质学家开始注重地质成因机制的复杂性和定量分析的必要性，并为此后多学科、技术的融入奠定了坚实的基础。

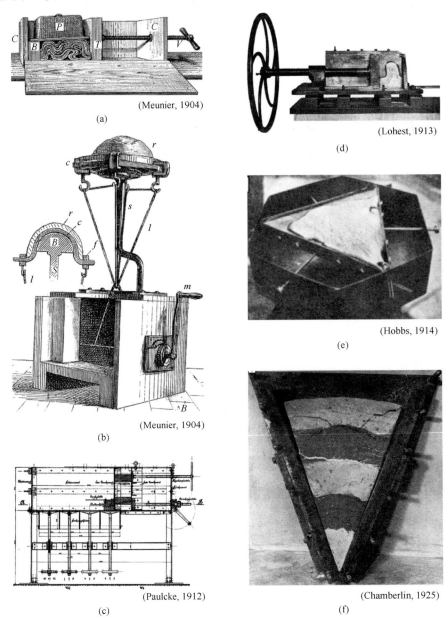

图 1-3 20 世纪早期的构造物理模拟装置

第三节 相似分析阶段

20世纪下半叶，板块构造学说给造山运动的研究带来了新的力学观点。同时，伴随着力学、数学、流变学研究的发展，模拟实验的理论和技术也开始逐渐走向成熟。在这一时期，相似性理论的建立、基础实验材料的厘定、冲断增生楔模型的分析等都具有里程碑式的意义。

尽管实验模拟的相似性问题早在19世纪末已有研究者提及（Cadell，1888；Reyer，1892），但相似性计算关系的建立则相对较晚。相似性计算的核心是从理论上解决小尺度的模拟实验如何能反映大尺度的地质变形的关键问题。

Hubbert（1937）较早地从几何学、运动学（速度和加速度）及动力学相似的角度出发，提出了不同力学属性的相似性比例计算关系，并通过实验提出以松散砂为材料的模型适合模拟地质岩石的破裂特征（Hubbert，1951），以此奠定了"砂箱"物理模拟的基础。此后，Ramberg（1967，1981）进一步利用离心机来开展物理模拟。他认为质量、长度、时间等相似性比例关系是相对独立的，因而将相似性计算的重点落实在模型和原型的应力比值关系上。与砂箱装置（图1-4）需要缩小材料的强度不同，离心机装置是将正常的重力加速度扩大上千倍（图1-5）。它可以采用多种接近真实岩石物性的实验材料，并考虑岩石各向异性、岩层小尺度的脆性变形及层间滑动对变形的影响等（Noble and Dixon，2011）。由于设备成本高，离心机模拟实验仅在极少数实验室中维持运行。

继Hubbert和Ramberg之后，随着材料力学和流变力学分析的深入，越来越多的研究者开始注重从材料的本构关系和流变关系出发，区分能干的脆性材料和非能干的韧性（黏性）材料，据此建立各个材料层的模型与地质原型的相似性比例计算关系，并进行合理的简化（Weijermars and Schmeling，1986；Davy and Cobbold，1991；Sokoutis et al.，2000）。例如，在岩石圈地壳尺度的构造物理模拟中，脆性材料的相似性关系实质上只需考虑材料的黏聚强度（内聚力）之比，而韧性材料的相似性关系则考虑不可压缩黏性流变的黏性强度比。

图1-4　砂箱模拟实验装置

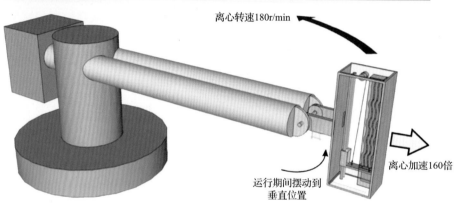

离心转速180r/min

离心加速160倍

运行期间摆动到
垂直位置

图 1-5　离心机模拟实验装置(据 Noble and Dixon，2011)

　　相似性理论计算关系的建立为实验材料的合理厘定和使用提供了重要依据。例如，在砂箱模拟中，有两类实验材料得到了普遍应用：脆性颗粒材料(如石英砂、玻璃微珠、微陶粒、金刚砂)和黏性材料(如硅胶、胶泥)。松散的脆性颗粒材料遵循 Mohr-Coulomb 破裂准则，与天然岩石所表现出的弹性–摩擦塑性的力学性质一致，被认为适合模拟地壳中的能干层变形(Hubbert，1951；Mandl et al.，1977；Krantz，1991)；而牛顿黏性材料的使用则通常是考虑地层中非能干的软弱层具有不可压缩的缓慢黏性流变属性(Weijermars，1986；Davy and Cobbold，1991；Weijermars et al.，1993)。

　　对于砂箱模拟，根据学科方向的不同，通常有三种实验类型(Graveleau et al.，2012)：①研究冲断楔变形的"砂箱"模拟；②关注气候地形发展的"地貌"模拟；③研究沉积记录的"地层"模拟。客观上，在这一时期，尤以冲断楔砂箱模拟的实践进展最为显著，极大地推动着造山带冲断构造的研究，成功地为临界楔理论提供了分析模型，如消减模型[subduction models，图 1-6(a)](Ellis，1996)和推挤模型[indentation model，图 1-6(b)](Tapponnier et al.，1982)。冲断增生楔也称为临界库仑楔(critical Coulomb wedge)，它由

Davis 等（1983）、Dahlen（1984）和 Dahlen 等（1984）提出，随后许多研究者进行了修正和发展（Davis and Engelder，1985；Zhao et al.，1986；Davis and von Huene，1987；Dahlen and Barr，1989；Dahlen，1990；Xiao et al.，1991；Suppe，2007；Mourgues et al.，2014）。临界库仑楔理论认为，在挤压构造变形中，满足脆性库仑材料破裂的冲断构造会沿着底部的滑脱或拆离面呈有序地发展直到整体达到一个临界锥角，形成楔形的冲断构造。随后，楔形体将沿着滑脱或拆离面卷入变形的自相似的发展序列中。地质上稳态的临界锥角由楔体的地表坡角 α 和底部滑脱面的倾角 β 来定义（图 1-7），即 $\alpha+\beta$。临界楔理论描述了楔体几何形态与楔体内部作用应力之间的动态关系。临界库仑楔理论对前陆褶皱冲断带整体几何形态的形成和冲断构造的发展序列提供了一种解释方案。当然，它也可以用于解释伸展构造的脆性破裂问题（Xiao et al.，1991）。

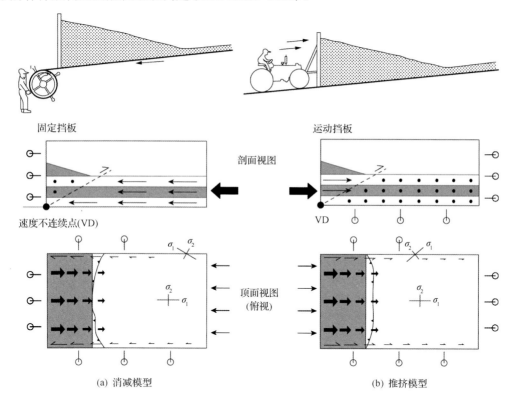

图 1-6　冲断增生楔的消减模型和推挤模型（据 Dahlen and Barr，1989；Schreurs et al.，2006）

20 世纪下半叶，相似性分析理论的完善对物理模拟的发展是至关重要的，它使构造物理模拟从定性描述真正走向了定量科学研究。此后，地质模拟实验不再局限于形态学的观察，技术上开始走向与力学、数学、流变学分析内在地相融合。此外，伴随着砂箱实验材料的合理使用，不同实验室之间、研究之间甚至物理模拟与数值模拟之间的分析成果可以实现相互对比，形成一定技术规范，为地质理论的认识和发展奠定了基础。

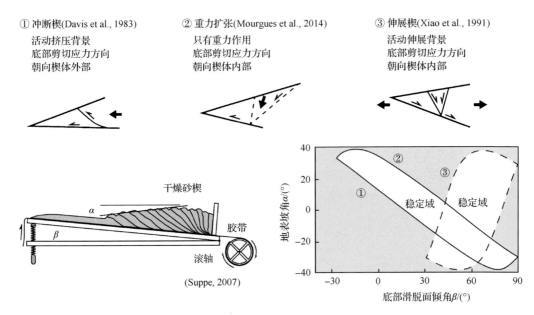

图 1-7 临界库仑楔模型及三种构造类型(据 Suppe，2007；Mourgues et al.，2014)

第四节 数字数据阶段

从 20 世纪 90 年代开始，直至进入 21 世纪，得益于数码产品、计算机和图像数字技术的蓬勃发展，实验技术开始普遍走向装备自动化、测量数字化、结果可视化的发展道路，构造物理模拟也迎来了一个全新的数字数据技术时代。变形运动的数字化监测和变形构造的力学分析，以及模型结构的三维数字化重建等均具有突出的新时代技术特色。学科上，模拟也在浅表构造地貌过程和深层地下地质建模两个研究方向取得了长足的进展。

变形运动的监测是对变形各个时刻的结构和位移进行记录和测量。传统上，变形结构可以通过素描或拍照的方式记录下来，而位移则需要通过人工测量模型上预置标志点在各时刻的相对运动轨迹才能获得，这一工作需要研究者投入大量的工作量。随着数字化技术的兴起，借助粒子图像速度仪(particle image velocimetry，PIV)或光流传感器(optical flow)进行快速监测，以及激光、立体摄影、条纹投影等技术进行面型扫描已成为可能(Graveleau et al.，2012)。这些技术起初发展于流体力学和岩土力学中，并逐渐应用到地质模拟实验中。例如，PIV 法(图 1-8)在原理上是通过连续照相获取图像，并分析两个时刻点图像的相关度来厘定变形运动在各阶段的位移场或速度场，其测量的空间精度为毫米级。PIV 和传感技术的应用不仅大大简化了实验处理的流程，使研究者可以快速获取测量数据，也使得进一步的构造地质力学分析成为可能。例如，基于变形运动的位移场或速度场，研究者可以定量开展变形的应变、涡度，甚至应力等地质力学和结构力学分析(Adam et al.，2005；Hoth，2005；Hoth et al.，2007；Nilforoushan and Koyi，2007；Haq and Davis，2009)。

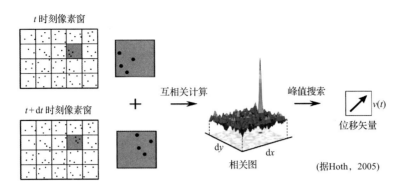

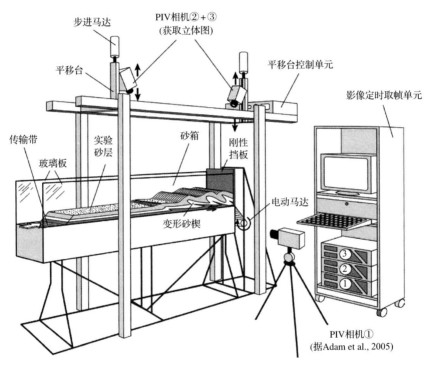

图 1-8 PIV 技术的原理及装置

  模型数字化重建目的是将模拟结果从二维观察推进到三维分析,是新时代实验技术发展的必然需求。传统模拟技术手段的局限在于大多停留在表观运动过程和剖面结构的观察上,很少对模型内部变形结构进行三维立体分析。如果对模型的内部结构进行观察,则需要对模型进行破坏性切割,而切片的结果仍然是二维的。在新时期,基于数字图像处理技术,研究者可以通过图像的像素重采样,实现从二维切片到三维结构的重新组合,进而分对象地开展立体综合分析和研究。当前,模型的三维数字化重建技术通常有两种实现方式:一种是结合模型固化、切片、3D 图像建模软件后处理等步骤来实现(Guglielmo et al.,1997;Dooley et al.,2009,2015;谢会文等,2012),尽管这种方式仍需对模型进行破坏,但它可以保留实验模型的真实完整数字记录,且成本低(图 1-9);另一种是利用大型 CT 设备开展扫描和虚拟色彩图像重构(Colletta et al.,1991;Schreurs et al.,2003)(图 1-10),其设备成本较高,但不需破坏实验模型,甚至可直接开展四维(含时间序列)的动态运动学和结构分析。

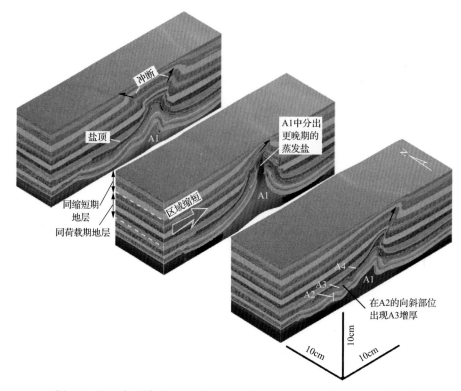

图 1-9　基于实验模型切片图像的 3D 模型重建(据 Dooley et al.，2015)

A1～A4 均为实验材料层。其中，A1 和 A3 为硅胶层，模拟纯岩层；A2 和 A4 为硅胶层和砂层互层，模拟不纯的岩层

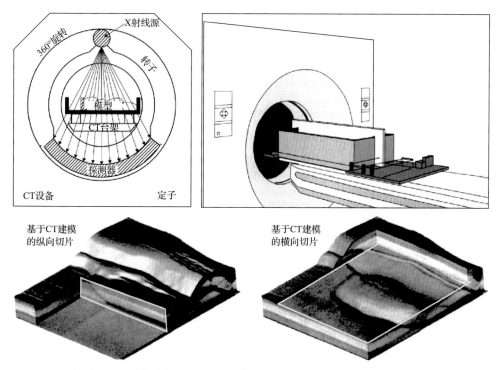

图 1-10　基于 CT 扫描图像的 3D 模型重建(据 Colletta et al.，1991；Schreurs et al.，2003)

数字技术的应用对推动实验构造地质学的学科发展的作用无疑是巨大的，目前已广泛渗透到实验构造地貌研究和深层地下地质建模两个分支学科当中。借助三维面形扫描设备，研究者可以开展地貌侵蚀变化过程的物理模拟，并结合地下构造的演化来分析构造抬升—剥蚀/侵蚀—沉积的耦合作用(Haq and Davis，2008；Luth et al.，2010；Graveleau et al.，2011，2012，2015；Strak et al.，2011)(图 1-11)。借助三维建模，模拟结果不仅可以保存为数字记录，还可以根据研究的需求指定开展特殊地质体和构造体的结构分析(如盐体、盐下冲断)，深入认识地下复杂地质体的演化特征。当前，随着数字技术的突破，模拟实验技术的变革仍在不断发生，并对未来的技术和学科发展方向有着深远的影响。

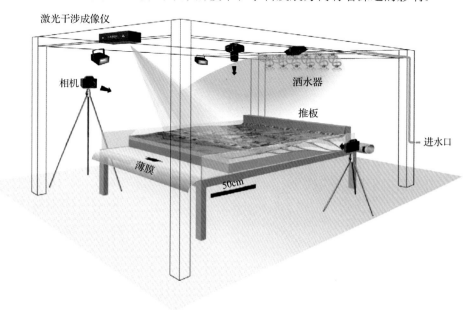

图 1-11 构造地貌耦合过程模拟实验装置(据 Graveleau et al.，2012)

除了数字化技术，数据信息化是新时代科学技术发展的另一个显著特点。长远来看，地质科学研究已不再满足于单次实验的成果分析和单个实验室的模拟技术条件，需要开展成果对比和大数据分析。如荷兰皇家壳牌集团(Shell)(以下简称壳牌)的研究室已对 25 年来的上百组模拟实验建立了数据化的研究图集，以便地质学家和地震解释者利用这些实验成果开展科学的分析和解释(Nieuwland and Nijman，2001)。在新的阶段，随着计算机网络和数据库技术的发展，未来开展远程实验模拟、模拟结果的实验室间对比，以及大数据综合可视化分析将有望成为可能。

当前，模拟研究作为地质构造分析的一种重要手段，在很大程度上深受地质和地球物理学家的广泛关注和青睐，在石油勘探、地震预测、成矿研究等方面都有着广泛的应用价值。如国际上知名的壳牌(Shell)、美国美孚石油公司(Mobil)、英国石油公司(BP)等均建有专门的构造模拟实验室。同时，在各大石油公司的支持下，许多大学也建立了相关的构造物理模拟研究机构。例如，瑞典乌普萨拉大学 Ramberg 实验室，美国北伊利诺伊大学、得克萨斯大学奥斯汀分校和西南研究院(SWRI)，英国伦敦大学，法国雷恩大学和里尔大学，荷兰的阿姆斯特丹大学及德国波茨坦地学研究中心(GFZ)等。我国自20世纪30年代引入构造物理模拟实验研究方法以来，目前，中国科学院地质与地球物理研究所(单家增，1996；钟嘉猷，1998)、中国石油大学(北京)(周建勋和漆家福，1999)、中国石化胜利油田地质科学研究院、南京大学、中国石油勘探开发研究院、中国地质大学(北京)等已相继建立构造物理模拟实验室，并在盆地构造、盆-山过程、油气地质等方面都取得了一定的研究进展。模拟实验技术的蓬勃发展标志着一代又一代的研究者正立足于提高勘探认识，为发展构造地质和石油地质理论在不断努力。

第二章　构造物理模拟实验装置与功能

为了更好地开展油气勘探中复杂构造解析及油气藏评价，尤其是我国中西部陆内多向挤压冲断构造的解析与建模研究，同时推动盆地构造应用基础理论和构造建模技术深入发展，中国石油盆地构造与油气成藏重点实验室于 2010 年建成了盆地构造物理模拟装置，搭建了一个先进的构造物理模拟实验系统和科研平台。

第一节　实验装置概况及技术特性

构造物理模拟实验装置是根据实验相似性基本原理，实现地质边界条件、地层材料、动力学参数等设置及运动学过程再现的实验与观测机械装置，提供构造变形几何学、运动学及动力学的半定量至定量分析。

一、装置概况

该构造物理模拟实验装置能提供多方向自动化和定量化的动力加载，可实现模型的挤压、拉伸、走滑、底辟、塑性变形、脆性变形、底摩擦作用等多项实验功能。除了直接观察构造变形过程，可对模型表面变形状态、模型内部应力和应变进行定量测量，完成三维可视化成像和内部应变分析，从三维和定量的角度理解构造变形几何学结构与运动学过程。

实验设备和仪器提供模拟过程的数字化控制和高精度定量观察，体现实验装置可操作性、结果可重复性、数据可信性等特点。实验过程可实现精确、定量的控制，能根据需要调整应力条件、调节边界位置和形态、设置地层介质。实验过程可自动化控制，测试结果可以实时记录，实验过程可进行回放和分析处理等。

基于该装置，可以开展不同边界条件和物理参数的模型实验，了解单项和多项因素对构造变形机制和动力学过程的控制作用，检验各种复杂地质构造解释模型的合理性，再现盆地构造和局部含油气构造的原型及其发育过程。

二、技术特性

1. 系统模块化

各系统按照功能，划分为若干模块，各模块均为高度集成的功能系统。同时，该实验装置为后续的可能实验模型保留了接口，可根据实际需求研制新设备或组件。每个模块的功能相互组合，完成多种实验。各模块的划分便于总体模型系统共享、实验的组合和装置维护，达到经济使用的目的。各系统模块预留了升级空间，可兼容多向动力的施加和多种边界条件下模型的补充及软硬件设备的更新升级。

2. 控制自动化

设备提供了高精度的控制及检测。材料添加-刻画装置、底辟装置等对加砂、布砂和供液-输液过程等可实现精确定位和定量布控。动力装置和底摩擦装置可实现精确定位、复位、定量运动和协调工作，实现模型实验箱到 CT 装置的自动传送和精确重复定位。模型装载完毕后，一切操作可由计算机软件控制。

3. 检测数字化

模型表面变形状态、内部应力应变和 CT 成像等过程自动监测，对模拟实验数据进行可靠的采集和处理，实现模拟过程的定量化、数字化、三维可视化成像，可为地质分析提供基础依据，动态展示实验过程。

4. 多方向动力

复杂实验模型边界和动力条件下实验模拟，完成多方向和多动力的施加及多边界组合。围绕中心实验台，周围提供了 4 组 8 个电动缸，可以提供多个方向动力的单独和组合加载。同时完成各系统模块和装置的调节，实现设备的安全、协调和防护，包括刻画装置与实验砂箱、布砂系统与实验台、CT 系统与实验台、传输及各机械部件间等。

第二节　实验装置结构与模型检测

构造物理模拟实验装置主要包括以下五大设备系统(图 2-1)：操作平台系统、模型驱动系统、模型监测系统、控制和数据处理系统、实验附属系统组成。

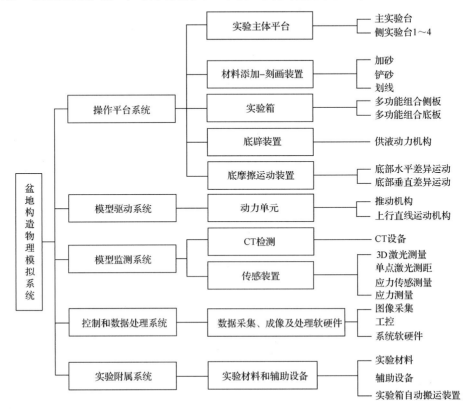

图 2-1　构造物理模拟实验装置系统结构图

一、操作平台系统

操作平台系统包括：实验主体平台、材料添加-刻画线装置、实验箱、底辟装置和底摩擦运动装置等多个部件，实现不同地质构造模拟功能。

(一)实验主体平台

实验主体平台包括一个中央圆形主实验台和周围四个侧实验台，形成以主实验台为中心的圆形分布结构(图 2-2)。主实验台(中央实验台)位于中央，固定不动，四个侧实验台台面装有可移动机构，其中左右两个侧实验台台面可做俯仰动作，完成底面倾斜的模拟功能；另外前后两个侧实验台台面底部装有运动机构，可以左右移动，离开工作区域，便于实验人员观察、测量、近距离照相和摄像等工作。

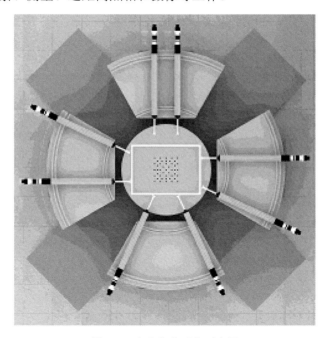

图 2-2 实验主体平台示意图

1. 主实验台

主实验台是一个由铝合金框架和铝合金加不锈钢板复合台面组成的机构，台面为一圆形装置(图 2-3)，直径为 1500mm、高 750mm，并通过底边、侧板及推板等连接不同功能的动力装置。主实验台是所有实验箱及模型等放置的区域，实验台台面具有多种接口。中央实验台的中间还开有一个方孔，尺寸为 600mm×600mm，由同种材料的盖板封住，为将来实验台升级备用。主实验台面上留有不同位置的螺孔，可以安装不同规格的实验箱。因此，主实验台可根据需要准确方便地安装实验箱、底板、变化的边界、底辟装置、底摩擦装置等，除了实现常规的挤压、拉伸、走滑等地质构造模拟功能，还可以实现底辟构造、底摩擦、拱升等多种模拟实验。

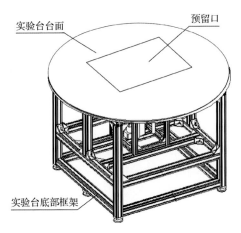

图 2-3　主实验台示意图

2. 侧实验台

在主实验台的周围相互垂直的方向上布置有四个侧实验台(图 2-2)。侧实验台上安装有电机和电动缸及推杆等部件,是实现驱动系统的载体(图 2-4)。侧实验台平面形状为扇形,台面上装有两根弧形导轨,导轨之上装有电动缸及推杆系统。每根推杆可以沿导轨移动,可在不同方向对模型施加动力,完成多方向挤压、拉伸、走滑等构造模拟。整个扇形平板还可通过装在平板下的两条平行轨道做左右的平行移动,主要是通过伺服电机带动丝杆来完成定向和定量的平面移动。

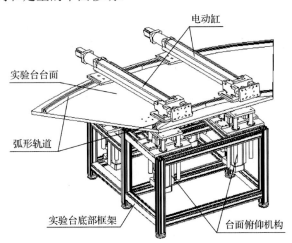

图 2-4　侧实验台示意图

左、右两个侧实验台的台面可以做俯仰动作。通过台面下部的升降电动杠调节台面高度,从而改变推板接触点高度和受力点。左、右侧实验台是一个在框架结构的机架上,装有一个扇形的铝合金平板,然后通过平板上的两条弧形轨道,再装上两个可平推的电动缸,这两支电动缸可沿弧形轨道做左右各 30°的调整,从而实现平面多角度挤压、拉伸、走滑。整个扇形平板还可通过装在平板下面框架内的三个电动缸来调节扇形平板±10°的俯仰角,完成基底倾斜需要的斜向挤压或拉伸运动。

前、后侧实验台也是一个在框架结构的机架上，装有一个扇形的铝合金平板，然后通过平板上的两条弧形轨道，再装上两个可平推的电动缸，这两支电动缸可沿弧形轨道做左右各30°的调整，配合左右实验台30°的调整，完成360°多向挤压等运动，进而实现模拟多向、多期次的叠加和复合构造现象。

(二) 实验箱

实验箱是实现模拟地质条件和构造过程的核心部件，是模拟实验材料装填、模拟过程观测及实验数据采集的场所。根据需要可设计不同需求的实验砂箱，主要有五大类，分别是：①常规系列实验箱，可设计不同长、宽、高尺寸的立方体，整体尺寸小于1200mm×800mm×400mm；②适用医疗CT的非金属实验箱，规格小于600mm×400mm×300mm；③底辟实验箱；④推板/挡板可伸缩的特殊砂箱；⑤底板可变化的实验砂箱。这些实验箱可依据主实验台条件及实际模拟实验需求自行设计安装。

1. 常规实验砂箱

常规实验箱两侧都是透明的钢化玻璃侧板，能承受实验时产生的侧向压力，同时还便于实验人员对实验过程进行观察。可通过数字记录设备记录两个侧面的全部实验过程，为后处理提供图像和数据资料。为了保证实验箱能承受较大的侧向压力，在实验箱的两侧，用不锈钢材料做了一个固定框架。这样既便于实验箱和中央实验台连接，又加强了实验箱本身强度(图2-5)。实验箱的底部采用强度相对较高的树脂层压板，该板具有较高的强度和耐磨性，使用寿命长，同时该板还有良好的加工性，便于一般的机械加工。砂箱的推板采用的是有机玻璃制作，在推板的两侧和底部开有槽口，槽口内可嵌入羊毛毡(硅橡胶)密封条，能有效阻止实验砂的泄漏。

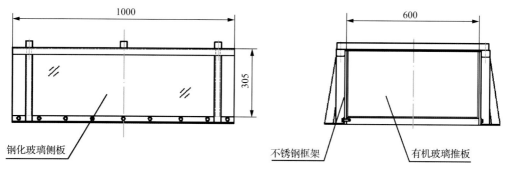

图 2-5 常规实验箱示意图(单位：mm)

2. CT 实验砂箱

根据模拟实验研究的特殊要求，对有些实验工作在实验完成后，或在实验过程中需要将整体砂箱及砂箱内模型运到 CT 机内，以了解实验对象内部变化的情况。该实验箱可采用非金属材料制作。侧面挡板用钢化玻璃，推板和框架均用有机玻璃制作，联结螺栓用纤维强化塑料(FRP)拉挤材料。这样可以保证该实验箱有一定的机械强度，又有很好的透波性。该箱体的使用与常规砂箱使用方法一样，在与电动缸调整平行后固定，即可添加材料准备实验。

3. 推板可伸缩实验箱

此类砂箱专门为多向挤压或拉伸设计的实验箱,其特点是推板长度在一定的压力范围内,自动缩短或伸长,并与相邻砂箱板保持紧密接触,保证粒状实验材料(如石英砂等)不外漏。图 2-6 展示了一个具有南北方向可伸缩推板的实验砂箱设计。

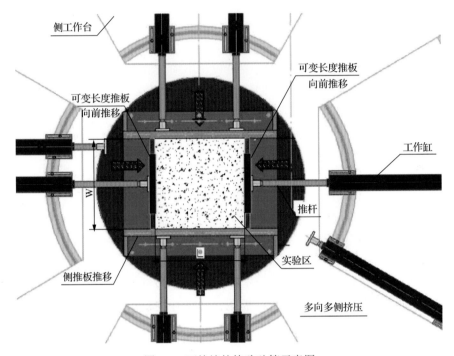

图 2-6　可伸缩的特殊砂箱示意图

4. 底板可调节实验箱

上述所有的砂箱必须配有不同的底板,构成具有不同边界条件的实验箱,才能完成特定地质结构的模拟实验。底板材料需要耐摩擦、不变形,可采用特定的复合材料加工制作。根据实验需要,可设计如下常用的砂箱底板,满足主要地质构造模拟实验。

水平底板:底板水平,规格根据不同的实验箱而定。

倾斜底板:具有小角度的倾斜,倾角可调(0°~10°),与侧推板运动方向一致,完成上仰或下冲等挤压、拉伸等运动(图 2-7)。

分块底板:底板由多块拼接而成,不同块体运动方向和速度可以不同,完成走滑构造等模拟实验。

伸缩底板:底板可以均匀拉伸或压缩,实现模型基底均匀或不均匀拉伸和收缩。

留孔底板:底板可以具有不同形状、不同规格的孔洞,保证底部液体注入。

组合底板:根据实验需求,实验人员可按设计安装由上述底板组合而成的复杂底板。

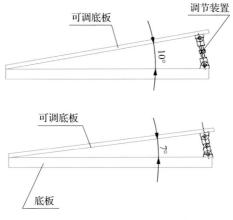

图 2-7 倾斜可调底板装置示意图

5. 底辟实验箱

该实验箱主要用于底辟实验。箱体有一个夹层的底板(图 2-8),通过专用的油泵,将黏稠的糊状润滑油脂通过管道泵入实验箱的底部,再从底板上事先开好的孔(槽)中涌出,进入模型底部,形成底辟构造。和其他实验箱一样,两侧各有一块透明的钢化玻璃,便于观察实验,两头的推板通过联结装置与电动缸推杆相连。实验过程中,通过电动缸推动推板产生挤压或拉伸变形,可完成既有底辟现象,又有水平运动的复杂地质构造模拟。

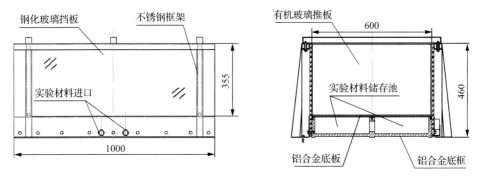

图 2-8 底辟专用实验箱示意图(单位:mm)

(三)材料添加-刻画装置

1. 材料添加装置

材料添加装置是为实现均匀且定量材料添加目的而设计的设备(图 2-9)。该装置实现盛放砂粒的容器沿规定的路线行走,并能控制行走速度,实现砂粒能均匀可控地下落。因此在水平(X)方向设置了直线电机,直线电机的速度控制范围为 0.01~200mm/s,同时增加控制砂箱开口大小的装置和砂箱出砂口的砂粒搅拌装置,控制砂粒均匀下落。砂箱在垂直(Y)方向上通过两条直线导轨(德国 RK 公司生产)连接在一起,可以根据需要上下移动。两条直线导轨与材料添加机构的机架联结,而机架又与顶部的导轨相连,同时机架上还装有直线电机的线圈,当该线圈上电后即可沿直线轨道移动,移动的速度和距离可通过上位机来控制,移动的精度由与道轨平行安装的分辨率为 1μm 的光栅尺来决定。该机构为了不与同一条轨道上的搬运机械手或其他物体发生碰撞,机架上装有超声波距离传感器,采用超声波回波测距原理,运用精确的时差测量技术,检测传感器与目标物之间的距离。且以±10V 的信号形式传送给控制器(美国国家仪器公司生产)。控制器获得两个机械手之间的距离后,进行处理,如距离达到某设定值时,控制器将进行报警处理。当两者之间的距离小于警戒值时就强迫停车,保证设备安全。并可使用软件实时从控制器读取两个机械手之间的距离。

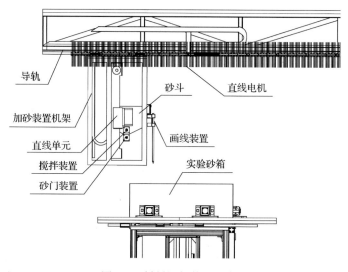

图 2-9　材料添加装置示意图

粒状模拟实验材料(如石英砂等)的铺设在铺设前要求筛选,细粒石英砂适合模拟脆性变形,符合库仑破裂准则,内摩擦角和松散程度与脆性变形的岩石符合相似性原理。因此,漏砂缝隙可根据粒径大小调节,调节范围为 0～10mm。

材料添加量根据实验中每层材料厚度与面积以及承载安全性等,确定砂箱承载重量为 150kg。单层材料添加最小厚度为 2mm,单层铺设完毕后,可以将砂斗中的剩余砂清理干净,进而继续铺设后面不同性质或不同颜色的单层实验材料。

2. 刻画装置

为了更好地观察实验模型表面变形特征,在实验模型表面刻画点、线等初始图案。可以通过两种方式实现,即"硬笔"和"软笔"。

所谓的"硬笔"是指采用坚硬的细针在模型表面刻画不同规格的凹槽。将地质构造变形模拟实验仪器材料添加装置中的直线行走机构作为一个基本单元(X 方向),在此基础上再加装另一个(Y)方向的直线行走机构,同时该机构又装在材料添加装置的砂箱上,这样就形成了一个三维方向协调运动的机构,并由计算机统一控制(图 2-10)。

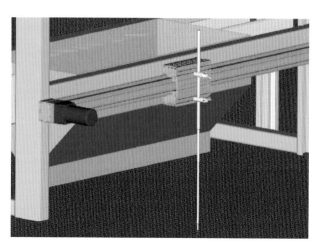

图 2-10 "硬笔"刻画装置示意图

所谓的"软笔"是指采用特殊颜色的细小颗粒从画线装置的笔头漏出，在模型表面留下不同规格的痕迹。利用材料添加装置中的 X 方向直线行走机构，在程序指令控制下，画线砂斗做协调运动，同时打开砂斗阀门，漏出的彩色砂撒在实验材料表面，形成所需图案。

（四）底辟实验装置

底辟实验装置包括底辟实验区（图 2-11）和底辟供液机构（图 2-12）两大部分。

实验区砂箱由钢化玻璃挡板、推板和可储存一定实验材料底座组成，底座的底板上开有出液孔，根据实验需要出液孔可开成不同的形状和排列方式。底辟所用的材料由油泵通过输送管道送到储液池内，再通过底板上的孔挤入实验区，完成不同底辟构造类型模拟实验。

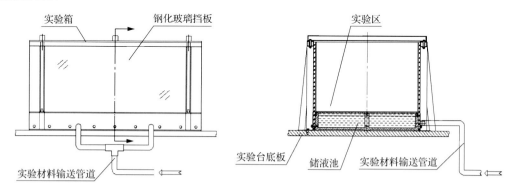

图 2-11 底辟实验区

底辟供液机构由储液罐、伺服电机、减速器、电动缸、单向阀、压力控制器（阀门）、压力传感器、流量计及管路组成。

底辟总供液量为 20L，供液速度为 0～314mL/min，压力大于 2MPa，压力和供液速度可控、可计量。整个系统在计算机的控制下进行，实验过程精确可控。

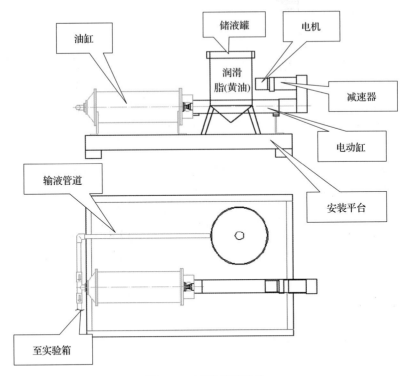

图 2-12　底辟供液机构

(五)底摩擦运动装置

底摩擦运动装置主要是由一条无级传动皮带和带动它转动的动力及变速机构组成。模型置于皮带上,电机带动皮带运动,模型因自重有随皮带一起运动的趋势,档杆阻止了这种运动,底面和皮带之间产生动摩擦力,从而实现消减实验模拟和重力滑脱模拟。

底摩擦运动装置由两组绕皮带轮转动的环形皮带、推板、侧板、力传感器等组成(图2-13),底摩擦仪实验区尺寸定为 1200mm×400mm×300mm(长×宽×高),其移动速度为 0.001~0.5mm/s。双台独立控制,可同向、反向、同步、不同步,且能够实现用一条整带做实验的功能。两侧推板与推杆连接,并在推杆中间装上力传感器,测量挤压推力和由底摩擦产生的摩擦力的大小。

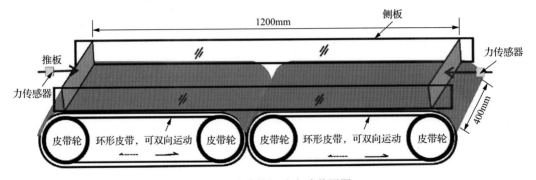

图 2-13　底摩擦运动实验装置图

（六）实验箱搬运装置

砂箱搬运装置(称之为机械手)指将实验砂箱搬移到 CT 设备上进行模型内部结构扫描的直线运动机械机构(图 2-14)。能通过软件控制，实现自动规划移动线路，与砂箱的对接、搬运、放置等运动不会对实验砂箱内的模型产生影响。根据实验室机械手需要搬运砂箱及砂箱内模型大小，机械手负载大于 10000N，速度为 0.01~200mm/s，重复定位精度小于±0.05mm。

机械手的抓取动作是通过电机带动螺杆、螺母实现直线运动。搬运机构的手指夹紧松开由侍服电机、螺杆、螺母和直线运动导轨(LM)实现同步反向运动，从而实现抓取手指的开合(图 2-14)。

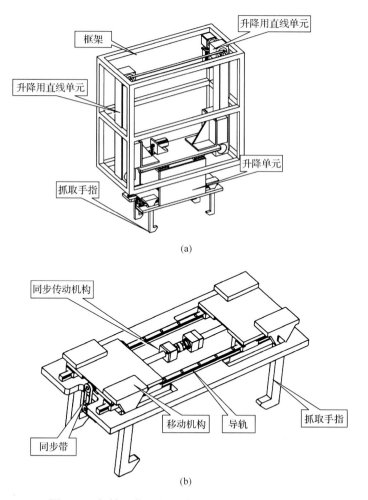

(a)

(b)

图 2-14 机械手装置(a)和抓取手指(b)结构示意图

搬运机械手和材料添加-刻画装置均悬挂于主实验台上空的悬梁架体之上(图 2-15)，通过电机驱使，使二者沿悬梁运动，完成各自的功能。

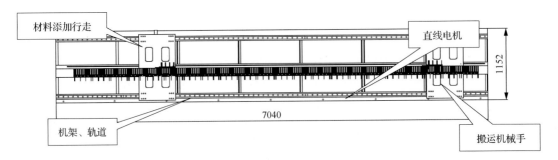

图 2-15　机械手支撑机构图(单位：mm)

二、模型检测系统

除了应用传统的数码相机、专业摄像机等设备在实验箱外侧进行模拟实验及图像数据采集外，还可以使用数字化设备及模型内部数据检测的设备，包括 3D 激光测量装置、单点激光测距装置、加载应力传感测量装置、实验介质内部应力应变测量装置及 CT 扫描装置等。

(一)图像数据采集

为后期编辑处理提供高清或标清的静态实验过程图片，可以定时或自定义设置拍照捕捉间隔单位时间实验过程的一组画面。在实验过程中，定时用照相机/摄像机拍摄模拟实验的变形状况，通过手动定时控制或计算机定时控制，提高拍照稳定性和连续性。数码相机按照设定的时间间隔进行拍摄，生成标准图像格式文件，并应用图像处理软件进行后期图像分析与处理。通过专业摄像机可录制图像视频，实现变形过程的连续录制或多点录像，或者通过软件控制，实现基于运动参数和信息的视频记录。

(二)3D 激光测量装置

该装置包括 3D 激光扫描仪、连接配件(含软件)、数据接口软件、机械连接装置等。可动态获取不同时刻模型表面数字化高程及表面形态，并进行数字化处理，研究模型表面应变。精度和扫描范围取决于仪器设备，实验室建设时配备的 3D 激光测量装置的产品型号 OKIO-V-400，精度达 0.5mm，单面扫描范围为 400mm×300mm。

(三)单点激光测距装置

该装置包括单点激光测距传感器、相应测试设备、机械连接装置、连接接口和软件等，激光传感器安装于材料添加机构上的直线单元。在材料添加装置上的激光传感器可以作 X-Y 方向的运动，它可以完成如下功能。

(1)通过材料添加控制软件，可以精确测量实验砂箱内任意一点的材料厚度。这样给自动材料添加带来方便，可以精确控制每一层材料的厚度，并可以检验每一层材料的均匀性。

(2)通过材料添加控制软件，可以控制同生地层的沉积速率：在砂箱实验过程中同时进行材料添加，并利用激光传感器协同工作测量材料添加厚度，可以实现不均匀厚层的材料添加。

(四) 应力传感测量装置

应力传感测量装置包括三维应力传感器、实验板应力测试板、测试设备配件、应力测试分析软件、测试箱及测试卡(含连接设备、软件开发平台)等。

1. 三维应力传感器

实验材料为石英砂或硅胶类的材料，材料介于固体和流体之间，对其内部的应力测试较困难。通过对使用岩土应力传感器测量的可行性进行分析，并进行了实验验证，提出了该方案(图 2-16 和图 2-17)。压力传感器选用微型压力传感器，此压力传感器为片状，将六个微型传感器安装在一个小六面体上，测量六个方向的应力大小。为更真实地了解内部受力状况，根据压力推进速度选取多个位置作为测量点，每个点预埋六个微型压力传感器分别测得来自六个方向的压力分布状况，采集得到各个面的受力大小。同时，由于砂体处于运动状态，必须测量出传感器的位置状态，才能准确描述其应力点的应力状态，因此可以在自制的传感器内部安装三轴加速传感器，以便测量位置状态。总之，这里提出了一个实验过程中应力测量的方法，研究人员可根据实验需求进行三维应力传感器的购置与使用，并进行后期处理过程的综合系统分析。

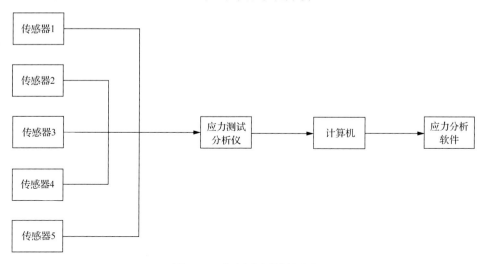

图 2-16 应力测试分析框图

2. 实验板应力测试板

在砂箱实验过程中力的传递过程是：电动缸—实验箱推板—砂体，砂体受力后产生变形，砂体内部由于每层砂的颗粒大小的不同或由于实验时选用的每层实验材料不同，例如，在石英砂层中夹有硅胶层。这样就使实验箱推板作用于实验材料断面的力不均匀，其将造成作用于每层实验材料的力有差异，这种差异也就产生了构造变形的差异。该传感器尺寸若比推板略微小一些，安装于实验推板的前端，可测试出推板作用于砂体剖面各部分的应力，通过应力分析软件可作出剖面应力分布图。

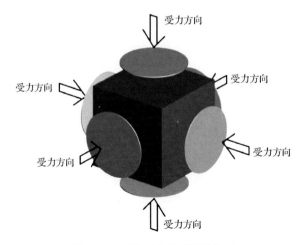

图 2-17　三维应力传感器结构图

(五)光纤应变测量装置

在砂箱中埋设光纤模拟脆性挤压变形,运用布里渊光时域反射测量技术(BOTDR)对光纤应变分布进行测量。运用光纤传感技术预测模型潜在变形位置,并与模型变形过程比较,为进一步进行模型内部应变研究打下基础。在实验过程中,计算机实时自动采集光纤应变仪的数据,并绘制应力、应变等相关图件。

(六)CT 三维扫描装置

根据 CT 序列扫描,对物理模型内部界面(分层面、断裂面、塑性层界面等)图像进行自动分割和识别,准确获取各界面之间的分界线。分割的过程应考虑图像去噪、滤波、边缘识别等,并应用相应的处理软件进行图像重组,实现三维可视化显示。另外,可在不同实验阶段,对砂箱中的砂层进行序列扫描,再结合三维重构技术建立砂箱中所有砂层的空间三维模型,可以获取实验不同阶段砂层的变形形态,实现模型内部结构和变形的动态监测,为地质成因分析提供依据。

第三节　基础实验模型与功能实现

构造物理模拟装置应能完成各种地质过程和变形结构的模拟实验,开展不同动力特征、地层结构及边界条件下构造发育机制、影响因素、结构模式的研究,为正确认识和理解自然界地质构造特征提供实验依据。自然界地质构造的物质组成、演化过程、变形方式和结构模式等千差万别,但再复杂的地质构造也是由一系列简单构造过程叠加或复合而成。针对一些基本地质构造模型,本节概述其模型设计与功能实现。

一、挤压模型

1. 单向单侧挤压模型

多层介质单侧挤压,模拟一个方向应力条件下形成的逆冲、推覆、造山带等构造。

图 2-18 和图 2-19 分别为在实验台上的单向单侧挤压模型的平面图和立面图，就是利用某一个方向的电动缸推杆推动推板，使得压力和位移量向实验材料传递，实现单向单侧的挤压实验模拟。实验材料、组合及边界设置可根据实际地质情况和相似性计算获得。

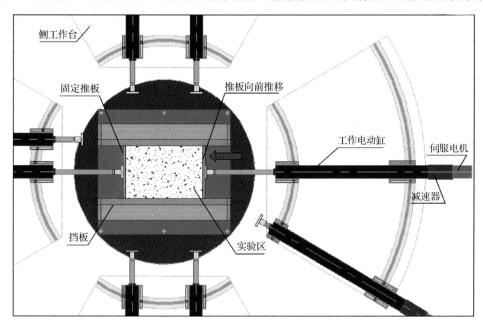

图 2-18 单向单侧挤压平面图

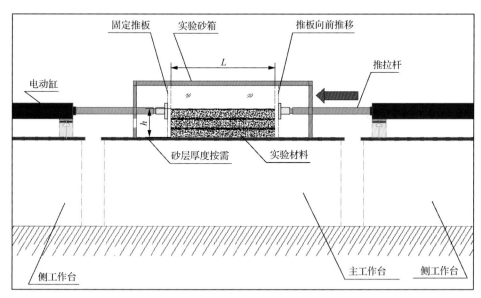

图 2-19 单向单侧挤压立面图

L 为模型长度；*h* 为实验模型高度，下同

2. 单向双侧挤压模型

多层介质双侧挤压，模拟双向应力条件下的模拟褶皱或逆冲推覆等构造变形及其叠

加结构。模型的两端具有推板，向实验模型方向挤压，两侧具有限制或非限制边界，两端推板速度相同或不同。图 2-20 和图 2-21 分别为在实验台上的单向双侧挤压平面图和立面图，显示了驱动单元和砂箱、实验台和砂箱、实验台和驱动设备之间的衔接关系。

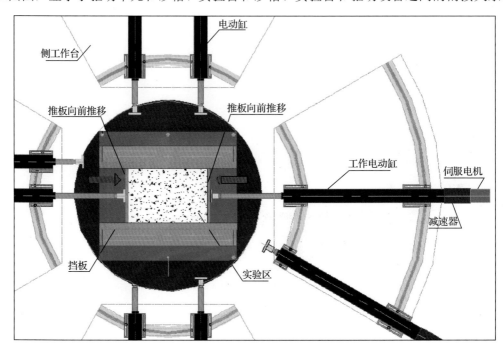

图 2-20　单向双侧挤压平面图

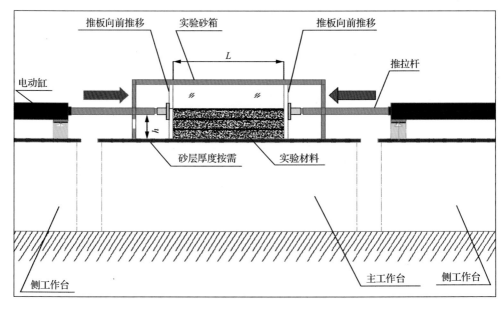

图 2-21　单向双侧挤压立面图

3. 多向挤压模型

多层介质模型,受到两个互相垂直(或斜交)的方向的挤压,不同方向具有不同的挤压速度。四个方向可以同时或不同时挤压,不同方向可以设置不同的缩短率,实现多向差异挤压变形模拟。图 2-22 和图 2-23 分别为多向挤压模型在实验台上的设计平面图和立面图,其中关键是实验砂箱中各推板的设计与协调。

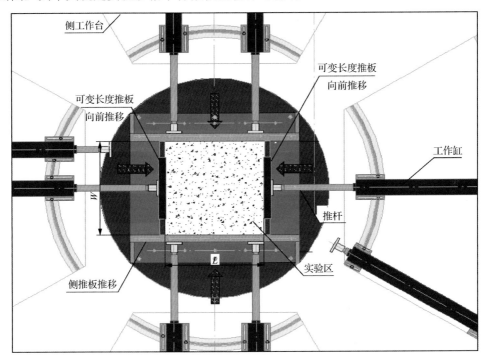

图 2-22 多向挤压平面图

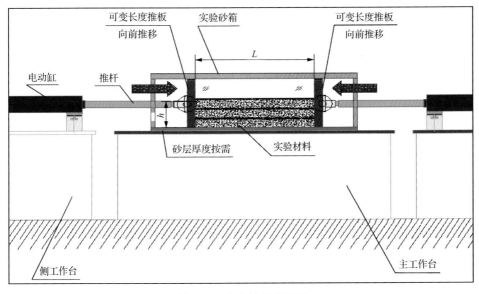

图 2-23 多向挤压立面图

4. 复杂挤压模型

复杂的多向挤压在自然界普遍存在，形成叠加构造或复合构造变形，如菱形构造是由两组方向应力叠加造成。典型多向挤压实例中，川东北弧形构造是由大巴山弧形构造带和川东弧形构造带复合而成，其力源方向为 NE 向挤压和 SE 向挤压，以及四川盆地 EW 向阻挡等。通过多向挤压运动配合其他边界条件，该实验台可以实现多项复杂实验功能。举例如下。

（1）多向同时挤压。模型受多向挤压的方向是可以变化的，同时受到多组任意方向力的挤压，挤压方向为 0°～360°，挤压边界可以根据实验者意图设计，模拟联合构造变形 [图 2-24(a)]。

（2）多向不同时挤压。对模型单向单侧或双侧挤压形成的变形，再次受到另外方向单侧或双侧挤压，模拟叠加构造变形[图 2-24(b)]。

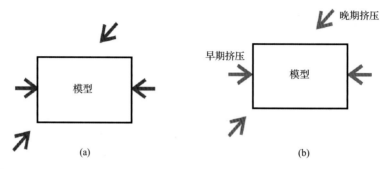

图 2-24 两种多向挤压地质构造原型平面图

在上述基本的挤压动力方向实现的基础上，通过设置复杂的基底边界、改造推板结构及底板结构，实现更为复杂的地质构造物理实验模拟。例如，通过设置底部均匀收缩或局部均匀收缩的材料，模拟各类挤压模型；通过实验台设置边界不规则等模型，进行基底先存断裂或褶皱等复杂基底和特定边界条件的模拟研究；通过实验台底板倾斜，模拟板块俯冲沉降，挤压推板形状变化；通过设计不同形状挤压推板，模拟挤入构造模型或挤入端为斜角的模型。可以根据实验需要设置各种边界条件及其组合，结合多方向动力，实现复杂构造实验模拟。

二、拉张模型

1. 单向单侧伸展模型

多层介质模型，底板为均匀伸展或不均匀伸展，模型一侧固定，另一侧通过电动缸牵引，实现一定速度下的单侧拉伸模拟。图 2-25 和图 2-26 分别为在实验台上实现此模型的平面图和立面图，其中，实验关键在于实现底板带动实验材料向两侧运动，实现拉张模拟过程。

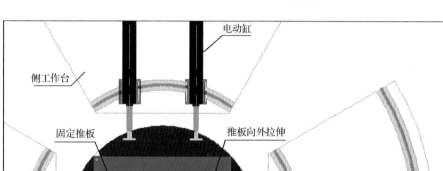

图 2-25 单向单侧拉伸平面图

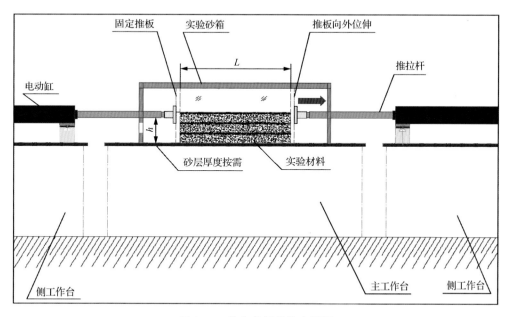

图 2-26 单向单侧拉伸立面图

2. 单向双侧拉伸模型

多层介质模型，底板均匀伸展，两侧单独设置伸展速度，模拟双侧拉伸。图 2-27 和图 2-28 分别为在实验台上实现双侧拉伸的平面图和立面图。

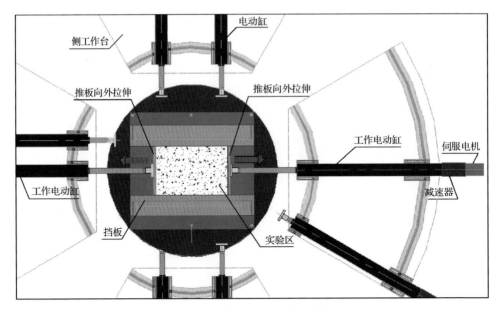

图 2-27 单向双侧拉伸平面图

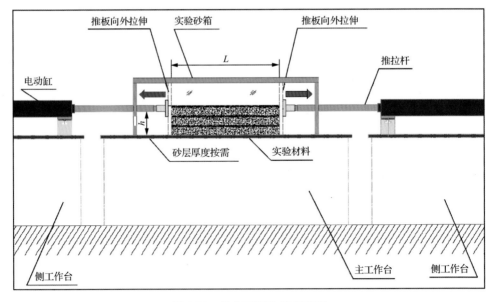

图 2-28 单向双侧拉伸立面图

3. 复杂伸展模型

伸展构造可以是由于边界向后运动引起的张性构造，大多情况下是由于基底伸展引起盖层伸展的运动。通过边界条件的变化和组合，实现复杂的伸展模拟实验。例如，可通过模型底板中预设若干刚性模块，使之在拉伸过程能产生地堑结构，并引起盖层伸展构造发生(图 2-29)。基底预设的先存正断层可以连续活动，形成同沉积断层，也可以间隔一段时间后再次活动，形成伸展盆地及其多种构造样式，或者在模型的底部先铺设黏性较大的塑性材料，拉伸一侧挡板，引起模型产生伸展构造变形。

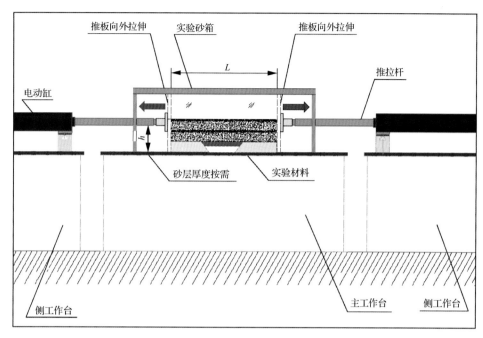

图 2-29　基底预设先存正断层模型拉伸立面图

4. 走滑拉分模型

在实验台上实现此构造模型,可通过实验箱预埋两块底板,连接部分在中部具有折线(图 2-30、图 2-31)。模型底部中央铺设硅胶,上部铺设多层颜色不同的石英砂,代表

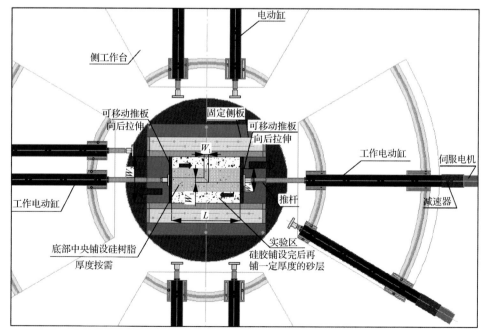

图 2-30　走滑拉分模型平面图

W_1 为转换带宽度;W_2 为模型宽度;W_3 为铺设硅胶宽度;L 为模型长度

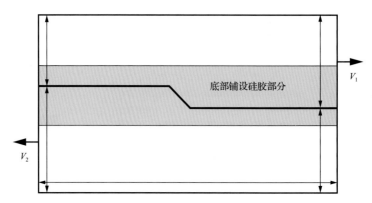

图 2-31　走滑拉分构造模拟实验箱底板预设结构示意图
V_1 和 V_2 均为速度

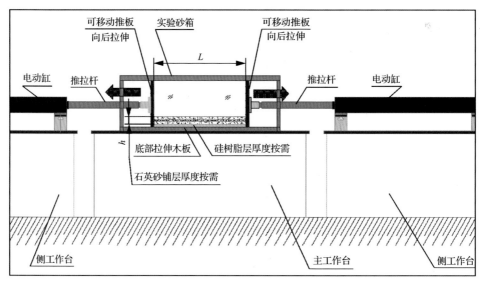

图 2-32　走滑拉分模型立面图
L 为模型长度；h 为石英砂厚度

脆性地层(图 2-32)。两侧可设置不同的伸展速度，运动方式采取单侧拉伸或双侧拉伸两种，可实现一种方式的走滑拉伸实验模拟。对边界条件进行变化和组合，可以模拟更复杂的走滑构造。

5. 反转构造模型

可以通过预设正断层模型(图 2-33)，左侧下盘固定，右侧上盘在电动缸的牵引下先伸展后挤压模拟正反转构造，或者先挤压后伸展模拟负反转构造过程。预置断层为铲型或直线型，底板上铺设塑料薄膜，伸展时与右侧板连接，挤压时与底板连接。拉伸过程中，模型表面不断接受沉积，模拟同沉积伸展构造，形成半地堑盆地沉积构造，半地堑内部由于伸展的发生，产生由倾向相反的正断层构成的地堑构造。在挤压反转过程中，形成多种反转构造样式，为反转构造分析提供实验依据。可以根据实际地质情况，设置更为复杂的构造边界、动力学过程及同构造沉积/剥蚀作用，模拟其他反转构造过程。

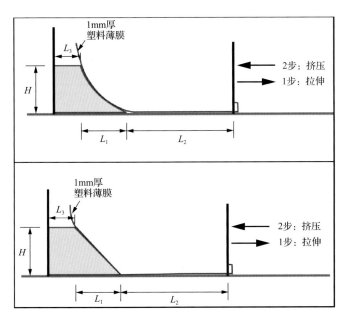

图 2-33 反转构造模拟实验先存断层预置示意图

L_1、L_2、L_3 均为长度；H 为高度

三、其他模型

1. 底辟模型

底辟模拟实验中，主要是考虑底辟流体的注入问题。该设计通过在底板上连接注液管，并根据实际情况调整注射管位置和数量。例如，图 2-34 的底辟构造模拟示意图中，为了便于实验人员观察实验现象，1 号注液管位于左侧，2 号注液管位于两个底板交界部

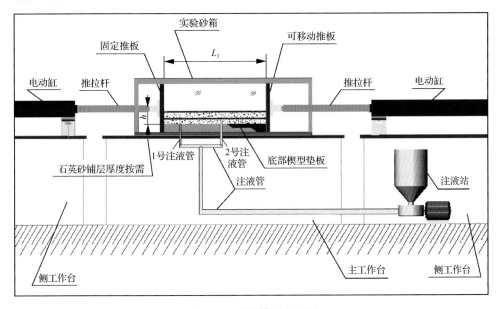

图 2-34 底辟模型立面图

位，且紧贴透明侧板，两根注液管内压力相等，即液体来源于同一主注液管。可以在其他地质构造模拟的过程中，同时或分阶段从底板向盖层底部注入液体，观察液体流动和底辟现象。

2. 底摩擦模型

底摩擦模型主要研究模型受重力作用的影响，实验目的是模拟重力。重力是一种体积力，它作用在研究对象的每一质点上。底摩擦方法是以摩擦力在摩擦方向上分布与重力场相似的性质，利用模型和底面之间的摩擦力模拟体积力(重力)(图 2-35)。

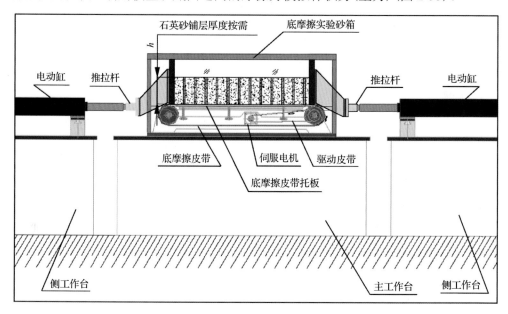

图 2-35　底摩擦模型立面图

将研究对象的剖面制成模型平放在环形活动橡皮带的平直段上，使剖面的深度方向与 x 方向一致，沿 x 方向转动橡皮带，模型随之移动，在橡皮带转动方向有一固定挡板，当模型受到这一固定挡板阻挡时，在模型与橡皮带接触面上每一点就形成摩擦阻力 F：

$$F=(P+\gamma h)\mu$$

式中，P 为作用于模型法向单位上的压力；γ 为模型材料的容重；h 为模型厚度；μ 为模型与橡皮带接触面摩擦系数。

根据圣维南原理，当模型足够薄时，认为摩擦力均匀作用在整个厚度上，可以相当于原型物体在天然状态下受到的重力作用。

3. 弧形边界模型

设计模型两个弧形边界，一个直线边界，各个推板可单独设置推挤时间和速度，实现各推板同时或异时挤压，模拟复杂的弧形边界模型(图 2-36)。再结合复杂的地层结构和古构造边界条件等，可以模拟更为复杂的地质现象。

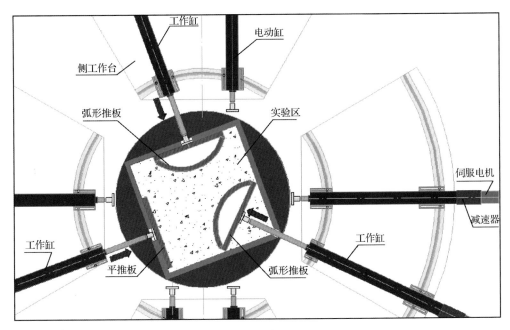

图 2-36 弧形边界平面图

4. 似三联点构造模型

在板块内部，三个地块的汇聚点为似三联点，图 2-37 为顺旋型和逆旋型两种似三联点地质构造原型图。图 2-38 为似三联点顺旋型结构的实验平面图。

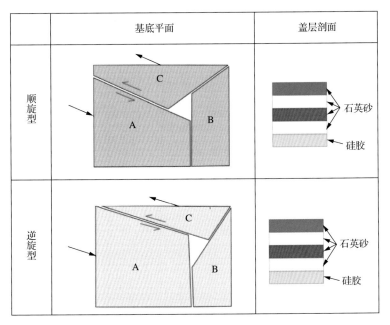

图 2-37 似三联点地质构造原型图

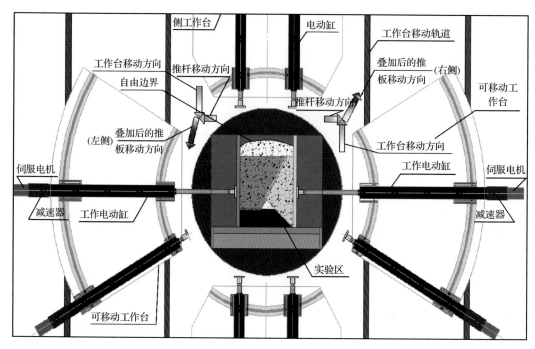

图 2-38　似三联点顺旋型模型平面图

设计模型基底平面为 A、B 和 C 三块薄钢板(1mm 厚)，三块钢板中间为三角形空白(不含钢板)。盖层在 A、B、C 及三角形空白区铺设相同，盖层最下部为塑性材料(硅胶)，上部为石英砂，染色分层。A 和 C 块底板运动，B 块固定不动，A 和 B 运动后接触部位重叠，B 和 C 拉开，A 和 C 走滑。观察到的地质现象如下：A 和 C 接触部位形成走滑断层，A 和 B 接触部位形成逆断层，B 和 C 接触部位形成正断层。

第三章　构造物理模拟实验理论基础

现今的地质现象发生在相当大的时间和空间尺度上，这一尺度通常可达到数十个百万年和上千公里，这使得地质学家在研究中深刻地认识到要重建漫长地质构造的形成和演化过程，分析构造变形的机制及其发生的格局并不是一件容易的事。模型研究是科学研究中一种常用的、有效的实验研究方法，它可以通过将原型进行同比例地放大或缩小，为研究者提供可参照的现象、过程和分析数据。这种比例上的缩放关系需要遵循实验相似性基本原理。因此，构造变形的物理模拟实验技术也被称为相似性物理模拟分析(physical analog modeling)。

构造物理模拟实验对解释和论证油气勘探开发中沉积盆地不同类型构造的成因机制具有独到之处，是进行石油远景勘探的重要手段。构造物理模拟实验在模拟自然界的地质构造的同时，可以确定控制构造几何学特征和演化的参数，有助于分析构造形成与发展过程中的地质和地震解释，但它的应用也存在一定的局限性，如不反映地热梯度、忽略了孔渗压力、不反映地层差异压实等。

第一节　相似性原理及相似条件

基于相似性原理建立的构造物理模拟实验通常也被称为相似模型(analog models)或尺度模型(scale models)。这当中需要考虑满足模型与原型之间互为相似的基本条件或相互关系，这种关系被称为相似条件。

目前，国内外对模拟的相似条件认识尚有一定差异。单家增(1996)和钟嘉猷(1998)认为，为了达到实验模拟的真实性与地质构造的特殊性，必须考虑满足材料相似、时间相似、组合相似、受力状态相似、边界条件相似和几何尺度相似等条件。周建勋等(1999)认为，几何条件是构造变形的制约因素，构造物理模拟的实质是变形几何学方法，构造物理模拟在遵循相似原则、选择原则、分离原则、逼近原则和统计原则五个原则的基础上对构造地质现象的解释是有效的，相似条件分为一般相似条件和单个实验相似条件，实验材料的确定以模型的构造形态变化达到与实际构造现象近似为主。

Twiss 和 Moores(2007)指出，尺度相似模型的性质受控于三种因素：守恒法则、材料属性和模拟的边界条件。其中，守恒法则是指在任何遭受变形的物体内，每一点都必须遵守同样的物理基本守恒法则(质量守恒、动量守恒、角动量守恒和能量守恒)，这对于相似性物理模型而言，材料本身遵循这些法则；材料属性则是通过材料的本构方程(constitutive equation)来定义，这种本构方程是根据与岩石变形相关的因子(如应力、应变、应变率、温度和压力等)之间的数学关系来建立；对于边界条件，则根据沿模型边界发生的变形条件来定义。但由于真实地质条件的复杂性，构造物理模拟实验必须先考虑与模型性质相关的简单边界条件的影响，进而考虑模型能在多大程度上代表地质构造。

如果需要模拟与时间相关的地质演化过程，模型需要强制一个初始条件，定义模型随后的演化过程是从某一初始时间开始，这是一种时间方向上的边界而不是空间方向上的边界（Twiss and Moores，2007）。

根据 Twiss 和 Moores（2007）提出的实验模型受制因素，更容易理解尺度上相似的模型和原型之间的机制关系，并建立相应的相似性条件和比例因子。它主要考虑几何学相似、运动学相似和动力学相似。

几何学相似因子，即模型与原型的所有线性尺度的比例。

运动学相似因子，即造成模型与原型尺度、形状或位置变化所需要的速度或时间的比例。

动力学相似因子，即在同样的几何学和运动学相似比例下，把模型与原型缩放的作用力的比例。

物理模拟实验通常要求模拟模型和自然原型在几何学、运动学和动力学的尺度上尽可能地满足相似性比例关系，而这些相似性比例因子的确定首先建立在岩石和材料的力学结构特征之上，即须满足材料的本构方程。本构方程描述了岩石宏观上的特征，而忽略局部的不均匀性和各向异性，即将岩石作为连续体来处理。

第二节　材料变形的本构方程

简单连续体材料变形的性质可分为四类模型：弹性（elastic）、黏性（viscous）、塑性（plastic）和指数律（power-law）模型。对于利用简单材料模型不能充分描述的复杂材料模型，如黏-弹性材料（visco-elastic）、弹-塑性材料（elastic-plastic）和黏-塑性材料（visco-plastic）等，它可能表现为简单材料模型以串联或并联相结合的形式（twiss and Moores，2007）。

一、弹性材料变形本构方程

弹性材料的变形量与应力呈正比，当应力释放时，材料可恢复到原始未变形状态。因此这种变形被称为是可恢复的（recoverable）变形。本构方程为应力-应变（stress-strain）的线性关系，可表述为正应力（σ）正比于切向应变量（ε）或剪应力（τ）正比于剪切应变量（γ）：

$$\sigma = E\varepsilon \quad \text{或} \quad \tau = 2\mu\gamma$$

式中，常数 E 为杨氏模量（Young's modulus）；μ 为剪切模量（shear modulus）或刚性模量（rigidity modulus）。

二、黏性材料变形本构方程

黏性材料中，如果偏应力施加于流体，流体开始流动。当移除应力，流动停止，但流体不能回到未变形状态，这种变形被称为是不可恢复的（nonrecoverable）变形。施加的应力越大，流体流动越快，可简化表现为应力-应变率（stress-strain rate）之间的线性关系。这类关系多被称为牛顿黏性体本构方程。恒容体变形的一维方程与偏应力（$\sigma^{(\text{Dev})}$）和切向应变率（$\dot{\varepsilon}$）有关，或与剪切应力（τ）和瞬时剪切应变率（$\dot{\gamma}$）有关，即

$$\sigma^{(\text{Dev})} = 2\eta\dot{\varepsilon} \quad 或 \quad \tau = 2\eta\dot{\gamma}$$

式中，η 为黏滞系数或黏度。

黏性材料变形的线性方程除了横坐标为应变率（strain rate），而不是应变（strain）外，与弹性相类似。当应力为 0 时，应变率变为 0，但应变不为 0（即应力与应变率有关，但与应变无关）。因此变形为永久变形且可累积到材料上的应变量与应力强度无关。假定时间充足，任何应力都可产生任意大的应变。

三、塑性材料变形本构方程

如果施加的应力小于特征的屈服应力（yield stress，也称为屈服强度），材料不会产生永久变形，但容易在等于或轻微大于屈服应力下流动，具有这类特征的材料为塑性材料。

通过假定在低于屈服应力时材料不发生变形（刚性材料）和变形期间应力不超过屈服应力（除非在变形加速的情况下），可以把塑性变形特性理想化为数学模型。这种模型用于描述理想塑性材料或刚-塑性材料。韧性流的应力为常数，本构方程可用 von Mises 屈服准则表征：

$$|\tau| \leqslant K$$

方程要求剪切应力 τ 的强度不大于屈服应力 K。因此，对于理想塑性模型，应力不取决于应变率（即应力与应变率无关），本构方程仅仅是可能应力值上的一个限制。

四、指数律材料变形本构方程

刚-塑性特性是材料特性的一种理想化，它便于某些计算但真实材料并不严格遵循这种特性。许多材料（非牛顿黏性的低惯性流体）通常显示出应变率与差应力（$\sigma^{(\text{Dif})}$）呈指数关系（指数 n 为 3～5），这类特性被称为指数律流变（power-law rheology）：

$$\dot{\varepsilon} = A(\sigma^{(\text{Dif})})^n$$

式中，A 可能依赖于温度和多种因素。当应力指数 n 增加，应变率对应力变化更敏感。当指数增加，指数定律特性逐步逼近理想塑性模型。

第三节 实验材料及相似性比例计算

一、构造物理模拟实验材料

原则上任何材料都可用于相似性模型，如黏土、橡皮泥、蜂蜜、砂及各种合成聚合物等，但值得注意的是模型的相似性比例关系或尺度。换句话说，所选材料的属性必须与通常的天然岩石特征相关。

天然岩石的流变学属性可能表现为脆性（brittle）、韧性（ductile）或脆-韧性（brittle-ductile）组合的特征。目前，实验上通常选用黏性较小的松散石英砂模拟脆性岩层的构造变形，而利用硅胶、石蜡等牛顿黏性流体模拟韧性岩层的变形特征。利用黏性较小的石英砂作为相似材料的模拟类型，通常也被称为砂箱模型(sandbox model)。

物理模拟最重要的假设是模型材料属性和假定的岩石之间的一致性。松散的石英砂如何能在某种程度上成为坚硬岩石的相似材料？前人大量的实验和理论研究表明，颗粒材料(干燥石英砂、玻璃微珠、铝粉、黏土等)的力学性质非常近似于上地壳能干岩石(如砂岩和灰岩)的变形行为(Davy and Cobbold，1991；Schellart et al.，2000；Lohrmann et al.，2003；Panien et al.，2006)。筛分的石英砂和金刚砂的力学性质表明，它们在变形的初始阶段表现为弹性特征，随后是峰值强度失效之前的塑性应变强化，之后为应变软化阶段，直至达到动力稳定态强度值(图 3-1)(Lohrmann et al.，2003；Panien et al.，2006)。这与天然岩石所表现的力学性质一致，属弹性–摩擦塑性材料。因此，数学上可以建立相同的本构关系。实验上用干燥石英砂、玻璃微珠、铝粉和黏土等颗粒材料，来模拟地壳尺度相似模型中的脆性岩层。

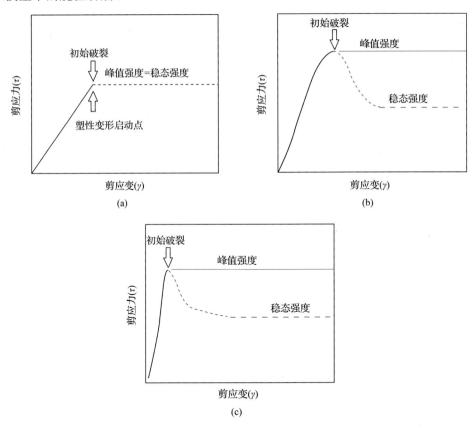

图 3-1　剪切应力和剪切应变关系图(据 Lohrmann et al.，2003，有修改)

(a)理想的 Mohr–Coulomb 材料；(b)天然岩石；(c)颗粒材料

二、脆性岩石(或材料)的相似性计算

1. 本构方程

对于弹性–摩擦塑性材料属性的脆性岩石或材料(干燥石英砂、玻璃微珠、铝粉、黏

土等），其流变行为和破裂条件（即变形）遵循 Mohr-Coulomb 破裂准则，利用 Mohr-Coulomb 破裂准描述脆性层岩石(或材料)的变形特征，其关系式即构成脆性变形的本构方程，并可构建相似性比例关系。Mohr-Coulomb 破裂准则的数学表达为

$$\tau = \mu\sigma + C \qquad\qquad (3\text{-}1)$$

式中，τ 为施加于断面上的剪应力，MPa；σ 为施加于断面上的正向应力，$\sigma = \rho g h$，其中，ρ 为密度，g 为重力加速度，h 为岩层或模型材料的厚度，实验上，考虑为未施加构造应力的条件下岩石自重引起的应力，MPa；C 为黏聚强度，工程上称为内聚力；MPa；μ 为内摩擦系数，$\mu = \tan\varphi$，φ 为内摩擦角。

基于弹性–摩擦塑性材料的力学性质建立相似性比例关系，有以下两个方面值得注意。

(1)在弹性–摩擦塑性材料的力学性质中，应力与应变率无关。因此，在单纯考虑脆性变形的相似性比例因子中，通常只需计算几何相似性比例因子和动力相似性比例因子，可忽略运动学相似性比例因子。也就是说，实验条件下，脆性材料的变形是不受变形速率约束的，这意味着在单纯由脆性材料构成的模型中，不管实验上变形发生的速率或时间有多快，其结果将不会有变化。

(2)依据本构方程建立的相似性比例关系，实质上要求实验材料与天然岩石的内摩擦系数(μ)一致(或近似)，但黏聚强度(C)可以不同。这一特征可利用如图 3-2 所示的 Mohr 圆关系图来解释，即满足力学相似的理想实验材料和天然岩石，Mohr 圆的包络切线斜率相同，即它们具有相同的内摩擦系数($\mu_m = \mu_n$)或内摩擦角($\varphi_m = \varphi_n$)，但黏聚强度不等($C_m \neq C_n$)。

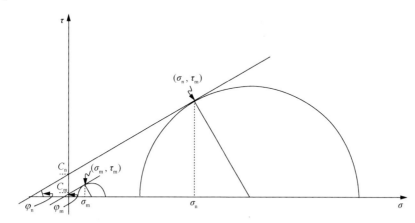

图 3-2 满足弹性–摩擦塑性材料的力学相似关系的 Mohr 圆示意图

以小 Mohr 圆代表实验材料(力学参数为 σ_m、τ_m、C_m、φ_m 和 μ_m)，大 Mohr 圆代表天然岩石
(力学参数为 σ_n、τ_n、C_n、φ_n 和 μ_n)。当实验材料与天然岩石在力学条件下性质相似，那么有 $\mu_m = \mu_n$，$\varphi_m = \varphi_n$

通常情况下，对地壳中的天然岩石而言，岩石的黏聚强度(C)和内摩擦系数(μ)可根据 Byerlee 准则(Byerlee，1978；Weijermars et al.，1993)简单地设定。

Byerlee 准则认为，对高压条件下岩石摩擦实验资料的分析表明，岩石沿某一滑动面发生摩擦滑动的条件是该面上的剪应力 τ 和正应力 σ(单位均为 MPa)之间应满足以下关系：

$$\tau = 0.85\sigma, \qquad 5 < \sigma \leq 200$$

$$\tau = 50 + 0.6\sigma, \qquad \sigma \geq 200$$

因此，自然界脆性岩层的内摩擦系数和黏聚强度可认为是一个普适常数，通常分别近似取值为 0.85～0.6 和 5～50MPa。

对于实验材料为石英砂、金刚砂和耐热玻璃砂等实验材料，实验上已证实其动力稳定态的内摩擦系数为 0.6～0.7，黏聚强度为 17～72Pa（表 3-1）（Panien et al.，2006）。这也是为什么实验上通常采用筛分的石英砂和金刚砂等材料模拟脆性岩层变形的原因。

表 3-1 筛分颗粒材料的内摩擦角、内摩擦系数和黏聚强度（据 Panien et al.，2006）

筛分材料	动力稳定态的内摩擦角 $\varphi/(°)$	内摩擦系数 μ	表观黏聚强度/Pa
石英砂	31.2	0.607 ± 0.005	49 ± 10
棕色金刚砂	32.2	0.629 ± 0.006	65 ± 9
白色金刚砂	32	0.626 ± 0.001	72 ± 7
玻璃碎片	34.7	0.692 ± 0.001	34
耐热玻璃砂	35.1	0.643 ± 0.001	17 ± 3
玻璃微珠	20.6	0.376 ± 0.080	27 ± 3

2. 相似性比例因子

相似性比例因子的获得是基于材料本构方程及其相关参数。脆性变形考虑几何相似性比例因子和动力相似性比例因子。然而，由于满足动力学相似关系的模型必然已在几何学和运动学上具有相似关系，因此，多数情况下，实验上是通过动力学相似性比例因子来推导出相应的几何相似性比例因子和运动学相似性比例因子。在计算上，与实验模型相关的因子通常以下标 m（model）标注，与盆地原型相关的因子以下标 n（nature）标注，比例因子以上角"*"标注。根据以上认识，推导出脆性岩层和实验材料的几何学相似比例和动力学相似比例关系。

1）几何学相似性比例因子

从一维尺度出发，实验模型和地质构造原型的几何学相似比例可简单地表示为厚度比，利用实验模型厚度（h_m）和模拟盆地原型厚度（h_n）建立几何学相似性比例因子，可表示为

$$h^* = \frac{h_m}{h_n} \tag{3-2}$$

通常情况下，若已知地质构造原型而求解实验设计条件，则地层原型的厚度 h_n 为已知，h_m 和 h^* 为未知数。因此，对于未知参数实际上需要进一步结合动力学相似性比例关系来求解，这对于多数物理模拟实验更有意义。

2)动力学相似性比例因子

脆性变形动力学比例的推导过程是一个将本构方程式(3-1)无量纲化的过程。首先将方程两边同除以黏聚强度 C,可获得

$$\frac{\tau}{C} = \frac{\rho g h}{C} \mu + 1 \tag{3-3}$$

若实验模型和地质构造原型满足动力学相似,则存在

$$\frac{(\rho g h)_{\mathrm{m}}}{C_{\mathrm{m}}} \mu_{\mathrm{m}} + 1 = \frac{(\rho g h)_{\mathrm{n}}}{C_{\mathrm{n}}} \mu_{\mathrm{n}} + 1 \tag{3-4}$$

其中理想条件下,满足相似关系的岩石和材料具有相同的内摩擦系数($\mu_{\mathrm{m}} = \mu_{\mathrm{n}}$),式(3-4)可进一步化简得

$$S_{\mathrm{m}} = \frac{\sigma}{C} = \frac{(\rho g h)_{\mathrm{m}}}{C_{\mathrm{m}}} = \frac{(\rho g h)_{\mathrm{n}}}{C_{\mathrm{n}}} \tag{3-5}$$

在此定义了一个参数 S_{m}。Ramberg(1981)将其命名为 Smoluchowsky 数,它是一个无量纲的系数。因此,对于脆性变形,动力学的相似性比例通常考虑岩石或材料的重力及其黏聚强度之比(Ramberg,1981;Mulugeta,1988a,1988b),即理想条件下,满足动力相似的模型和原型应享有相同的 S_{m}(Sokoutis et al.,2000)。由于 C_{m} 和 C_{n} 分别是由材料和岩石性质决定的参数,文献中也通常将动力学尺度的相似性简化表述为正向应力的比例关系:

$$\sigma^* = \rho^* g^* h^* = \frac{\rho_{\mathrm{m}} g_{\mathrm{m}} h_{\mathrm{m}}}{\rho_{\mathrm{n}} g_{\mathrm{n}} h_{\mathrm{n}}} \tag{3-6}$$

根据上述的几何学比例和动力学比例,模拟脆性岩层相似性参数和比例的计算关系如表 3-2 所示。

表 3-2 脆性岩层相似性参数和比例计算关系

参数	代号	SI 单位	模型(model)变量代号	原型(nature)变量代号	相似因子比例计算关系式
厚度	h	m	h_{m}	h_{n}	$h^* = h_{\mathrm{m}}/h_{\mathrm{n}}$
密度	ρ	kg/m³	ρ_{m}	ρ_{n}	$\rho^* = \rho_{\mathrm{m}}/\rho_{\mathrm{n}}$
重力加速度	g	m/s²	g_{m}	g_{n}	$g^* = g_{\mathrm{m}}/g_{\mathrm{n}}$
黏聚强度	C	Pa	C_{m}	C_{n}	$C^* = \sigma^*$

参数	代号	SI 单位	模型 (model) 变量代号	原型 (nature) 变量代号	相似因子比例 计算关系式
垂向应力	σ	Pa	$\sigma_m = \rho_m g_m h_m$	$\sigma_n = \rho_n g_n h_n$	$\sigma^* = \rho^* \cdot g^* \cdot h^*$
动力相似参数	S_m	—	$S_m = \sigma_m / C_m$	$S_m = \sigma_n / C_n$	

注：脆性岩层相似性关系中，相对独立的参数为 h、ρ、g、C。其中，h 通常随实验需求而改变；ρ_m 为测量值，ρ_n 为测量值或采用理论上的平均值（2400kg/m^3）；$g_m = g_n = 9.81 \text{m/s}^2$（仅在离心机实验中重力加速度需单独考虑）；$C_m$ 为测量值，C_n 为测量值或理论上的平均近似值（5MPa）。实验上，通常实验材料已选定（已知 ρ_m 和 C_m），因此，其他参数可通过相关已知条件和计算关系获得：

（1）已知设计实验模型的厚度（h_m）和地质构造原型的厚度（h_n），则需计算所模拟地质构造原型岩层的黏聚强度（公式为 $C_n = C_m \sigma_n / \sigma_m$）。

（2）已知设计实验模型的厚度（h_m），若计算所能代表的地质构造原型的厚度（公式为 $h_n = S_m C_n / (\rho_n g_n)$），则地质构造原型岩层的黏聚强度（$C_n$）可采用实际测量值，盆地尺度的实验或可假定为 5MPa 的天然岩石近似值（即 $C_n = 5$MPa，其中，$h_n <$ 10km）。因此，几何相似性比例取决于相似材料和岩石的性质，利用石英砂作为脆性相似性材料时，取天然岩石黏聚强度近似值（$C_n = 5$MPa），这一比例近似等于 10^{-5}。

（3）已知地质构造原型的厚度（h_n，$h_n <$ 10km）和岩层黏聚强度（C_n，可假定 $C_n = 5$MPa），可求取实验模型所需设计的厚度 [公式为 $h_m = S_m C_m / (\rho_m g_m)$]。

（4）如果在模型和原型中，相对独立的参数（h、ρ、g、C）均为已知，相似性模型的比例因子 S_m 仅考虑二者为同一个数量级，即满足模拟关系。

三、韧性岩石（或材料）的相似性计算

构造物理模拟实验中，通常将韧性岩石的流变行为简化为牛顿黏性流体来描述。

1. 本构方程

已有研究表明，在应变率小于 $3 \times 10^{-3} \text{s}^{-1}$ 的情况下，硅胶是一种反映牛顿黏性流体缓慢应变的材料，它可以考虑作为蒸发岩（盐岩）的相似材料（Weijermars，1986；Weijermars et al.，1993）。具有牛顿黏性流体行为的材料，其应力–应变关系（本构方程）可表达为

$$\sigma = \eta \dot{\varepsilon} \tag{3-7}$$

式中，σ 为黏性层的正向应力；η 为动力黏度；$\dot{\varepsilon}$ 为切向应变率，表示速度（v）和黏性层厚度（h_d）之比，即 $\dot{\varepsilon} = \dfrac{v}{h_d}$。

2. 相似性比例因子

根据此本构方程式（3-7）可建立模型与原型相应的几何学、运动学和动力相似性比例因子。

1）几何相似性比例因子

利用实验模型厚度（h_m）和模拟盆地原型厚度（h_n）建立的几何学相似性比例因子可表示为

$$h^* = \frac{h_m}{h_n} \tag{3-8}$$

在脆–韧性组合的地层或模型中，韧性层(ductile，以下标 d 标注)与脆性层(brittle，以下标 b 标注)将共享几何学相似性比例因子。因而有

$$(h^*)_d = (h^*)_b$$

根据这一关系，在已建立脆性层几何相似性比例关系(h^*)的基础上，相应可推导实验模型中韧性层的厚度(h_m)或模拟盆地原型中韧性层的厚度(h_n)。

2)运动学相似性比例因子

考虑速率关系的运动学相似性比例因子为实验模型变形速率(v_m)和盆地原型变形速率(v_n)之比，即

$$v^* = \frac{v_m}{v_n} \tag{3-9}$$

考虑时间关系的运动学相似性比例因子为实验模型变形时间(t_m)和盆地原型变形时间(t_n)之比，即

$$t^* = \frac{t_m}{t_n} \tag{3-10}$$

通常情况下，无论考虑速率关系或时间关系，运动学相似性比例因子需结合动力学相似性比例关系来计算。

3)动力相似性比例因子

对于韧性层的黏性变形，动力学的相似性在比例上考虑自重力和黏性压力之比 (Weijermars and Schmeling，1986)，Weijermars 和 Schmeling(1986)将其命名为 Ramberg 数(R_m)，即

$$R_m = \frac{\sigma}{\eta \dot{\varepsilon}} = \frac{\rho g h}{\eta \dot{\varepsilon}} = \frac{\rho g h^2}{\eta v} \tag{3-11}$$

R_m 是一个无量纲的系数。理想条件下，满足动力相似的模型和原型应享有相同的 R_m(Sokoutis et al.，2000)，即

$$R_m = \frac{\rho_m g_m h_m}{\eta_m \dot{\varepsilon}_m} = \frac{\rho_n g_n h_n}{\eta_n \dot{\varepsilon}_n} \quad 或 \quad R_m = \frac{\rho_m g_m h_m^2}{\eta_m v_m} = \frac{\rho_n g_n h_n^2}{\eta_n v_n} \tag{3-12}$$

由此可推导运动学相似的比例因子$(v^*$或$t^*)$：

$$v^* = \dot{\varepsilon}^* h^* \quad 或 \quad t^* = 1/\dot{\varepsilon}^* \tag{3-13}$$

将方程式(3-13)的结果代入方程式(3-9)和方程式(3-10)，可求取所需的运功学参数。

由于 ρ_m 和 η_m、ρ_n 和 η_n 是分别由材料和岩石性质决定的参数，文献中也将动力学尺度的相似性简化表述为切向应变率的比例关系式(3-14)：

$$\dot{\varepsilon}^* = \frac{v^*}{h^*} \qquad\qquad (3\text{-}14)$$

其意义与 R_m 基本相同。$\dot{\varepsilon}^*$ 用于反映动力学的相似比例，可直观反映运动学比例与动力学比例的联系。模拟韧性岩层相似性参数和比例的计算关系如表 3-3 所示。

表 3-3 韧性岩层相似性参数和比例计算关系

参数	代号	SI 单位	模型(model)变量代号	原型(nature)变量代号	相似因子比例计算关系式
厚度	h	m	h_m	h_n	$h^*=h_m/h_n$
密度	ρ	kg/m³	ρ_m	ρ_n	$\rho^*=\rho_m/\rho_n$
重力加速度	g	m/s²	g_m	g_n	$g^*=g_m/g_n$
黏度	η	Pa·s	η_m	η_n	$\eta^*=\eta_m/\eta_n$
速率	v	m/s	v_m	v_n	$v^*=v_m/v_n$
时间	t	s	t_m	t_n	$t^*=1/\dot{\varepsilon}^*$
垂向应力	σ	Pa	$\sigma_m=\rho_m g_m h_m$	$\sigma_n=\rho_n g_n h_n$	$\sigma^*=\rho^* g^* h^*$
垂向应变率	$\dot{\varepsilon}$	s⁻¹	$\dot{\varepsilon}_m=v_m/h_m$	$\dot{\varepsilon}_n=v_n/h_n$	$\dot{\varepsilon}^*=v^*/h^*$
动力相似参数	R_m	—	$R_m=\sigma_m/(\eta_m\dot{\varepsilon}_m)$	$R_m=\sigma_n/(\eta_n\dot{\varepsilon}_n)$	

注：韧性岩层相似性关系中，相对独立的参数为 h、ρ、g、η、v、t。其中，h、v 通常随实验需求而改变；ρ_m 为测量值，ρ_n 为测量值或采用理论上的近似值(2200kg/m³)；$g_m=g_n=9.81$m/s²；η_m 为测量值，η_n 为测量值或理论上的近似值(自然界中盐岩的黏度可取为 $10^{18}\sim10^{20}$Pa·s)。实验上，通常材料已选定(已知 ρ_m 和 η_m)，因此，其他参数可通过已知条件和计算关系获得：

(1)已知实验模型的韧性层厚度(h_m)，由脆性层的几何相似性(h^*)可计算地质构造原型韧性层的厚度($h_n=h_m/h^*$)；反之，则计算实验模型的韧性层铺设厚度($h_m=h_n h^*$)。

(2)确定实验模型的厚度(h_m)和地质构造原型的厚度(h_n)，以及实验上采用的变形速率(v_m)，则可计算所模拟地质构造原型岩层的变形速率[公式为 $v_n=(\rho_n g_n h_n^2)/(R_m\eta_n)$]。其中，$\eta_n$ 通常可采用理论上的近似值(即自然界中盐岩的黏度可取为 $10^{18}\sim10^{20}$Pa·s)。反之，若已知地质变形速率(v_n)，则可推导实验模型需施加的运动速率条件[$v_m=(\rho_m g_m h_m^2)/(R_m\eta_m)$]。

(3)如果在模型和原型中，相对独立的参数(h、ρ、g、η、v、t)均为已知，相似性模型的比例因子 R_m 仅考虑二者为同一个数量级即满足模拟关系。

第四章　构造物理模拟实验技术

盆地构造的物理模拟是通过将地质构造原型进行一定比例的几何缩小，在实验室条件下，利用满足相似强度比例的实验材料，辅以相似比例的动力和时间条件，再现构造变形过程，开展构造几何学、运动学和动力学分析的技术。基于相似性原理建立的构造物理模拟实验模型通常被称为相似模型(analog models)或尺度模型(scale models)。实验在模拟自然界地质构造变形的同时，可以确定控制构造几何学特征和演化的参数，有助于分析构造形成与发展的地质过程，辅助地震解释。实验中，相似性比例关系的计算和模型变形结构的分析构成了物理模拟研究的两项重要内容。其中，实验结果的三维重构作为一种新兴的技术手段，是变形结构分析的重要内容。

实现构造变形物理模拟的基本工作流程如图4-1所示。完整的物理模拟分析可包括：①前处理阶段的相似性分析、边界设置和初始模型构建；②实验实施阶段的系统控制和记录；③后处理阶段的变形分析处理和模型重建。实验的相似性分析属于前处理技术，

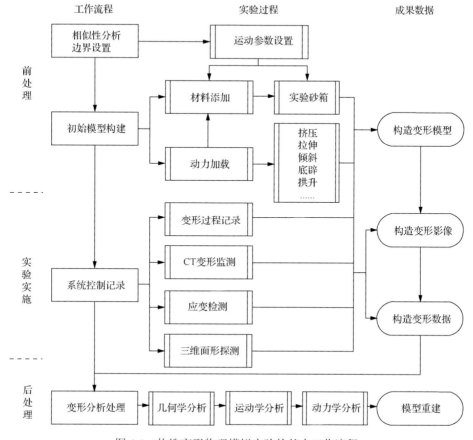

图 4-1　构造变形物理模拟实验的基本工作流程

它用以解决实验材料的选择、模型大小的确定和运动参数的设置(如运行速度)等问题,而变形模型的 3D 重构通常属于实验后处理技术。

第一节　模拟实验基本流程

在相似性分析技术理论的基础上,盆地构造物理模拟的实施主要分为三个步骤进行:①初始模型的结构分析;②计算相似比例参数;③制作实验模型并施加动力。

一、初始模型结构分析

实验模拟注重的是地质构造原型的初始结构。依据地质构造原型建立实验物理模型需考虑厚度、密度、黏聚强度、黏度和变形速率等参数,但同时,为了保证模拟实验设计的可操作性,对现实的地质构造原型有必要在结构上作一定的精简。精简的原则依据地质构造原型结构构造层的划分、构造边界及实验材料的属性等。

图 4-2 为示例未变形盆地结构的简化地层柱状图,其自上而下的地层组成为:上层砂岩厚度 4250m,为脆性地层;中层膏盐岩厚度 607m,为韧性地层;下层砂岩至基底拆离面厚度 4250m,为脆性地层。由此可确定模拟设计初始应为三层结构的脆–韧性组合模型。脆性地层段可选择石英砂作为实验材料,韧性地层段选用黏性硅胶作为实验材料。

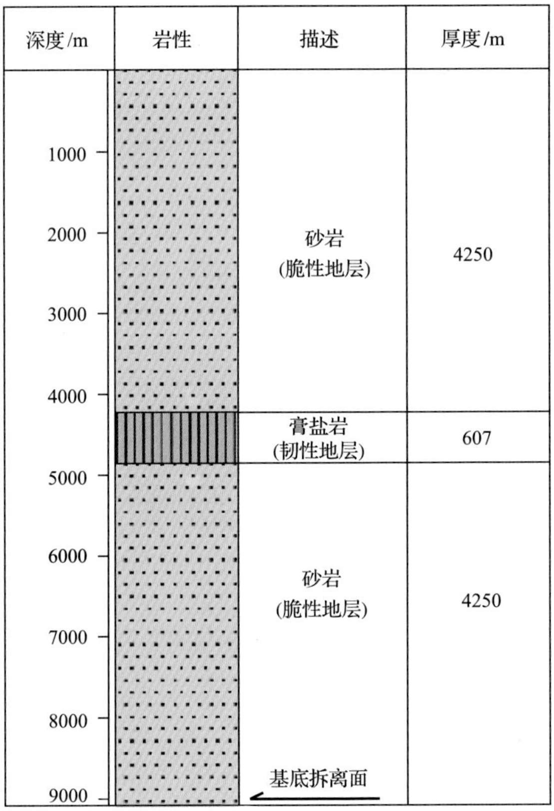

深度/m	岩性	描述	厚度/m
1000 2000 3000 4000		砂岩 (脆性地层)	4250
		膏盐岩 (韧性地层)	607
5000 6000 7000 8000 9000		砂岩 (脆性地层)	4250
		基底拆离面	

图 4-2　示例未变形盆地结构的简化地层柱状图

构造变形物理模拟实验中，模拟过程是指与地质过程相对应的运动学过程。例如，造山作用的推挤、冲断和盆山形成过程通常被认为是"挤压"相关过程，而断陷盆地结构的形成通常被认为是"拉张"相关过程。此外，结合特定构造的作用方式，模拟过程还可附加走滑、同沉积、剥蚀等方式，研究复杂构造的形成和结构特征。为便于理解，该示例中仅考虑了挤压构造变形，忽略了地质过程中复杂的同沉积和剥蚀等其他地质作用过程。

二、计算相似比例参数

在开展根据地质构造原型建立实验模型的构造变形物理模拟实验中，已知的参数分别为：原型地层厚度（h_n 和 h_{dn}）、原型地层密度（ρ_n 和 ρ_{dn}）、原型地层黏聚强度（C_n）和黏度（η_n）、重力加速度（g）、实验材料的密度（ρ_m 和 ρ_{dm}）、实验材料的黏聚强度（C_m）、实验材料的黏度（η_m）及地质变形的时间（t_n）或速率（v_n）。其中，重力加速度 g 通常取常数值（$g = 9.81\text{m/s}^2$）。在实际构建实验模型中，原型地层或实验材料的密度、黏聚强度、黏度等相关参数可采用地质实测值或平均值、实验测量值或理论(经验)数据。

表 4-1 为根据已知参数计算的实验模型相关参数和比例值。该示例的实验模型与地质构造原型的几何比例尺度约为 1 : 100000，相当于实验尺度的 1cm 代表了地质尺度的 1km。其中，假定地质变形的速率约 5mm/a（相当于 1.6×10^{-10}m/s），则计算得出实验上需施加的运动速率约为 0.001mm/s。

表 4-1 示例模型计算参数和相似性比例

	参数	代号	SI 单位	模型	原型	相似比例
	重力加速度	g	m/s²	9.81*	9.81*	1
脆性层	上部脆性层厚度	h_{b1}	m	0.042	4250*	9.9×10^{-6}
	下部脆性层厚度	h_{b2}	m	0.042	4250*	9.9×10^{-6}
	密度	ρ_b	kg/m³	1457*	2400**	0.6
	黏聚强度	C	Pa	30*	$5 \times 10^{6**}$	6×10^{-6}
	垂向应力	σ_b	Pa	600	10^8	6×10^{-6}
韧性层	中间韧性层厚度	h_d	m	0.006	607*	9.9×10^{-6}
	密度	ρ_d	kg/m³	930*	2200**	0.42
	黏度	η	Pa/s	6900*	10^{-18**}	6.9×10^{-15}
	速率	v	m/s	1×10^{-6}	$1.6 \times 10^{-10*}$	5981
	垂向应力	σ_d	Pa	54.7	13104770	4.2×10^{-6}
	垂向应变率	$\dot{\varepsilon}$	s⁻¹	0.00016	2.6×10^{-13}	6.1×10^8

*为输入值。

**为理论(或经验)值，未标注的为计算值。

三、制作模型和实施实验

基于相似比例的计算结果，示例实验模型底部铺设石英砂厚度为 4.2cm，硅胶层厚度为 0.6cm，最上层铺设厚度为 4.2cm 的石英砂。实验设计模型如图 4-3 所示。实验上，为了便于构造变形的观察，铺设的石英砂层中通常采用染色的石英砂作为小的分层标志，染色的石英砂不影响实验材料的物性。图 4-4 为初始铺设的示例实验模型。

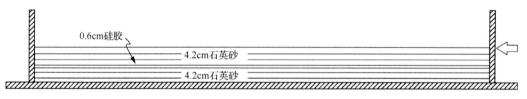

图 4-3　示例实验设计模型

图 4-4　初始铺设的示例实验模型

实验动力的施加通常因实验室和工作平台的差异而不同。目前，国内外大多数实验室已实现实验工作平台的自动控制，挤压、拉伸、走滑、拱升等动力的施加可通过电动缸装置来完成，通常只需设置电动缸的运行速率和运行距离。

此外，在构造变形物理模拟的实验过程中，图像数据是分析实验过程的主要数据。一般说来，它主要通过相机间隔拍照来完成。拍照间隔取决于研究者和成果分析的需求，通常以设置整数间隔为宜（如 1min、2min、5min 或 10min）。一般说来，实施的实验变形速率越大（快），拍照设置的时间间隔越短。实验结束后，需要对这些图像数据进行旋转、裁剪、数值化校正等后处理整理，并进一步分析实验模型的变形特征（图 4-5）。

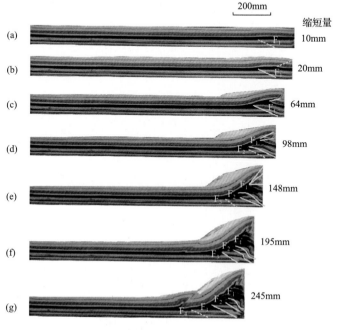

图 4-5　示例实验的变形过程

断层 $F_1 \sim F_4$ 的发育过程；（a）～（g）表示缩短量从 10mm 增加到 245mm

第二节 实验模型构造应变分析技术

构造应变分析技术是一种基于物理模拟实验来分析模型变形过程的力学变化的技术。它可监测模型发生构造形变的位移场，利用位移场计算模型变形过程的相关剪切应变、体应变和涡度等力学参数。在构造变形物理模拟实验中，这项技术通常归于物理模拟的后处理过程，可用于挤压、拉张、走滑变形及同沉积等多种物理模拟实验的力学分析。在技术上，由于在设置物理模型的过程中可能需加入相当数量的监测标识(称为质点)，通过对这些质点的图像分析和识别，获取构造变形的位移场，因此，该项技术也将它称为质点位移分析技术。

构造应变分析主要包括图像数据采集、图像数字化、计算成图和变形机制分析等过程。

一、图像数据采集

基于构造变形模拟实验。在模型的铺设过程中，需在分层的脆性材料(石英砂)中预埋标志点(质点)。标志点(质点)可用粒度约 2mm 的深色固体硅胶颗粒。颗粒间的水平间隔通常为 2～3cm。图 4-6 为预埋标志点的一个实验模型。

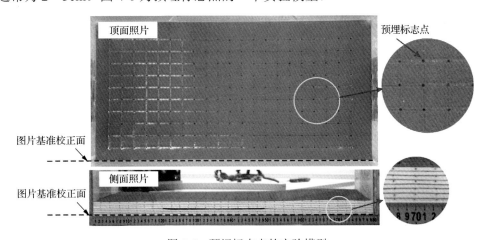

图 4-6 预埋标志点的实验模型
实验为自左向右的挤压动力加载，右侧圆内显示局部放大的标志点

开启物理模拟实验过程后，设置数码相机自动拍照的间隔，由于变形过程中标志的质点将随着砂体的脆性变形而产生位移变动，这些变动将通过照片记录下来，从而实现模拟实验过程的图像物理数据采集。

为了保证后续图像数字化过程的真实性和一致性，通常情况下，原始采集的实验图像须利用软件做统一的批量裁剪、校正和分组。侧面照片以实验室水平的实验台面为基准校正，顶面照片以照片中模型的下部边界为基准校正(图 4-6)。

二、图像数字化

图像的数字化主要针对模型中预设的质点标识，获取按实际模型尺度计量的质点坐标。其基本过程可分为三步：①导入图像数据；②设置图像相对于实际模型的比例；③获取图像参照系原点及各个质点的像素点数据。研究中利用了 ImageJ 软件完成图像数字化过程。

1. 导入图像数据

为了保证数字化结果的可对比，分组的图像需一次性批量加载到图像处理软件中。在 ImageJ 软件中，图片加载完成后，将显示已加载图片的窗口（图 4-7）。窗口以播放器的方式出现，当滚动鼠标时，窗口内将自动切换显示下一张图片，窗口比例不变化，从而可实现多图像的标尺和比例的统一。

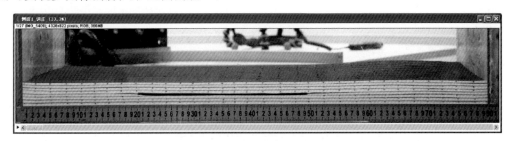

图 4-7　ImageJ 中已加载图片的窗口

2. 设置图像相对于实际模型的比例

为了保证数字化结果与实际模型的单位尺度相符合，需要设置图像的比例尺。在图像处理软件中，图像的大小通常按像素点计算，而在实际模拟实验中，模型的大小是按长度单位 mm 或 cm 计算。当已知单位长度在图像中的像素点数时，可将像素单位转为实际模型的尺度单位。图 4-8 为在 ImageJ 软件中设置转换比例的视图。图 4-8 加载的模型中，屏幕显示图像为 4161 像素，实际模型长度为 800mm，据此计算获得 5.201 pixels/mm（pixels 表示像素）的图像转换比例。当比例设置后，随后的数字化过程获得的质点坐标将反映其所在模型中的相对位置。

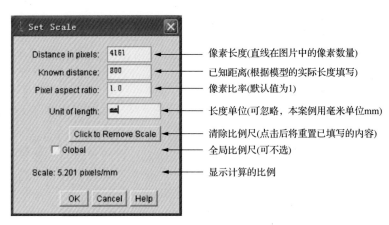

图 4-8　ImageJ 的 Set Scale 窗口选项

$$质点实际坐标(X,Y) = \frac{质点像素坐标(X,Y) - 参照系原点坐标(X,Y)}{像素比例}$$

3. 获取图像参照系原点及各个质点的像素点数据

利用ImageJ软件的散点工具[图4-9(a)],可在加载的图像上依次标注出监测质点[图4-9(b)]。标注点的图像坐标将显示在结果窗口中(图4-10)。在实际操作中,通常需要设置一个参考原点为坐标原点。参考原点通常选择模型未变形时(分组照片的第一张)其模型箱的左下角位置。参考原点只需设置一次,并标注出其坐标数据。此外,为了网格化计算的需要,该阶段还可数字化模型变形的轮廓,获取轮廓的数字化坐标。

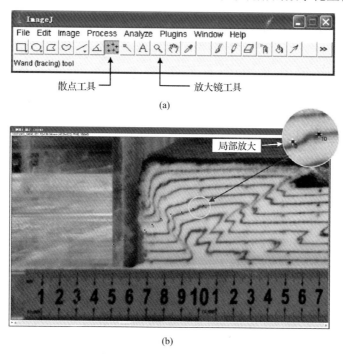

图 4-9 在已加载图片的窗口中标注质点

	Label	X	Y	Slice
1	侧面1_调正:IMG_5454	59.986	114.203	1.923
2	侧面1_调正:IMG_5454	65.946	111.319	1.923
3	侧面1_调正:IMG_5454	72.290	108.820	1.923
4	侧面1_调正:IMG_5454	77.289	106.321	1.923
5	侧面1_调正:IMG_5454	81.903	102.668	1.923
6	侧面1_调正:IMG_5454	86.902	99.207	1.923
7	侧面1_调正:IMG_5454	92.286	96.708	1.923
8	侧面1_调正:IMG_5454	99.015	94.977	1.923
9	侧面1_调正:IMG_5454	105.359	93.439	1.923
10	侧面1_调正:IMG_5454	111.512	91.709	1.923

图 4-10 标注点像素点坐标的测量结果

对已获取的质点数字化数据，需要进行两两图像的质点位移计算。两两图像中同一质点的实际坐标值(X_1，Y_1；X_2，Y_2)之差为质点的实际位移量。其中，U 代表水平位移量($U=X_2-X_1$)，V 代表垂向位移量($V=Y_2-Y_1$)。计算后的 X_2、Y_2，U、V 数据(图 4-11)将用于应变计算和成图。

三、计算成图

已获取的质点位移场数据是进行构造应变计算分析的基础。它由变形后质点的坐标(X_2，Y_2)和质点的水平位移量(U)、垂向位移量(V)四列数据组成(图 4-11)。然而，由于这样的表格数据仅代表离散的散点数据，在应变分析中需要进行网格化处理。研究中，数据的网格化和应变计算利用 Tecplot 软件完成。

	A	B	C	D	E	F	G
1	质点号	图片IMG_5441 160分钟		图片IMG_5443 170分钟		位移量	
2							
3		X1	Y1	X2	Y2	U	V
4	1	5.03	0.46	5.30	0.47	0.27	0.00
5	2	7.12	0.51	7.43	0.55	0.30	0.00
6	3	6.95	1.08	7.24	1.10	0.28	0.00
7	4	6.34	2.18	6.62	2.22	0.28	0.00
8	5	5.90	3.68	6.20	3.74	0.30	0.00
9	6	5.90	4.33	6.15	4.36	0.25	0.00
10	7	5.87	5.30	6.14	5.40	0.27	0.09
11	8	8.41	1.88	8.63	1.91	0.22	0.00
12	9	8.50	2.56	8.76	2.63	0.26	0.07
13	10	8.30	3.11	8.57	3.19	0.27	0.09
14	11	8.17	3.96	8.42	4.03	0.25	0.08
15	12	8.20	4.49	8.45	4.56	0.25	0.07
16	13	8.12	5.35	8.41	5.43	0.29	0.08
17	14	8.71	0.59	9.00	0.63	0.29	0.00

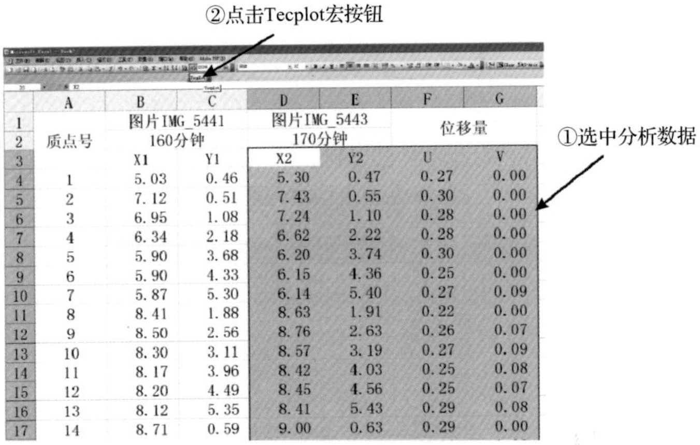

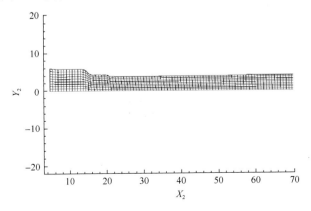

图 4-11　实验模型(图 4-6)在 170min 的质点数据

1. 数据的有限元网格划分

研究先将整理后的质点位移数据及变形模型的轮廓数据导入 Tecplot 软件中，并利用模型轮廓数据作为边界数据，创建适当的有限元网格。通常情况下，如果没有模型轮廓数据作边界，可创建非结构化有限元网格，但采用有限元的结构化网格比非结构化网格的计算效果要好得多。图 4-12 为图 4-6 实验模型在 170min 时的结构化有限元数据网格。

图 4-12　实验模型(图 4-6) 170min 的有限元网格

2. 网格的数据点插值

在基于模型轮廓创建的有限元结构化网格中，已建立的网格事实上并未包含质点的数据值。因而需要对网格进行进一步的插值处理。将已加载到 Tecplot 程序中的质点数据插值到该网格中。插值后的网格可以将数据以云图（或等值线图）的方式显示出来（图 4-13、图 4-14）。显示此时的网格已含有质点数据值，可以进一步开展应变参数的计算。

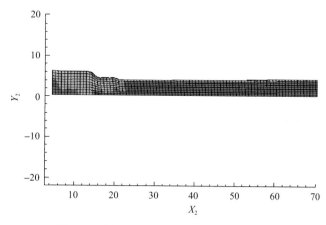

图 4-13　图 4-12 插值后垂向位移 V 的云图

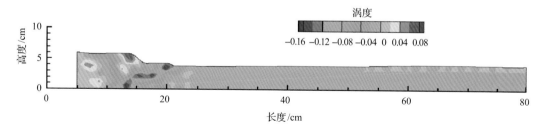

图 4-14　图 4-13 完成应变计算后显示的云图（显示的参数为涡度值）

3. 应变力学参数计算

根据材料力学，位移场与应变的关系式表达如下：

$$体应变 = \frac{\partial U}{\partial X} + \frac{\partial V}{\partial Y}$$

$$剪切应变 = \frac{\partial U}{\partial Y} + \frac{\partial V}{\partial X}$$

$$涡度 = \frac{\partial V}{\partial X} - \frac{\partial U}{\partial Y}$$

在 Tecplot 软件中，需要将这一数学关系改写为如下方程表达式，输入后，软件将根据表达式的关系，计算出各个参数值：

```
{Shear Strain}=0.5*(ddy(U)+ddx(V))
```

```
{Volumetric Strain}=0.5*(ddx(U)+ddy(V))
{Vorticity}=(ddx(V)-ddy(U))
```

四、变形机制分析

在盆地构造变形的物理模拟实验中，构造应变分析技术作为一种新兴的实验技术，目前已有初步的进展。通过对模型剪切应变、体应变及涡度等力学变量的测量，有助于深入了解地质构造变形的发展过程、发育机制和机理。

在图 4-15 的模拟实验中，研究考虑了地质结构中含滑脱层的变形特征。实验上，构造变形过程显示在运行 170min，挤压缩短量为 4.96cm 的阶段，可明显观察到两个前冲优势的断裂带 F_1 和 F_2 发育，但质点构造应变分析的剪切应变图和涡度图显示，这一阶段强烈的应变聚集和变形活动主要位于 F_2 断裂处，早期的 F_1 断裂带已无应变的聚集，由于未进入含滑脱层的地质结构段，构造变形表现出典型的构造增生传播的力学特征，冲断构造体系未得到封盖；模拟运行至 240min，挤压缩短量为 6.94cm 的阶段（图 4-16），实

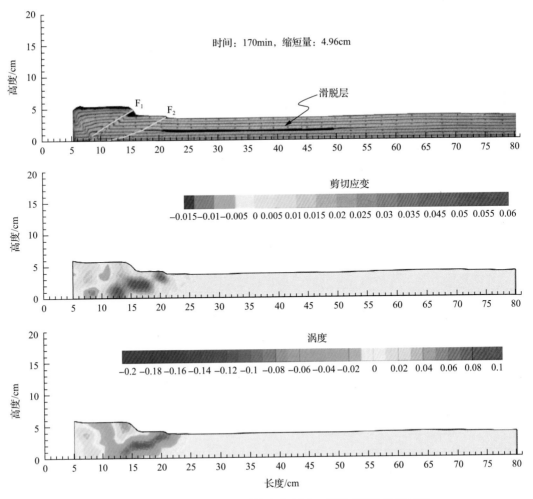

图 4-15　模拟实验 170min 时的实验变形、剪切应变及涡度显示

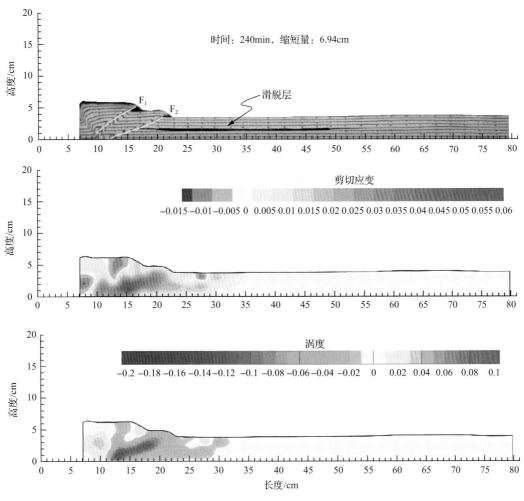

图 4-16 模拟实验 240min 时的实验变形、剪切应变及涡度显示

验上观察到的冲断变形仍然为两个(F_1 和 F_2),但质点构造应变分析的剪切应变图和涡度图显示,该阶段不仅 F_2 断裂处存在明显的应变聚集和变形活动,而且,这一作用已延伸入与断裂相邻前锋方向的滑脱层中,表明新的构造即将在下一阶段沿着滑脱层产生。由此,滑脱层将造成地质结构中深、浅层构造的不协调变形。滑脱层吸收剪切应变,使得深部构造继续发育的冲断构造将未能截穿浅层,被封盖于滑脱层下。从这一意义上讲,滑脱层(或盐)下的构造封盖条件是好的,其构造体系独立。这对深入认识深部构造的冲断变形机制具有一定的指导意义。

在盆地构造变形物理模拟的实验分析中,应变分析技术可以从力学机制上为解释构造变形的活动特征、传播方式提供科学分析的依据。

第三节　实验模型 CT 检测技术

20 世纪 80 年代末,CT 技术就开始被运用到构造物理模拟实验研究中(Mandl,1988),

其扫描过程不会破坏实验模型，同时可以对同一个实验中分阶段扫描，实现变形过程和内部结构的连续观测。因此，构造物理模拟实验中应用 CT 技术，可以获取实验过程中任何阶段实验模型内部的结构图像，优点非常明显。通过 CT 扫描获取连续图像，再结合粒子图像测速(particle image velocimetry，PIV)技术，可进一步分析实验模型三维空间内的变形过程和应变分布(沈礼等，2012，2016)。

基于 CT 的构造物理模拟实验和 PIV 分析技术的工作主要包括实验模拟、实验过程的 CT 扫描和 CT 数据后处理三个部分。

一、实验沙箱与材料

基于 CT 技术的构造物理模拟实验，与前述模拟实验的工作流程一致。根据地质构造原型设置相似的边界条件，拟定合理的相似比，选择合适的实验材料来建立实验的初始模型。不同的是，要根据 CT 装置技术参数及基本工作原理，在模型中设置好实验材料密度差异、物质组成及三维空间尺寸，以取得较好的成像效果，方便后续分析和研究。

1. 模型尺寸限制

受 CT 扫描时 X 射线强度穿透能力制约，实验模型尺寸会受到一定限制。采用医用CT进行实验时，为了获取较好的图像效果，模型宽度和厚度最好不要超过20cm；采用工业 CT 进行实验时，模型宽度和厚度也不要超过40cm。同时，为了减少扫描结果中模型边部的伪影，实验箱最好采用木质材料，避免使用金属材质(Wolf et al.，2003)。

2. 实验材料选择

在传统的构造物理模拟实验中，常用的实验材料包括石英砂、金刚砂、玻璃微珠、硅胶粉、硅胶等。在进行基于 CT 技术的构造物理模拟实验时，当射线穿透这些材料时将产生不同程度的衰减，从而形成三维数据体内部辨识变形的标志。为了获得较好的区分度，相邻材料CT值差异应当大于200Hu(Schreurs et al.，2003)。另外，颗粒材料的平均粒度也会影响扫描成像效果，最理想的粒度约为 0.2mm(Adam et al.，2013)。

二、实验过程 CT 扫描

本例中，应用医用 CT 进行模拟实验，考虑到扫描对象通常为石英砂，所以采用较高的电压和管电流，以获得较好的图像效果，扫描参数设置可以参考图 4-17 中的设置。

对于同一个实验模型，在实验过程中，需进行多次扫描，只需等到 CT 球管冷却到一定的温度后，点击"重复系列"按钮即可，这样可以保持每次扫描的位置都不会发生变化，方便后续对实验结果进行分析。

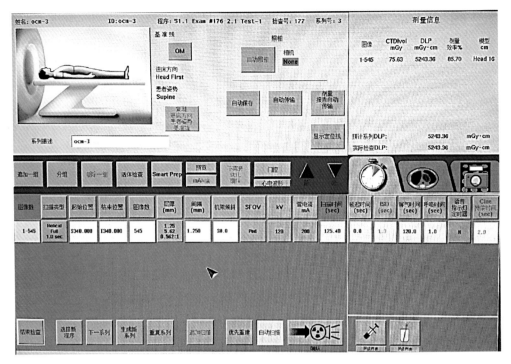

图 4-17 构造物理模拟实验中常用的扫描参数

三、CT 扫描数据后处理

　　首先对 CT 扫描所获取的数据进行三维重构，实验过程中每一个系列扫描数据都可以重建出一个三维体，这些三维体就是分析模拟实验中变形过程的基本材料。对同一实验过程中不同阶段的一系列三维体进行体相关计算，便可获得实验模型内部三维变形的

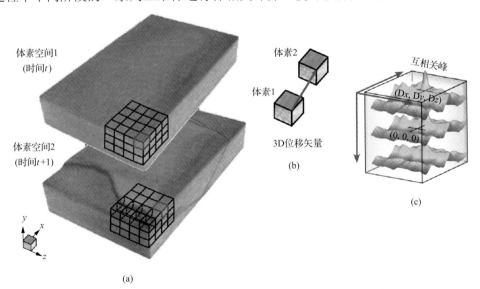

图 4-18 三维体相关技术的基本原理(Adam et al.，2013)

(D*x*，D*y*，D*z*) 表示在 *x*、*y*、*z* 三轴方向的瞬时位移

位移场、速度场和应变等数据(图 4-18)(Adam et al.，2013)。目前，上述分析还只能在非常简单的模型上实现。对于较为复杂的构造物理模拟实验，在重构的三维体不同方向不同位置上进行切片，然后再对相应位置的切片进行 PIV 计算，获取模型内部三维变形的信息。

模拟实验的 CT 扫描数据后处理主要包括三方面工作：三维体重建、三维体切片及对切片进行 PIV 计算。实际上，很多软件(如 3D Slicer、Avizo、VGStudio Max 等)在完成导入扫描数据后都会自动进行三维重建，重建后的三维体可进行三维体切片。便可以显示出模型三维内部结构，以及三个相互垂直的方向上的切片图像(图 4-19)。

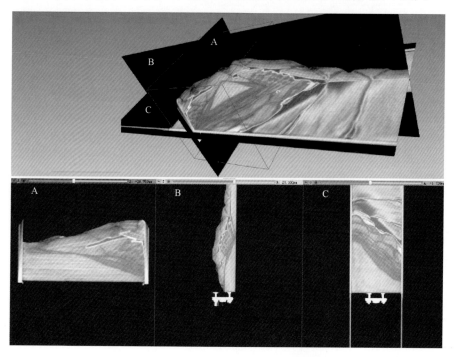

图 4-19　开源软件(3D Slicer)中三维体及切片

第四节　实验模型三维重构技术

构造物理模拟实验模型的三维重构已成为实验结果分析的重要内容之一：一方面便于研究者观察模型的内部结构变化，另一方面可以通过模型重建后的图像分割实现目标构造层要素的细致分析。通过三维重构再现模型的虚拟图像，是分析构造变形内部结构重要和必要的支撑技术。

实验模型的三维重构在技术原理上是基于已完成实验的模型的切片照片(包括 CT 数据或人工切片图片数据两种方式)，利用图像处理和图像数字化技术，对图像像素数据进行重新取样和重建比例，同时在软件中实现图像的空间重组。

实现三维重构的技术流程主要有：①开展模型切片，获取切片或照片；②对切片或照片的图像处理；③处理后的图片导入三维建模软件，开展图像重取样和图像组合(图 4-20)。切片数据的获取主要由两种方式：CT 切片图像和人工切片图片。

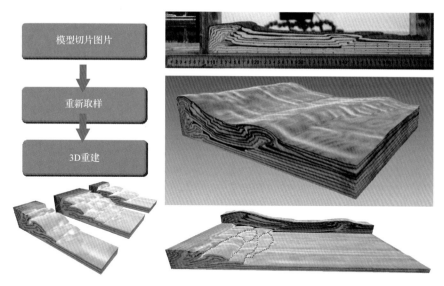

图 4-20 构造模型三维重建的技术流程和效果

一、CT 扫描数据三维重建

通过 CT 扫描仪获取的模型切片数据为 DCM(即 DICOM 格式)数据,包含有数据的位置和数值信息。图 4-21 为 DCM 数据的显示。圆形区域为 CT 扫描的有效范围。CT 扫

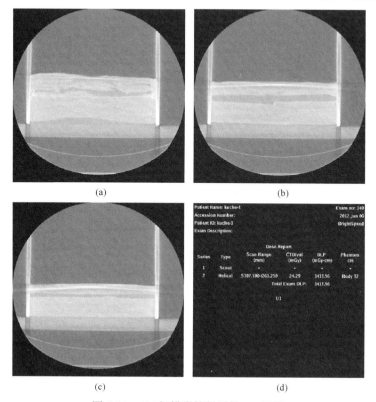

图 4-21 CT 扫描直接得到的 CT 图像

描可以清楚地分辨硅胶和砂层的模型物质组合，其中，模型内深色为硅胶层物质。图 4-21(d)记录了该次 CT 扫描的一些参数。

CT 图像的数量和精度随参数设置的不同有一定差别。通常情况下，垂直挤压方向上的精度越高，图像数量越多；其余两个方向上的精度则受视域控制，视域越大，图像精度越低，但可见范围越大，反之视域越小，图像精度越高，可见范围也小。

目前，基于 CT 扫描数据的三维重建主要借助 3D Slicer 和 Avizo 软件来处理完成。在 Avizo 中，用 open data 功能加载数据的同时，可以对不必要的数据(如玻璃侧板和底板等)进行裁剪，如在图 4-22 下方选中 crop editor，或在 image crop 部分直接输入数字，也可以在图片显示区直接在图片上进行选择；同时也可以在这个功能里变换 *xyz* 坐标(图 4-22 下部的 flip and swap 部分)，使得其更符合使用者的习惯。

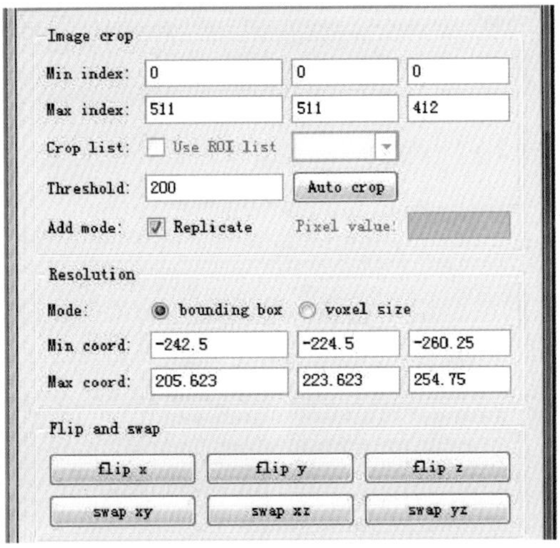

图 4-22　Avizo 软件的 crop editor 模块

由于 CT 切片数据包含空间位置信息，通常情况下，软件对导入的数据可直接显示成图。Avizo 提供了强大的显示功能，可以在一个窗口或几个窗口同时显示一套或几套数据，对它们进行对比。在软件里可以同时比较多个正切片或是斜切片(图 4-23)，而图

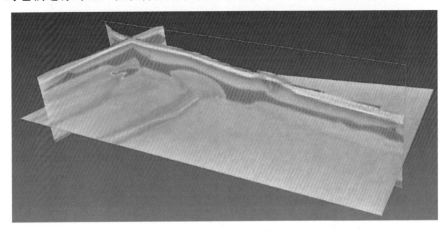

图 4-23　CT 数据正切片和斜切片显示

中的颜色为数值假彩色。此外，还可以进行体绘制(voltex)和等值面显示(isosurfaces)。在图 4-24 中，顶部为等值面显示的效果，其余为体绘制效果，中空部分原为硅胶层物质，但通过阈值设置可以从模型中分离出去，从而显示透明效果，观测下部构造的顶面。断层表现出较深的颜色。

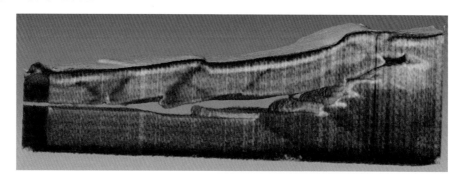

图 4-24　CT 数据的体绘制和面绘制效果

为了获得更好的显示效果，还需要对图像数据进行分割(segmentation)，在分割之前最好对图像进行降噪过滤(noise reduction median filter)。通过将中心体素的值替换为周围体素灰度值的中值，过滤器可以减少噪点的数目，使图像平滑并保留边缘(图 4-25)。

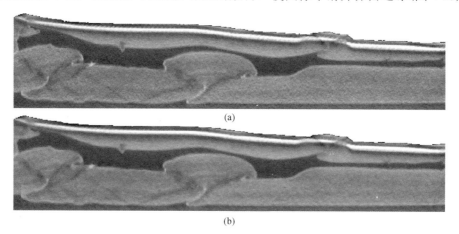

(a)

(b)

图 4-25　过滤前后图像对比

(a)过滤前；(b)过滤后

对 CT 建模数据进行物质分割的模块为 Labelling→Labelfield。软件提供了多种分割方式，从全手工到全自动：刷子(brush)、套索(lasso)、魔棒(magic wand)、阈值(thresholding)等。由于实验模型所用的材料主要为硅胶、石英砂和玻璃微珠，其中只有硅胶的区分度比较大，可以与其余两种材料区分开，所以通常只将硅胶从 CT 扫描图像中分割出来。由于CT 扫描图像可能受到两边玻璃板对射线的影响，表现出两边和中间数据显示差异较大(图4-26)。图 4-26 中可见边缘切片硅胶的颜色和中心切片硅胶的颜色，还有底部硅胶和中间夹层硅胶的颜色都有较大差别，不能使用全自动的方法分割，目前采用手动和阈值结合的方法进行逐张图像的分割，需要对不同的图像采用不同的阈值，并手动去除异常区域。

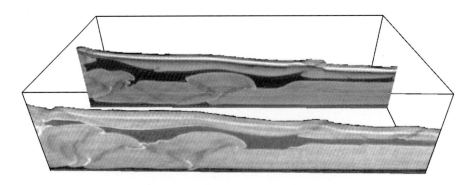

图 4-26　同一数据体不同位置切片的对比

分割后的 CT 三维成像数据可以进行数量分析(利用分割界面中的 segmentation→material statistics 模块)。图 4-27 是用其中的单切片面积统计(area per slice)数据,切片编号方向与模型的挤压方向平行,数据反映了不同切片上的硅胶面积的变化。由于 CT 原始切片数据是等间距的,因此,按切片间距(通常为 0.25mm)计算可获得总体分割物质体的体积。图 4-28 为模型分割硅胶部分的单独显示,这需要对分割的数据进行面生成(SurfaceGen)和面显示(SurfaceView)两步处理。

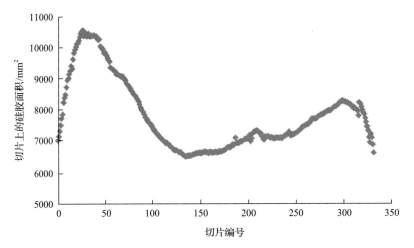

图 4-27　CT 图像分割后的数据分析

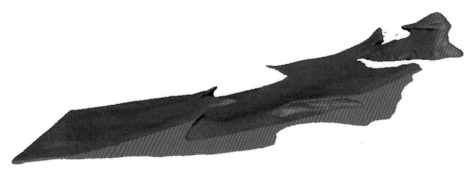

图 4-28　硅胶物质的三维显示
右上为底辟构造,中空白色部分为焊接构造

图 4-29 为删掉了上表面的结果，所显示出的是硅胶的底面构造，也就是其下部构造的顶面构造。从底面构造可以看出，在挤压端一侧的变形强，盐下构造叠瓦堆垛，局部还有盐焊接(面上的空缺)。

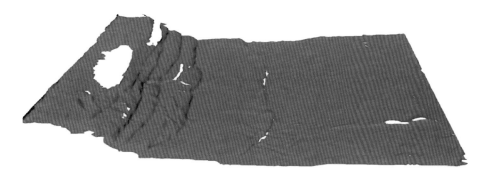

图 4-29 硅胶物质底面构造图

二、切片图像的三维重建

除了 CT 图像可以进行三维重建，还可以利用人工切片照片进行三维重建。与 CT 原始切片数据相比，人工切片照片为真彩色，分辨率更高。

一般而言，人工切片照片通常是对模型进行等间距的切割(1cm 或 2cm)，切割间距越小，预期的三维重构结果越精细。同时，对每一次切割后的模型剖面进行拍照记录，获取模型切片的照片(原始照片文件通常为 jpg 格式)。

切片照片的图像处理是实现三维重构之前的一个关键步骤。其中需要利用图像处理软件(如 Photoshop、ImageJ 等)进行照片的旋转、裁剪、统一图片尺寸、删减背景(设置背景为透明)、更改图像保存格式(png 或 gif，支持透明背景的图片文件格式)等一系列操作。处理后的图片(图 4-30)，原则上需按顺序排列。当开展三维重建时，这些处理后的图片将按文件集顺序导入三维建模软件(如 Avizo、3D Slicer)。导入的图片集通常需要进行图像数字化的像素重新取样，这一过程实质上是在图像集内部进行像素插值，以增加三维成像效果的精细度和厘定图像在虚拟三维中的空间位置。在此基础上，对数据集进行渲染，即可呈现虚拟的三维重构模型。

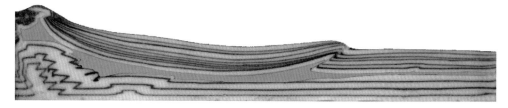

图 4-30 切片照片的图像处理结果
上部为透明色，硅胶为蓝色

以 Avizo 软件处理为例，建模首先将选中的所有图片导入。和 CT 数据不同，导入的图片数据需要设置解析度(resolution)(图 4-31)，有两种方式：一种是边框大小(bounding box)，一种是体素尺寸(voxel size)。为了以后的测量方便，可以在这里将 bounding box 的值按实际模型的尺度进行输入(单位为 mm)，这种改动不会降低图片的分辨率。

导入后的图片在软件中具有了体素的值和相应的位置，可以进行一些三维显示，但是为了提高垂直切片方向上的解析度，需要进行重取样(resample)。图 4-32 为重取样前后的顶面图对比，重取样是一个插值的过程，取样前的图片分辨率较低，过渡很突兀，图片之间的界线很明显，经过重取样后平滑了很多，线条也更连续。重取样计算的功能在 Compute→Resample 中选取。需要注意的是，重取样过程可能会降低另外两个方向图片的分辨率。

```
Info
    Files:        17
    Image Size:  17 slices, 2000x400, 4 channels, 1 time step
Import
    Channel conversion:        Color Field        ▼
    Object name:  04cm.png
Resolution
    Define:          ◉ bounding box    ○ voxel size
    Min coord:   0            0            0
    Max coord:   1999         399          16
```

图 4-31　切片照片导入设置

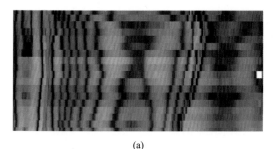 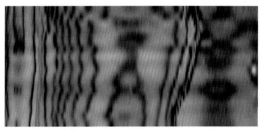

(a)　　　　　　　　　　　　　　　　　(b)

图 4-32　重取样前后的顶面对比图

(a)重取样之前；(b)重取样之后

重取样之后的三维显示操作与 CT 图像处理类似。图 4-33 是切片照片三维重建的正切片和斜切片展示，可见左半部分正切片的图像更清晰，右半部分斜切片的图像效果较差，反映在空间上的插值计算不够连续。目前，单纯地通过增加插值数量不能解决这个问题。

图 4-33　切片照片三维重建的正切片和斜切片展示

在利用切片图像进行三维重建中，由于处理后的照片通常是由红、绿、蓝、透明度四个值组成，所以不能进行等值面显示，但是可以进行体绘制(voltex)。图 4-34 为整体模型数据体绘制的结果，图 4-35 为硅胶层下部构造的三维体绘制的结果。

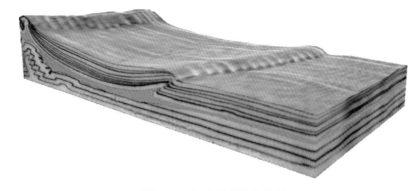

图 4-34　切片照片的体绘制

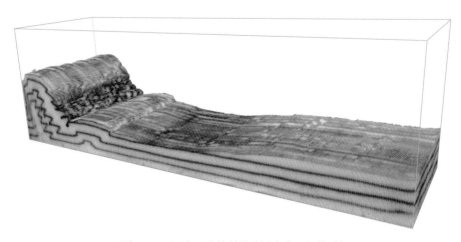

图 4-35　切片照片的体绘制(硅胶下部构造)

为了对切片图像构建的三维体数据进行物质分割，首先需要先把数据转为灰度图片。操作上可以提取红(软件默认设定为 channel 色彩通道)、绿(channel 2)或蓝(channel 3)任一颜色为基准色，按灰度值(0~255)进行数据转换(选定的基准色在转换中将被赋值为 0)。通常的实验条件下，为处理和识别的方便，模型的硅胶层部分在照片图像处理中已预先被调整为蓝色，所以蓝色硅胶层的区分度相对就很大。选取重取样后数据，进行

Compute→Channel Work，然后在对话框里选择 channel 3（即蓝色），就可以得到从蓝色中提取出的灰度值所组成的图片（图 4-36）。

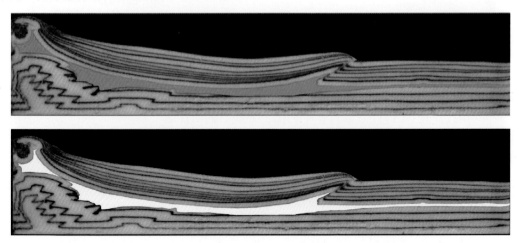

图 4-36　原始切片图片和提取蓝色通道后的图片对比

对转为灰度图像后的切片数据可以进行物质分割和等值面绘制，其过程与 CT 数据的分割类似。在分割之前同样可以选择过滤器对数据进行过滤。图 4-37 为三维重构数据中提取的硅胶分割体形态，显示硅胶物质变形前和变形后的形态差异。在变形后的图中可见右侧有盐舌构造，中间的不连续部分则是盐焊接构造。

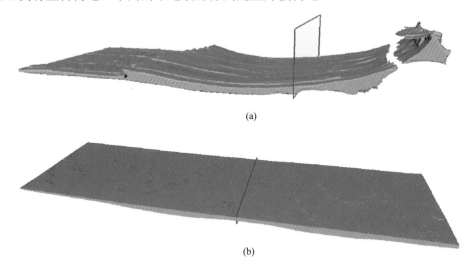

(a)

(b)

图 4-37　硅胶的三维重建显示
(a)变形后；(b)变形前

三维重构不仅可以形象地展示构造的形态，而且依据三维重建所做的数据统计分析，还可以量化构造变形作用的效果。从之前的实验模型分析结果来看，塑性物质在流动的过程中不仅在推挤方向移动，还在与推挤方向垂直的横向上存在明显流动。物理实验模型的三维重构的重要意义在于可以为研究者提供直观的模型深部结构展示，分析深部构造的结构组合及特征。同时，结合相似性分析，实验模拟的结果可以向地质勘探领域的研究认识拓展。

第五节 粒子成像测速分析技术

White 等(2003)和 Adam 等(2005)在物理模拟研究中应用了 PIV 技术，发现该技术比传统实验照片处理方法在空间分辨率和时间分辨率都提升了一个数量级，更有利于研究应变分布、地表过程及断层(裂缝)发育等地质过程。因此，近年来出现了许多将 PIV 运用到物理模拟的研究，如 Wolf 等(2003)利用 PIV 技术等研究了拉张变形环境下断层剪切带的分布特征及其控制因素。Knappett 等(2006)用黏土实验模拟地震荷载过程，他们运用 PIV 技术测量了该过程中浅部地层的位移场分布情况，进而分析了该过程中浅部地层的破裂机制。Yamada 等(2006)研究了俯冲边界活动增生楔的变形特征，通过 PIV 技术观察到了断层的间歇性活动——黏滑运动。Schrank 等(2008)运用 PIV 技术研究了影响走滑剪切带宽度及应变传播速度的控制因素。Cruz 等(2008)利用 PIV 技术研究了不对称剥蚀作用对双侧背冲造山楔内部变形运动的影响。Reiter 等(2011)通过加载有 PIV 技术的物理模拟实验，研究了弯曲褶皱冲断带的成因及其地表物质侧向流动的情况。沈礼等(2012，2016)开展基于 PIV 技术的褶皱冲断构造物理模拟和分析。

一、PIV 技术原理

PIV 技术是一种可以实现非线性位移变形可视化的光学、非接触式图像相关技术。其工作的基本原理如图 4-38 所示，通过 PIV 系统高分辨率镜头获取实验模型变形过程中的一系列灰度图像[图 4-38(a)]，每幅图像都可以用对应的灰度坐标函数表示，不同图像函数可以通过互相关函数联系起来。将一定时间间隔(dt)的两幅图像划分为多个问询域[图 4-38(b)]，通过基于快速傅里叶变化的互相关运算可以计算出局部问询域内颗粒在 dt 时间内的位移，而互相关函数的峰值代表了局部问询域内颗粒的平均位移[图 4-38(c)]。这样每个问询域都获得到了一个位移矢量，所有问询域的位移矢量就构成了整幅图像在 dt 时间内的位移矢量场。对于位移和变形比较大的地方，通过逐步缩小问询域的迭代算法和变形窗口算法可以提高位移矢量的空间分辨率(Fincham and Spedding，1997；Scarano and Riethmuller，2000；Wieneke，2001)。以增量位移矢量为基础，便可以进一步获取模型的增量应变，如线应变、剪切应变和面积应变等。将每个阶段的增量应变按顺序求和，也就获得了模型变形演化过程中的有限应变状态。

在同一实验模型的系列三维体相同位置的切片，可以运用 PIV 技术计算出该切片位置上在实验过程中的变形位移场、应变场等信息。PIV 计算具体的操作步骤如下，下面以某实验模型切片图像为例，简述 PIV 计算和操作过程。该实验过程一共发生了 150mm 的缩短量，一共获取了 750 张照片，以下过程为缩短量从 74.8mm 增加至 76.8mm 的过程，实验照片记录序号从 380 张至 391 张，PIV 处理软件是 MicroVec3。

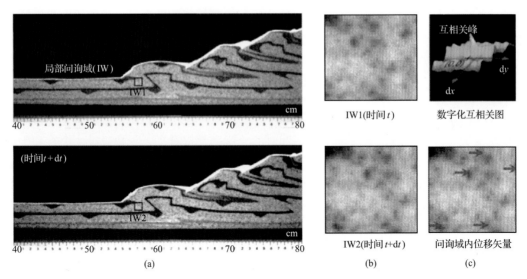

图 4-38　PIV 技术工作基本原理(修改自 Adam et al.，2005)

(a)序列图像(上图时间 t，下图时间 $t+dt$)；(b)问询域内的图像；(c)基于快速傅里叶变换的互相关运算

二、PIV 计算与显示

1. 图片裁切及模板制作

首先，将进行 PIV 计算的系列图片进行一致尺寸的裁切处理，以便后面对齐和调整大小。然后，选择一张图片(如序号 386)，应用相关平面软件(如 CorelDRAW)将实验照片进行裁切，根据图像中要进行 PIV 计算的区域，将实验照片裁剪为合适大小并保存(如bmp 格式)。同时，对 PIV 计算的区域及其外侧背景色进行填色处理(如黑色)(图 4-39)，输出图片(386mb.bmp)，作为模板。

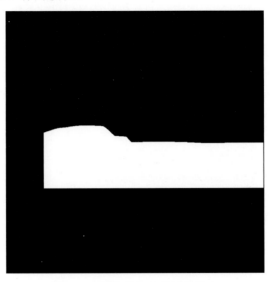

图 4-39　图像裁切及背景色填充

PIV 计算的区域为白色，其余区域填充为黑色

2. PIV 计算与显示

该例子中计算的是实验照片 381 与 391 之间的位移。首先，在 MicroVec3 中导入实验照片 380～391［380 作为缓存第一幅图，将会被接下来导入的模板图片（386mb.bmp）所替代］。导入模板图像 386mb.bmp，点击菜单"图像"→"图像边界检测"→"模板设定"，并通过设置数字标尺（以图片中钢尺图像为依据）进行图像所代表的真实模型尺寸校正，并设置图像放大率和跨帧时间（1ms）。勾选"显示矩形区域"，在实验照片上选取一个区域作为 PIV 计算的范围，矩形的宽度尽量与模板的宽度一致，矩形内模版外的区域将被赋予"零"值，会显示在 Tecplot 里面。通过设定"系统信息"窗口中的"向量修正"，设置"向量偏差"（如 10%），来调整位移场显示效果的平滑度。

在上述步骤中，确定了相关计算区域、尺寸及偏差参数后，即可运行软件模块"PIV 计算"，设置"判读区"和"步长"（步长尺寸应不大于判读区尺寸），为了更好地显示网格和箭头表示的位移场，需要将判读区尺寸设定得稍大一些，并勾选"使用图像边界模板"及"使用变形窗口算法"，设定 PIV 向量计算参数及算法。相关参数设置参考图 4-40，可根据软件及实际情况调整，以符合研究需求，本节只提供了一个实例参考。

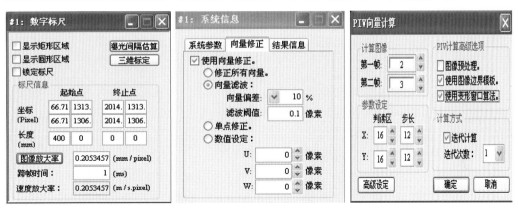

图 4-40　MicroVec3 中部分 PIV 计算参数参考设置

随后，根据软件功能开展"PIV 计算批处理"，计算结束后，"保存结果网格跟踪"。然后，在 Tecplot 里将数据成图导出，就可以看到结果的矢量场和云图，并根据需要进行调节。最后将 PIV 结果与实验图片叠合显示（图 4-41），最终实现模拟实验照片的 PIV 计算与展示，进一步的应变和变形机制分析则需要开展更多的处理与分析。

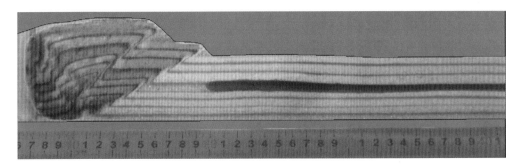

图 4-41　PIV 图像与实验照片的叠合显示

第五章　库车冲断带盐相关构造物理模拟

库车前陆冲断带(盆地)位于塔里木克拉通北缘南天山造山带与塔北隆起之间,面积约 $3\times10^4\mathrm{km}^2$。经历了晚二叠世—三叠纪的前陆盆地、侏罗纪—白垩纪弱伸展盆地和新生代陆内前陆盆地的多阶段盆地演化,发育了较为完整的中—新生界。在新生代晚期强烈挤压作用下,基底和盖层内发育的多套软弱岩层演化成滑脱面,控制形成差异的构造带和构造段结构,其中盐滑脱控制下的分层变形是其特征性构造结构。受盐层和底部滑脱层控制,盐下变形层在山前发育大型楔形冲断褶皱构造带,其内部表现为后缘的基底卷入构造和前缘的叠瓦冲断构造;库车前缘地区表现为浅构造层的挤压盐相关构造、中层的盐流动聚集和盐下受新构造改造的古构造。通过开展系列模拟实验,揭示了库车前陆冲断带分层、分段及分带结构的控制因素,包括基底边界条件、盐层分布结构及同构造沉积作用等,并明确了快速挤压条件下的盐聚集和流动机制。

第一节　库车冲断带物理模拟相似性参数

根据相似性计算的要求,依据地质构造原型建立实验物理模型需考虑厚度、密度、黏聚强度、黏度和变形速率等参数。但同时为了保证模拟实验设计的可操作性,对现实的地质构造原型有必要在结构上做一定的精简。精简的原则依据地质构造原型构造层的划分、构造边界及实验材料的属性等。

在库车地区,开展盐相关构造的物理模拟研究基本的构造分层原则是以盐层为界,划分盐上构造层($E_{2-3}s$—Q_1x)、盐构造层($E_{1-2}km$)、盐下构造层(T—K)和基底构造层(P)。这当中,盐上构造层($E_{2-3}s$—Q_1x)含有同构造沉积,而研究中主要考虑康村组以来的沉积为同构造沉积,因此初始模型的设置仅考虑少量盐上沉积作用。同时,根据构造分层在流变学上的特征,库车拗陷的盐相关构造物理模型应属于脆–韧性组合模型。

一、地质构造原型物理参数

表 5-1 列出了构建库车前陆盆地实验模型所需的地质构造原型物理参数。在实际构建实验模型中,地层厚度参数通常考虑在一定程度上满足构造层厚度的范围,而密度、黏聚强度、黏度等参数通常取用构造层的平均值或参考值。在该项目的研究中,脆性层(盐上构造层和盐下构造层)密度取平均值,总体平均值为 $2503\mathrm{kg/m}^3$,黏聚强度取平均值为 $31\times10^6\mathrm{Pa}$(表 5-2),韧性层(盐层)的密度参考值取 $2260\mathrm{kg/m}^3$,黏度参考值取 $10^{18}\sim10^{20}\mathrm{Pa\cdot s}$(Weijermars and Schmeling, 1986)。实验设计和操作中忽略小层差异(如盐岩黏度的区域差异),仅考虑岩石整体的本构力学属性。对于库车前陆盆地地质构造原型中变形速率的推定,由于库车地区沿不同剖面计算的缩短量往往存在较大差异,难以准确厘定。但从以往的研究来看,库车前陆盆地中段(包括克拉苏构造带和却勒–西秋构造带)盐上地

层的收缩变形量为 10～15km，强烈的挤压变形出现于上新世(谢会文等，2011)。以此推算库车前陆盆地快速阶段的变形速率为 2～3mm/a(相当于 $6.3 \times 10^{-11} \sim 9.5 \times 10^{-11}$ m/s)。

表 5-1 库车前陆盆地地质构造原型物理参数

构造层	地层		地层代号	厚度/m		密度/(kg/m³)		黏聚强度/Pa	黏度/(Pa·s)	属性
				范围	范围(平均)	分层	平均			
盐上构造层		第四系	Q			2110				
	新近系	库车组	N₂k	450～3600		2380	2407	31×10⁶		脆性
		康村组	N₁₋₂k	650～1600		2600				
		吉迪克组	N₁j	200～1300	1450～7100 (4275)	2540				
						2160 (盐)	2160		10²⁰	韧性
	古近系	苏维依组	E₂₋₃s	150～600		2530	2525	31×10⁶		脆性
盐层		库姆格列木组	E₁k	110～3000	110～3000	2520				
						2260 (盐)	2260		10²⁰	韧性
盐下构造层	白垩系	巴什基奇克组	K₁bs	100～360		2450				
		巴西盖组	K₁b	60～490						
		舒善河组	K₁s	140～1100						
		亚格列木组	K₁y	60～250						
	侏罗系	齐古组	J₃q	100～350	(4370)	2570	2577	31×10⁶		脆性
		恰克马克组	J₂q	60～150						
		克孜勒努尔组	J₂kz	400～800						
		阳霞组	J₁y	450～600						
		阿合组	J₁h	90～400						
	三叠系	塔里奇克组	T₃t	200		2710				
		黄山街组	T₂h	80～850						
		克拉玛依组	T₂k	400～550						
		俄霍布拉克组	T₁eh	200～300						

表 5-2 地层强度实验结果(据塔里木油田公司)

序号	井号	深度/m	黏聚强度/MPa	内摩擦角/(°)
1	DN11	5236.1～5244	29.13	27.93
2	DN11	5279.5～5286.6	37.52	21.90
3	DN201	4905～4914	31.45	25.76
4	DN201	4847.5～4856.2	33.78	24.19
5	DN202	4953～4962.04	25.26	30.18
6	DN22	4726～4733.3	31.88	24.68
7	DN22	4923.5～4926.2	30.63	26.25

二、实验材料物理参数

对应地质构造原型的建模，实验上选用干燥石英砂和染色石英砂模拟脆性地层（黏聚强度取平均值 120Pa），染色石英砂物理属性无较大变化。选用黏度约 10^4Pa·s 数量级的硅胶模拟韧性地层（盐岩层或滑脱层）。实验材料的物理参数见表 5-3。

表 5-3 实验材料物理参数

流变属性	实验材料	密度/(kg/m³)	黏聚强度/Pa	黏度/(Pa·s)
脆性层	石英砂	1457	120	
韧性层	硅胶	929		12000

根据计算式：

$$C^* = \sigma^* = \rho^* g^* h^*$$

对于库车前陆盆地，推导的几何尺度相似比例（实验模型∶地质构造原型）为

$$h^* = C^* / (\rho^* g^*) = \frac{120}{31000000} \div \frac{1457}{2503} = 6.6 \times 10^{-6}$$

因此，实验模型∶地质构造原型的比例尺度=1∶150000。这相当于实验尺度的 1cm 代表了地质尺度的 1.5km。

由于盐岩作为韧性层存在，推导的速率和盐岩应变率的缩放比例为

$$v^* = \rho^* g^* (h^*)^2 / \eta^*$$

$$\dot{\varepsilon}^* = v^* / h^* = \rho^* g^* h^* / \eta^*$$

以 1cm 的硅胶层计算，实验中采用的速率对应相关原型的参数见表 5-4。

表 5-4 库车前陆盆地模拟实验上不同速率条件对应的原型参数

实验速率/(mm/s)	相似比（模型∶原型）		代表原型（硅胶厚度以 1cm 计算）	
	速率比率 v^*	应变率比率 $\dot{\varepsilon}^*$	速率/(mm/a)	应变率/s⁻¹
0.001			0.02~2	$4.4 \times 10^{-13} \sim 1 \times 10^{-15}$
0.002			0.4~42	$8.8 \times 10^{-13} \sim 1 \times 10^{-15}$
0.003			0.6~62	$1.3 \times 10^{-12} \sim 1 \times 10^{-14}$
0.004			0.8~83	$1.8 \times 10^{-12} \sim 1 \times 10^{-14}$
0.005	$1.5 \times 10^3 \sim 1 \times 10^5$	$2.3 \times 10^8 \sim 1 \times 10^{10}$	1~104	$2.2 \times 10^{-12} \sim 1 \times 10^{-14}$
0.006			1.2~125	$2.6 \times 10^{-12} \sim 1 \times 10^{-14}$
0.01			2~208	$4.4 \times 10^{-12} \sim 1 \times 10^{-14}$
0.015			3~312	$6.6 \times 10^{-12} \sim 1 \times 10^{-14}$
0.02			4~416	$8.8 \times 10^{-12} \sim 1 \times 10^{-14}$
0.05			10~1040	$2.2 \times 10^{-11} \sim 1 \times 10^{-13}$

需要指出的是，在 0.002～0.05mm/s 的实验速率范围内，韧性层应变率的相似比为 $\dot{\varepsilon}^* \approx 2.3 \times 10^8 \sim 1 \times 10^{10}$。以 1cm 的硅胶厚度计，其所代表相应厚度盐岩的动力应变率变化范围为 $2.2 \times 10^{-11} \sim 1 \times 10^{-13}$ 及 $8.8 \times 10^{-13} \sim 1 \times 10^{-15}$。Jackson 和 Talbot(1986)认为地质上原位盐岩变形的应变率为 $10^{-8} \sim 10^{-16}$ s^{-1}，其中，10^{-13} s^{-1} 这一数量级相当于伴随褶皱作用的底辟挤出应变率。对于塔里木盆地库车前陆盆地来说，盐构造的变形应变率一般为 10^{-16} s^{-1} 的数量级，晚期快速生长期的应变率为 10^{-14} s^{-1} 数量级(邬光辉等，2004)。因此，目前开展的物理模拟实验可能反映一种相对较高的挤压应变环境下的盐岩流动特征。理论上讲，低速挤压变形的模拟实验可能较接近研究区盐岩流动的相关变形特征。此外，由于实验速度为 0.003～0.02mm/s 的模型所反映的应变率在相同的数量级范围内，实验分析中对这些速率变化不再作区别讨论。

第二节　库车冲断带构造物理模拟

前人对库车前陆盆地的构造变形机制、变形特征及构造演化做出了大量的研究，并注意到盐岩层可能是影响库车前陆盆地构造样式、构造变形的重要因素(汤良杰等，2003，2005；陈书平等，2004；邬光辉等，2004，2006；余一欣等，2006，2008；漆家福等，2009；汪新，2009)。在前几期的项目研究中，开展了岩层能干性、基底条件、盐底辟、同构造沉积负载、区域挤压作用及变形速率影响等物理模拟和数值模拟分析工作，重点分析了以下内容：①盐岩作为滑脱层对褶皱-冲断变形的影响；②盐岩层内部机械硬层变形特征；③上覆层厚度对盐构造变形的影响；④盐底辟对盐构造变形的影响；⑤同构造沉积对盐构造变形的影响；⑥检验库车前陆盆地正反转构造模型；⑦基底先存构造对盐构造变形的影响。研究有针对性地提出了影响库车前陆盆地中段收缩构造变形有四个主控因素：岩层能干性、边界条件、基底条件和地表作用。影响库车前陆盆地盐构造变形有四个主要因素：盐岩沉积范围、区域构造应力及强度、上覆层应变强度、差异负载(沉积负载和局部构造负载)。在这些前期项目研究的基础上，本节研究将在盐相关构造物理模拟实验分析的基础上，针对盐下构造变形开展重点工作，开展基于古构造复活的盐相关构造物理模拟实验，基于前陆盆地的盐体变形特征与盐构造变形样式研究，以及基于前陆盆地的盐下构造变形特征与构造样式研究。本书重点设计了四类型模拟实验：①先存古构造变形模拟实验；②盐下地形古隆凹(盐岩分布差异)模拟实验；③盐下基底结构层差异模拟实验；④盐下基底刚性差异模拟实验。实验中兼顾同构造沉积过程作用的影响。

一、先存古构造变形模拟实验

该类实验由两组实验构成。实验考虑两组模型的基底构造层相同，但在第一组实验中，预先铺设了模拟盐岩的薄层硅胶及模拟盐上初始沉积的薄砂层，实验在持续的动力挤压作用下完成；而在第二组实验中，实验分为两个阶段，在基底构造层铺设完成后，先开始挤压变形，待产生一定数量构造变形后停止实验，铺设硅胶(盐层)和盐上初始沉积，并继续施加动力挤压作用，观察变形结果。实验过程中同时附加了同构造沉积作用和剥蚀作用过程。实验设计见图 5-1，实验条件见表 5-5。

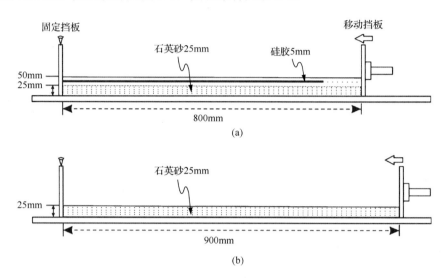

图 5-1 先存古构造变形模拟实验设计

(a)实验 5-1-1 初始状态设计；(b)实验 5-1-2 初始状态设计

表 5-5 先存古构造变形模型初始实验条件

实验	阶段	初始模型总尺寸(长×宽×高)/mm	基底/mm	盐层/mm	初始上覆层/mm	挤压速率/(mm/s)
实验 5-1-1		800×400×50	40	5	5	0.015
实验 5-1-2	1	900×400×25	25			0.015
	2		40	5	5	0.015

1. 无古构造持续变形模型(实验 5-1-1)

实验 5-1-1 的变形过程见图 5-2。先期变形阶段[图 5-2(a)、(b)]，自基底发育出两个构造 F_1 和 F_2，随后铺设了同构造沉积过程[图 5-2(b)、(c)]，厚度约为 20mm，连续发出 F_3 和 F_4 构造。实验对模型近挤压端的抬升部分进行了部分剥蚀作用(约 20mm)[图 5-2(d)]，由于实验上的剥蚀作用持续时间较短，可忽略其对变形作用的影响。继续增加同构造沉积作用 10mm[图 5-2(d)、(e)]，深层的构造变形增至 6 个，并引起盐上构造层的一个较大变形。随后仍对挤压端(山前)进行快速剥蚀去顶和持续挤压，深部构造变形连续发育，而早期构造存在明显的断片抬升旋转。对于盐下深部构造，实验 5-1-1 总体上表现出了连续有序发育的特征。

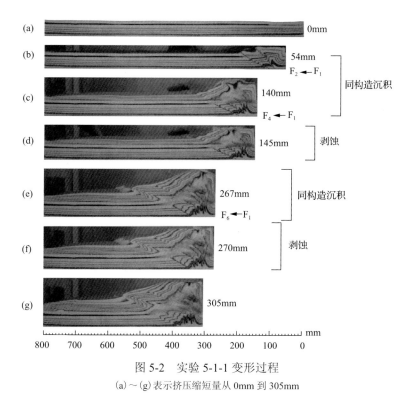

图 5-2　实验 5-1-1 变形过程

(a)～(g)表示挤压缩短量从 0mm 到 305mm

2. 古构造变形复活模型(实验 5-1-2)

实验 5-1-2 的变形过程见图 5-3。在第一阶段[图 5-3(a)、(b)]，实验上先对初始模型(代表基底构造层部分)施加挤压动力，运行 230mm，实现 8 个早期的构造变形。这 8 个

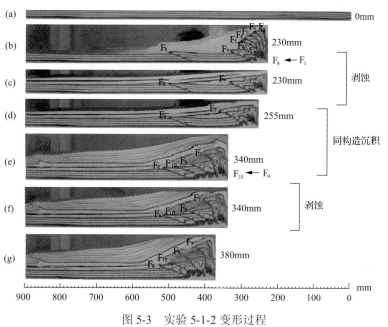

图 5-3　实验 5-1-2 变形过程

(a)～(g)表示挤压缩短量从 0mm 到 380mm

构造从 F_1 到 F_8 的发育表现出有序性。第二阶段，开始铺设上覆硅胶层和初始上覆砂层，基本结构尽量保持与实验 5-1-1 相近[图 5-3(c)]。随后继续施加挤压动力，F_7 构造表现出复活再活动的特征，并出现断裂有高角度的旋转，在上覆同构造沉积过程中，盐下深部构造层中，在 F_7 和 F_8 构造间先后发育出 F_9 和 F_{10} 构造，且在 F_{10} 构造活动期间，存在 F_8 断裂的复活，构造活动影响上覆层产生微弱变形。而两个新生构造未切穿上覆构造砂层(包括同构造沉积砂层)。

3. 实验认识

从实验上看，实验 5-1-1 的深部构造具有显著的有序发育特征，其早期发育的构造在晚期的复活表现仅为断裂或构造片的抬升堆叠和块体局部旋转(从低角度到高角度)。然而在实验 5-1-2 中，深部构造变形表现出了明显的构造复活特征，同时也有新构造发育的表现。这些新发育构造使整体构造变形在时序上并不一定表现出从挤压端(山前)向固定端(前陆方向)有序地传播。

此外，两组实验深部构造变形的对比表明，二者在变形数量上是存在差异的。在实验 5-1-1 的条件下，深部构造变形仅表现出 6 个，而实验 5-1-2 条件下总的构造变形表现为 10 个。需要指出的是，在模型切片中(图 5-4)，由于实验 5-1-2 中存在早期的山前深部构造剥蚀作用，部分早期构造可能缺失，从而主要表现为盐下少量构造成排成带的展布特征。

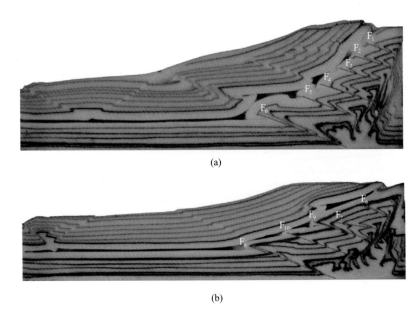

(a)

(b)

图 5-4　实验 5-1-1 和实验 5-1-2 切片结果对比

(a)实验 5-1-1 切片；(b)实验 5-1-2 切片。$F_1 \sim F_{10}$ 表示构造发育顺序

二、盐下古隆凹(盐岩分布差异)模拟实验

在模拟实验中，含盐盆地的模拟考虑盐下隆凹的古地形(古构造)特征，实际上同时也反映了盐岩分布的差异变化。研究中开展了五组实验模拟。模型设计从简单的单盐凹

到双盐凹，从复杂分布的单盐凹到多盐凹。实验设计的初始条件见表5-6，初始设计见图5-5。所有实验均考虑施加上覆同构造沉积过程。

表 5-6 先存地形古隆凹(盐岩分布差异)模型初始实验条件

实验	阶段	初始模型总尺寸 (长×宽×高)/mm	盐下/mm	盐层/mm	盐上/mm	挤压速率/(mm/s)	描述
实验 5-2-1		750×300×70	45～55	5～15	10	0.002	简单单盐凹
实验 5-2-2	1	1000×400×50	30～40	5～15	5	0.002	简单双盐凹
	2					0.004	
实验 5-2-3		1000×800×50	25～30	5～10	5	0.005	复杂单盐凹
实验 5-2-4		1000×800×45	20～30	5～10	10	0.005	复杂三盐凹
实验 5-2-5		1000×400×50	30～35	5～10	20	0.006	复杂四盐凹

1. 简单单盐凹模型(实验 5-2-1)

实验 5-2-1 仅设置单一硅胶层作为盐凹分布范围[图 5-5(a)]。该模型意味着盐岩的分布之下无显著的隆凹分布格局的影响。图 5-6 为实验 5-2-1 模型的变形发育过程，模型总挤压变形缩短量为200mm。实验在缩短量到达89mm 时铺设了第一次同沉积，此时盐上层发育了两排前冲构造，盐下深部构造已发育三排前冲构造。在持续挤压作用下，缩短量达到 109mm 时，盐上层靠近固定端(前陆)方向开始发育一个构造，其对应位置为硅胶(盐凹)减薄区，由于此时盐上部砂层近于等厚铺设状态，可以认为构造的发育位置主要与硅胶(盐凹)的应变传递有关。在缩短量达到 151mm 时，盐上层远端构造附近的硅胶(盐凹)减薄斜坡区域持续发育出另一个变形，而此时盐下层近挤压端(山前)发育出第四排构造。随后的变形过程中，盐层上、下的构造层变形均有所加强，深部构造层共发育五个构造变形。

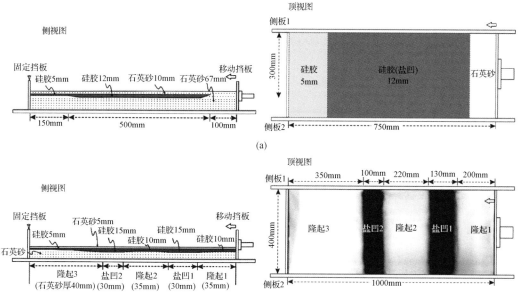

(a)

(b)

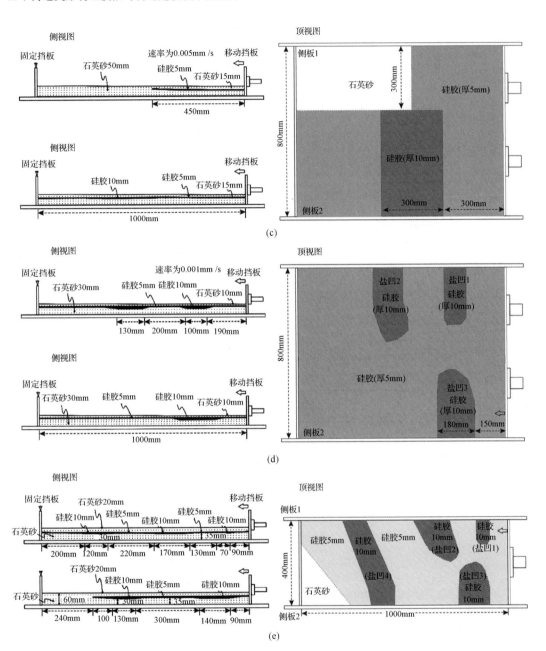

图 5-5　古隆凹(盐凹分布差异)模型实验设计

(a)实验 5-2-1 初始状态设计；(b)实验 5-2-2 初始状态设计；(c)实验 5-2-3 初始状态设计；
(d)实验 5-2-4 初始状态设计；(e)实验 5-2-5 初始状态设计

　　从构造发育的过程来看，伴随着挤压作用的同沉积对于构造最明显的控制体现在抑制了上层第二排构造的发育，并且使得原本发育放缓甚至停止的第一排构造重新运动，而盐上层远离挤压端(前陆方向)构造的发育位置主要受硅胶(盐层)的影响。盐下深部构造在整个实验过程中表现出有序发育的特点，随着变形的持续，后期发育的构造变形间距呈逐渐变大的趋势。

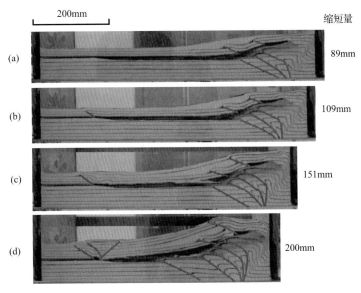

图 5-6 实验 5-2-1 变形过程

2. 简单双盐凹（隆凹）模型（实验 5-2-2）

实验 5-2-2 设置了在平面上相间分布的两个厚硅胶层，对应的基底呈现出双盐凹分布的隆凹格局［图 5-5（b）］。图 5-7 为实验 5-2-2 模型的变形发育过程，模型总挤压变形缩短量为 200mm。变形过程分两个速度阶段：第一阶段，移动挡板水平位移从 0mm 到 100mm 的推挤速率为 0.002mm/s；第二阶段，移动挡板水平位移从 100mm 到 200mm 的推挤速率为 0.004mm/s。模拟实验中同构造沉积负载最厚部位约为 40mm，同构造沉积速率平均约为 0.0008mm/s。

在实验变形的第一阶段［图 5-7（a）～（i）］，施加的动力推挤速率为 0.002mm/s。初始模型在总缩短量为 14.4mm 时，靠近移动挡板的下构造砂层产生一组褶皱变形，开始发育断裂 F_1 及与之共轭的反向断裂。随着构造变形向前陆方向推进，当 F_1 断裂下盘产生 F_2 断裂时开始添加同构造沉积的负载［图 5-7（d）］，随后的沉积负载铺设时间间隔为 80min。至第一阶段模型的总缩短量达 100mm 时，共铺设五个小层（图 5-7 标注①～⑤），最厚约为 20mm 的沉积负载量。

从第一阶段的变形结果来看，模型的三个构造层表现出上下不协调变形特征。靠近挤压端的下构造砂层中有序地发育了四条正向冲断断裂（F_1～F_4），但所形成断片的间距较短，总体位于盐凹 1 的右边界一侧，属基底摩擦拆离增生断片，其垂向构造增生的幅度较大。在中间硅胶（盐岩）构造层中，除盐凹 1 近挤压端一侧随下构造砂层的抬升而挠曲外，基本未变形。上构造砂层（含同构造沉积负载）在靠近挤压端有一定的挠曲倾斜，向前陆方向发育一个小错断（f_1），意味着上构造砂层的变形已开始向前陆方向远距离传动。因此可以认为，在该阶段，硅胶（盐岩）层一方面在适应下构造砂层的垂向抬升而形变流动，另一方面也在消减侧向挤压产生的构造位移而顺层滑脱；而上构造砂层的同构造沉积负载实际上增加了硅胶（盐岩）上覆盖层的强度，扮演着上覆阻碍边界的角色。

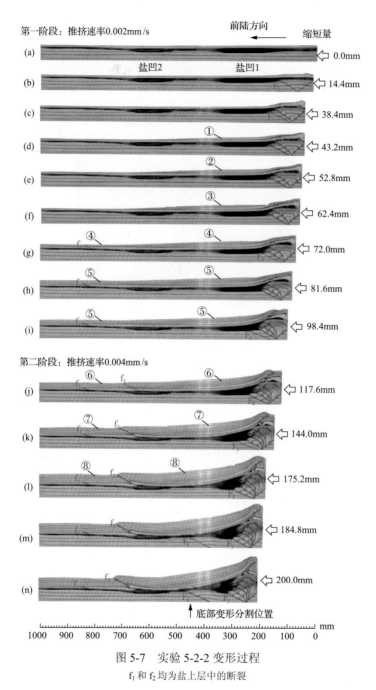

图 5-7　实验 5-2-2 变形过程

f_1 和 f_2 均为盐上层中的断裂

在实验变形的第二阶段[图 5-7(j)～(n)]，施加的动力推挤速率为 0.004mm/s。伴随着同构造沉积负载(图 5-7 标注⑥～⑧)的继续进行，模型上下构造层变形不协调特征更加显著。在该阶段，上构造砂层的冲断变形启动较下构造砂层早。上构造砂层中 f_1 错断中止发育，但在盐凹 2 上部开始发育新的 f_2 冲断断裂，直至实验结束。同时，上构造砂层的近挤压端一侧也显示反向的构造冲断特征，使上覆的同构造沉积负载表现为一个拗陷微盆地(minibasin)。在中间硅胶(盐岩)层中，盐凹 1 部位大幅增厚，而盐凹 2 部位则

随着 f_2 构造的发育，表现出冲断褶皱的核部盐增厚，可描述为盐脊(salt ridge)。在下构造砂层中，随挤压变形缩短量的增加，早期发育在近挤压端的断片表现为垂向抬升和断面(F_1～F_4)旋转，并与上构造砂层底部实现部分焊接，同时，向前陆方向有序发育的 F_5 和 F_6 断裂分割出新的构造断片，显示下构造砂层在水平方向有持续的缩短变形。

第二阶段的变形过程揭示，在该阶段，硅胶(盐岩)层的流动–滑动作用明显增强。由于推挤速率提高，硅胶(盐岩)的流动应变率增大，造成变形上覆构造层的变形传播间距有所减小(f_1 断裂不发育而向后陆方向发育 f_2 断裂)。这种变化基本上是由硅胶(盐岩)在一定外动力作用下的韧性流变学特征决定的，而不取决于上覆构造砂层的同构造沉积负载作用力。同构造沉积负载总体表现为对硅胶(盐岩)层施加垂向的重力差异负载，负载较大的部位形成拗陷微盆的沉降中心，并在一定程度上促进硅胶(盐岩)发生盐撤流动，但不应作为主要的作用力因素。此外，实验显示下部构造砂层的断片抬升和新断片形成对硅胶(盐岩)的流动也有积极影响，一方面抬升的断片占据了上覆硅胶(盐岩)的空间，迫使其产生盐撤流动；另一方面新断片的构造传播作用在一定程度上也可能拖动其上覆硅胶(盐岩)层的底部而促进流动过程。这种由下部构造砂层变形所施加的盐流动作用力，归根结底来自于实验上施加的侧向挤压动力。

结构上，实验 5-2-2 的变形结果显示盐下深部构造在隆凹过渡带具有一定的分隔特征。F_1 到 F_5 的构造主要发育在山前带，且堆叠效果明显，而当变形跨过盐凹 1 位置进入中部隆起部位，发育构造变形的间距显示出突然增大。这种变化表明隆起对构造的发育具有一定的控制作用。

3. 复杂单盐凹(隆凹)模型(实验 5-2-3)

实验 5-2-3 设置了一个相对较厚的硅胶层分布，但平面上硅胶层(盐岩)的分布不均一[图 5-5(c)]，预示盐岩的分布略显复杂。模型的一侧(侧面 1)硅胶层(盐岩)较薄(5mm)，而另一侧(侧面 2)显示为含较厚(10mm)硅胶层的单一盐凹模型。

图 5-8 和图 5-9 为实验 5-2-3 模型两侧的变形过程。模型总的缩短量为 150mm。侧面 1 反映局限盐分布特征，侧面 2 反映宽泛盐分布特征。在缩短量为 39mm 时，模型两侧的构造基本相同[图 5-8(a)、图 5-9(a)]，盐上发育两排构造，盐下为一排冲断-褶皱构造。随着变形和上覆同构造沉积的持续，侧面 1 显示盐上构造出现远端构造变形的时间较早(变形缩短量为 60mm 时)，而侧面 2 中对应构造的发育相对较晚(缩短量为 77mm 时)。这一远端(前陆方向)构造的发育位置基本位于硅胶(盐岩)的尖灭边界处或减薄处(从 10mm 到 5mm 的减薄)，受岩性尖灭点物理性质突变的控制。在随后的构造变形中，盐上构造基本保持持续发育的特点，未见较大规模新构造的产生。然而，对于盐下深部构造，实验上总计出现五排冲断变形，总体表现出有序从挤压端(山前)向固定端(前陆方向)发育的特征。当靠近山前的前三排构造形成时，模型两侧的深部构造位置基本一致，但第四、五排构造的发育位置在模型两侧存在一定差异[图 5-8(c)、图 5-9(c)]。侧面 1 处显示较稳定的连续有序构造发育特征，但侧面 2 处显示新生的第四、五排构造发育间距较第三排构造远，已接近较深盐凹(硅胶厚度约为 10mm)的边缘。这可能意味着盐凹的边界对构造变形的发育有一定的影响。

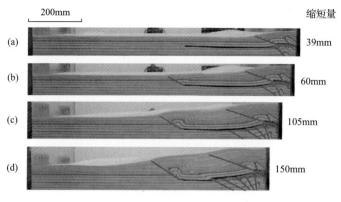

图 5-8　实验 5-2-3 变形过程(侧面 1)

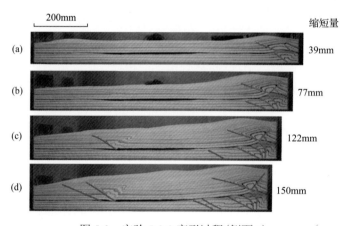

图 5-9　实验 5-2-3 变形过程(侧面 2)

4. 复杂三盐凹(隆凹)模型(实验 5-2-4)

实验 5-2-4 在平面上设置了三个具有较厚(10mm)硅胶层的凹陷,呈现相对复杂的盐下构造层隆凹格局[图 5-5(d)]。模型的一侧(侧面 1)显示为含两个盐凹的隆凹分布,另一侧(侧面 2)显示为近挤压端(山前)含一个盐凹的盐分布。

图 5-10 和图 5-11 分别为实验 5-2-4 模型两侧的变形过程。模型总的缩短量为 200mm。在变形初期,缩短量为 50mm 时,模型两侧的构造发育特征基本相似[图 5-10(a)、图 5-11(a)],盐下深部在近挤压端发育了两排构造,并引起盐上部形成小型褶皱。在缩短量达到 110mm 时[图 5-10(c)、图 5-11(b)],模型的盐上构造层开始发育远距离的构造,意味着硅胶(盐层)表现出滑脱层的作用特征。从模型两侧的对比来看,盐上层构造的特征基本相近,但位置有一定差异,而深部构造主要集中在近挤压端盐凹的一侧隆起处,呈垂向抬升的堆叠冲断特征。随着持续挤压和同构造沉积作用的进行,在缩短量到 160mm 时[图 5-10(d)、图 5-11(c)],模型两侧构造表现出明显的差异,盐上构造中,侧面 1(双盐凹)的上部构造层显示在近挤压端盐凹的边缘发育盐上冲断,而侧面 2(单盐凹)无明显的上部构造层变形。模型两侧的盐下深部构造均发育到盐凹近前陆一侧的隆起边缘,但侧面 1 的变形发育较侧面 2 略微规则。挤压达到 200mm 时实验结束[图 5-10(e)、

图 5-11（d）]，两侧的盐上构造主要表现为早期构造的加强，盐下深部构造则继续在隆起边缘发育新的冲断变形，未跨越隆起范围或在隆起内部发育构造变形。这表明深部构造中，预设的古隆起对构造变形的发育具有一定的控制作用。

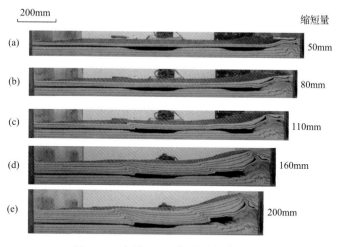

图 5-10　实验 5-2-4 变形过程（侧面 1）

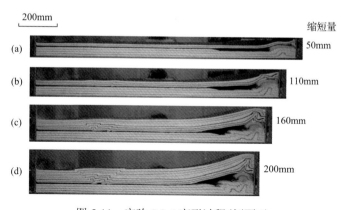

图 5-11　实验 5-2-4 变形过程（侧面 2）

5. 复杂四盐凹（隆凹）模型（实验 5-2-5）

实验 5-2-5 在平面上设置了四个具有较厚（10mm）硅胶层的凹陷，预示盐岩在盐下构造层复杂隆凹格局下的分布特征[图 5-5（e）]。模型的一侧（侧面 1）显示为含三个盐凹的隆凹分布格局，而另一侧（侧面 2）显示为含两个盐凹的隆凹分布格局。

图 5-12 和图 5-13 分别为实验 5-2-5 模型两侧的变形过程。模型总的缩短量为 200mm。在变形初期（0～32.4mm），模型未施加同构造沉积作用，侧面 1 的盐下深部构造层中，显示在盐凹 1 的中部出现一组冲断构造（F_1），而侧面 2 则显示有两组冲断构造（F_1 和 F_2），大致位于盐凹 3 近挤压端（山前）一侧的盐凹边缘。伴随深部冲断作用，两侧的盐上部构造层中均出现一组简单的褶皱–冲断变形。

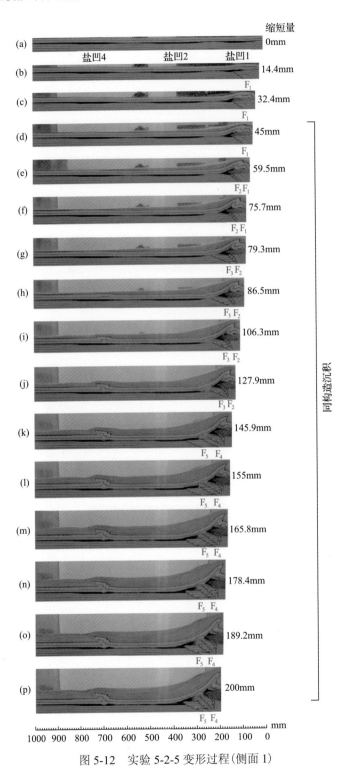

图 5-12　实验 5-2-5 变形过程（侧面 1）

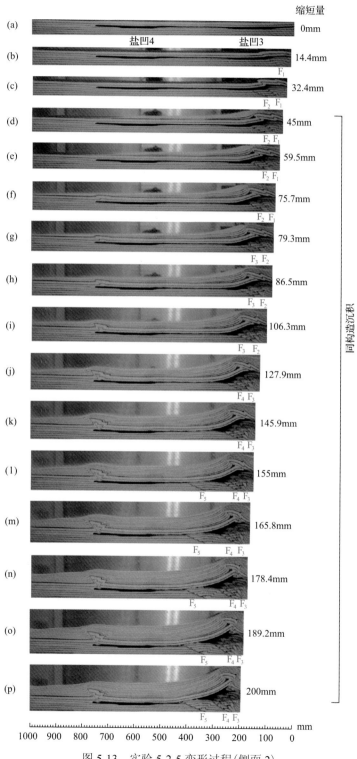

图 5-13 实验 5-2-5 变形过程(侧面 2)

在随后施加的挤压作用和同构造沉积作用中，侧面 1 的盐下深部构造有序地发育了五组冲断构造变形($F_1 \sim F_5$)，从 F_3 构造开始，变形切穿盐凹 1 和盐凹 2 之间的古隆起，直至进入盐凹 2 下部构造层中。在侧面 2 中，显示 F_3 和 F_4 构造发育于盐凹 3 之下 [图 5-13(d)～(k)]，但当 F_5 构造出现时[图 5-13(i)]，深部变形开始进入盐凹 3 和盐凹 4 之间的隆起处，呈现出 F_4 和 F_5 之间有较大的构造间距。在该阶段(缩短量为 45～200mm)，盐上构造层的变形在两侧均表现出早期近山前的冲断构造变形加强，而晚期在前陆方向出现远距离的冲断构造的特征。不同的是侧面 1 中近山前的盐上构造层表现为反向的冲断，而侧面 2 中以前冲构造为优势，这也可能同时使得出现在前陆方向的冲断构造在两侧的位置有一定差异。

实验 5-2-5 中值得注意的是，盐下深部构造的发育过程中，当变形开始切过盐凹间的古隆起时，构造变形间的间距较之前均有一定的加大现象[侧面 1 为 $F_2 \sim F_3$，见图 5-12(g)；侧面 2 为 $F_4 \sim F_5$，见图 5-13(i)]。这一方面意味着深部构造的古隆凹格局对构造的分带性具有一定控制作用。同时，实验也反映出深层构造的隆凹面之下实际存在基底拆离深度的差异，而这种差异可能是古隆凹控制变形分带的主要原因。

6. 实验认识

通过实验过程的观察：一组实验(实验 5-2-1)作为基础模型，模拟了无先存古隆凹和盐岩分布差异的构造变形过程；四组实验(实验 5-2-2 至实验 5-2-5)模拟了几种从简单到复杂的盐下深部古隆凹和差异盐岩分布格局。研究重点是对盐和盐下深部构造展开分析和认识。

对于盐层，实验对比发现，在具有先存深部古隆凹和差异盐岩分布的情况下，原始盐岩分布较厚的部位在变形过程中具有原地加厚的特征。这一方面表明盐构造的变形和增厚具有一定的原地性，另一方面也表明盐岩层的原地加厚与盐凹间存在的古隆起是密切相关的。古隆起在盐岩的侧向流动中扮演了阻隔的作用。因此，古隆起的作用不仅是分隔早期的古盐凹(盐盆)，也可能分隔现今变形后盐的差异分布。因此，在库车前陆盆地中，与古隆起有关的现今盐岩分布较厚的区域(如大北)，盐层的增厚可能与早期存在原地盐凹有关。

图 5-14 为实验 5-2-1 和实验 5-2-2 实验结果的深部三维结构模型展示。其中图 5-14(a) 为通过 CT 扫描重建的实验 5-2-1 盐下构造面，它显示盐下深部构造呈条带状走向成排分布，每一排构造与实验上的一个断片相联系，而构造片的间距从山前向前陆方向表现出逐渐增大的趋势。但在实验 5-2-2 的三维深部构造中[图 5-14(b)]，从山前向前陆方向，近山前表现为走向上交错的鳞片状冲断片的叠置，而跨越基底隆起，则呈现为单一走向延伸的排带状冲断。因而，沿模型的隆凹边界大致可划分出两个具有不同构造样式的区带。实验 5-2-1 和实验 5-2-2 的深部构造对比显示，盐下深部构造的发育特征明显受到古隆起的影响。

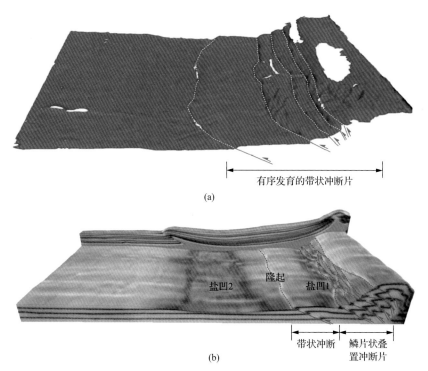

(a)

有序发育的带状冲断片

(b)

盐凹2 隆起 盐凹1

带状冲断 鳞片状叠置冲断片

图 5-14 实验 5-2-1 和实验 5-2-2 深部构造三维结构

(a)实验 5-2-1; (b)实验 5-2-2

同样地,图 5-15 显示的三组实验(实验 5-2-3、实验 5-2-4 和实验 5-2-5)深部构造三维结构表明,在盐岩分布因古隆凹而存在差异的条件下,盐下的深部构造在走向上仍可能表现为交错的鳞片状冲断片叠置的结构。相比较而言,当深部的冲断构造已扩展到古隆起区域时,其带状和走向上成排的结构特征可能更明显。

因此,对于盐下深部构造层,模型实验的三维建模结果表明,区域上古隆凹的早期构造格局可能是制约晚期深部构造呈区带性分段变形的因素之一。结构上,发育于早期盐凹之下存在垂向堆叠的冲断变形,可能在走向上呈交错的鳞片状结构,而在隆起带上的简单冲断片,可能沿走向的排带状结构更突出。需要指出的是,从实验模型的设置条件来看,这种结构上的差异性和分带性也与基底拆离的深度变化有关。

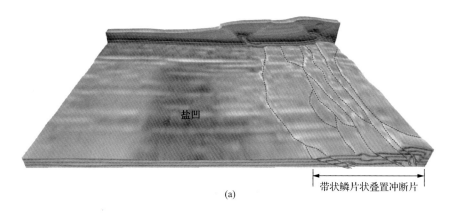

盐凹

带状鳞片状叠置冲断片

(a)

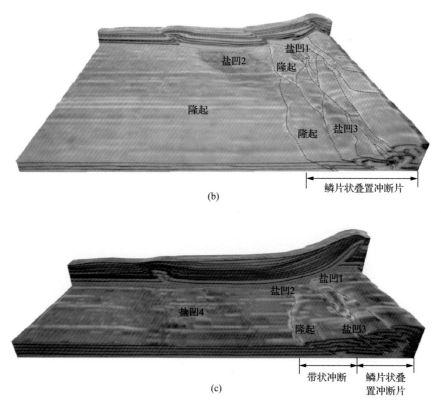

图 5-15 实验 5-2-3、实验 5-2-4 和实验 5-2-5 深部构造三维结构
(a)实验 5-2-3；(b)实验 5-2-4；(c)实验 5-2-5

三、盐下结构层差异模拟实验

该系列实验关注两类模型：①盐下构造层中含滑脱地层和弱能干材料的模型；②盐下构造层厚度差异模型。对于第一类模型，本书试图分析在盐下构造层中滑脱层(或基底滑脱面)存在的条件下对构造变形的影响；对于第二类模型，则研究试图分析盐下构造层因拆离深度差异造成的影响。这里开展了 10 组实验模拟。实验设计多数基于双盐凹(隆凹)模型，模型设计的初始条件见表 5-7。实验过程中施加同构造沉积作用。

表 5-7 盐下结构层差异模型初始实验条件

模型	实验	初始模型总尺寸 （长×宽×高）/mm	盐下 /mm	盐层 /mm	盐上 /mm	速率 /(mm/s)	描述
盐下构造层 滑脱作用模型	实验 5-3-1	750×300×65	35~45	10~20	5	0.002	底板 5mm 硅胶
	实验 5-3-2	750×300×65	35~45	10~20	5	0.002	底板 5mm 玻璃微珠
	实验 5-3-3	800×300×(15~55) (斜坡模型)	5~30	5~10	10	0.01	盐下层间含玻璃微珠，模拟 T—J 煤层
	实验 5-3-4	850×300×(25~75) (斜坡模型)	30~40	5~25	5	0.005	盐下层间含玻璃微珠，模拟 P—T 滑脱

续表

模型	实验	初始模型总尺寸 (长×宽×高)/mm	盐下 /mm	盐层 /mm	盐上 /mm	速率 /(mm/s)	描述
盐下构造层 拆离深度模型	实验 5-3-5	850×300×(35~55)	10~30	5~25	5	0.003	古隆凹 25~30mm
	实验 5-3-6	850×300×(35~60)	20~30	10~15	10	0.005	古隆凹 30mm
	实验 5-3-7	850×300×(40~70)	20~35	10~15	10	0.005	古隆凹 35mm
	实验 5-3-8	850×300×(25~100)	25~40	10~15	5	0.005	古隆凹 35~40mm
	实验 5-3-9	850×300×(35~55)	25~45	5~15	5	0.003	古隆凹 35~45mm
	实验 5-3-10	850×300×(55~90)	35~50	10~20	10	0.003	古隆凹 45~50mm

1. 盐下构造层滑脱作用模型(实验 5-3-1~实验 5-3-4)

1)实验 5-3-1 底板强滑脱模型

该模型在底板铺设了厚度约 5mm 的硅胶层作为滑脱层，用于模拟盐下深部存在强滑脱作用的情况，实验的模型设置见图 5-16。同时，结合前面实验的认识，平面上设置为多隆凹(盐差异分布)格局，用于分析深部基底结构中存在的强滑脱作用对盐下构造的影响。

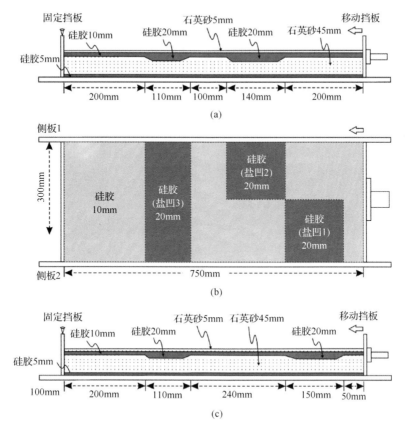

图 5-16 实验 5-3-1 模型设置

图 5-17 为模型两侧的变形过程,模型总的挤压缩短量为 150mm。在模型变形初期(缩短量 0～18mm)[图 5-17(a)、(b)],两侧剖面显示盐下深部构造层产生了一组冲断优势的构造变形。变形距离挤压端的间距大致相当,但由于平面上存在隆凹(盐差异分布)格局,变形处于不同的构造部位。之后,随着挤压作用的持续,实验上开始施加同构造沉积作用的影响。在模型的盐上部构造层中,随着同沉积的加厚,当缩短量为 84mm 时开始产生距离挤压端较远的盐上冲断构造[图 5-17(f)～(i)]。但在模型的盐下构造层中,两侧剖面构造发育的特征略有不同。当缩短量为 49.2mm 时,侧面 1 显示深部开始发育第二组构造 F_2,但侧面 2 仍表现为 F_1 构造的继续活动,表明构造变形受盐凹间隆起阻挡,无法突破隆起带形成新构造。当缩短量为 96mm 时,深部的第三组构造 F_3 越过盐凹间的隆起带而产生于盐凹 3 的边界一侧,并在两侧表现一致,直至实验结束。

从模型的变形过程和结果来看,盐下深部构造层总体表现为冲断片有序发育的构造特征,其特点是断片间距略显大且数量较少。尽管构造表现出分带特征,但对单个构造而言,构造样式较简单,无断片的复杂堆叠现象。

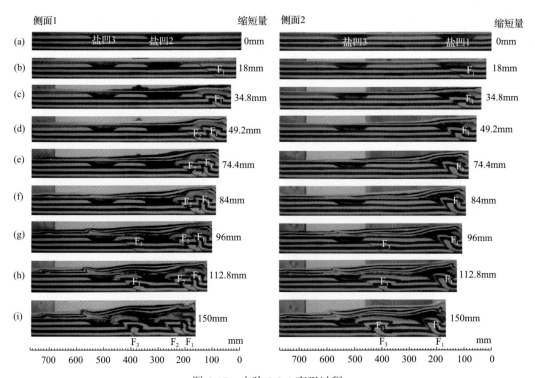

图 5-17 实验 5-3-1 变形过程

2)实验 5-3-2 底板摩擦滑脱模型

该模型在底板铺设了厚度约为 5mm 的玻璃微珠作为滑脱层,用于降低底板的摩擦效果,反映盐下深部构造以摩擦滑脱作用为主的变形作用。实验的模型设置见图 5-18,同时,盐下基底构造层设置为双盐凹形态的隆凹格局。

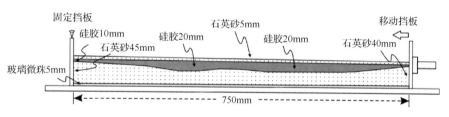

图 5-18 实验 5-3-2 模型设置

图 5-19 为模型的变形过程，模型总的挤压缩短量为 200mm。在模型变形初期(缩短量 0~34.8mm)[图 5-19(a)~(c)]，盐上层构造变形不显著，盐下先后形成 F_1 和 F_2 构造。之后随着增加同构造沉积的铺设[图 5-19(d)~(g)]，在盐上构造中近挤压端出现小褶皱且随后发育为反向冲断，中央隆起近挤压端一侧的上部则产生一组前陆方向冲断构造，而在盐下深部近挤压端盐凹 1 处，变形有序发育 F_3、F_4 和 F_5 构造，剖面上呈垂向叠置。变形后期[图 5-19(h)、(i)]，盐上层构造已发育到远端盐凹 2 边缘，可能受模型固定端边界的影响而表现为反向冲断构造，而盐下深层的新生构造 F_6 越过基底中央隆起部位，发育于隆起与盐凹 2 边界处，表现为一相对独立的长间距冲断构造。

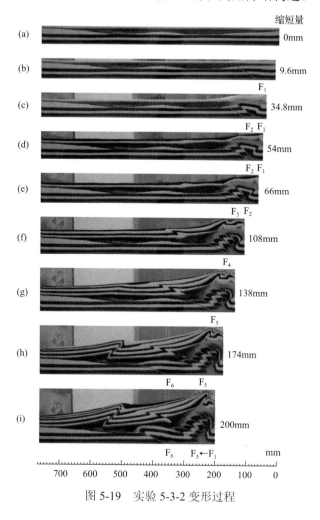

图 5-19 实验 5-3-2 变形过程

从模型的变形过程和结果来看，盐下深部构造层总体上表现为冲断片有序发育的构造特征，形成的断片较多，但受古隆起的影响，构造带表现出一定的分带性。单个构造带可能由较复杂的堆叠断片组成。

3) 实验 5-3-3 盐下层间含滑脱层模型(基底拆离深度 30mm)

该模型考虑库车前陆盆地地层结构中含煤的特征，在模型的盐下深部构造层中铺设了厚度约为 3mm 的玻璃微珠作为滑脱层，相当于地质尺度约 450m 的含煤地层。同时，根据库车地区部分地震测线(如 BC08-193K+QL08-188K+YM36-188)的解释剖面，反映库车地区可能存在一定向山前缓倾的斜坡。因此，实验设置底板倾斜约 2°的斜坡模型。

实验 5-3-3 的模型设置见图 5-20。盐下深部砂层的铺设大致依据地震解释剖面，体现从山前向前陆方向的砂层减薄。实验中利用不同颜色的石英砂模拟地层的分层，在盐下深部构造层中，绿色砂代表盐下的白垩系，白色砂代表侏罗系，红色砂代表三叠系，底板杂色石英砂代表前中生界(实验 5-3-3～实验 5-3-10)。模型中玻璃微珠层铺设的位置试图模拟地质上三叠系—侏罗系(T—J)的煤系地层。

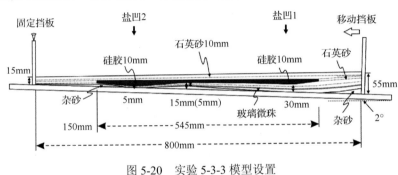

图 5-20　实验 5-3-3 模型设置

括号里面数据为石英砂厚度；括号前数据为盐下层总厚度，下同

图 5-21 为模型的变形过程，模型总缩短量为 200mm。在变形初期(0～9mm)[图 5-21 (a)、(b)]，盐上未铺设同构造沉积，盐下构造层中近山前的盐层尖灭位置处先产生一组冲断构造(F_1)。在铺设上覆少量同构造沉积后，随着 F_1 构造的发育，引起盐上层冲断，而盐下构造层缩短量约 63mm 时向前陆方向增生出 F_2 构造[图 5-21(c)]。至模型缩短量为 118.8mm，盐下构造层中已出现四组近山前的冲断构造(F_1～F_4)[图 5-21(c)～(e)]，但盐上未见显著的前陆方向优势的冲断变形。当模型缩短量为 135mm 时，盐上开始发育一远距离前冲构造(盐凹 2 之上)，并在随后的变形中加强，而盐下仅表现为山前带 F_1～F_4 构造的加强。在模型缩短量达 200mm 之前，盐下构造层出现较远距离的冲断构造 F_5。

实验结果表明，模型预设的盐下含玻璃微珠的夹层(白砂和红砂之间，相当于模拟地层 T—J 的煤系)并未实现滑脱层的控制作用，深部构造中的各个冲断构造均发生在模型底板。同时，模拟过程中也未见到盐下构造层中存在层间错动的现象。

需要指出的是，该实验的变形过程中同构造沉积施加的量有限，因而，分析深部构造的变形作用可排除来自上覆同构造沉积的影响。

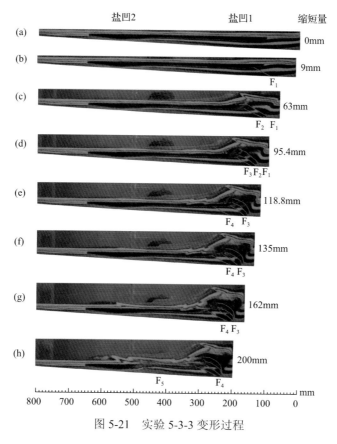

图 5-21 实验 5-3-3 变形过程

4）实验 5-3-4 盐下层间含滑脱层模型（基底拆离深度 40mm）

该模型考虑库车前陆盆地盐下深部结构中含可能的滑脱层系，与实验 5-3-3 相同，模型的下构造层中同样铺设了厚度约为 3mm 的玻璃微珠作为滑脱层，设置底板倾角约为 2°的斜坡，用绿、白、红和杂色四种石英砂分别代表白垩系、侏罗系、三叠系和前三叠。但实验 5-3-4 加厚了模拟前中生界的厚度，实验 5-3-4 模型设置见图 5-22。模型中玻璃微珠层铺设的位置位于红砂和杂砂之间，试图模拟地质上前三叠系—三叠系（Pre T—T）的可能滑脱层。

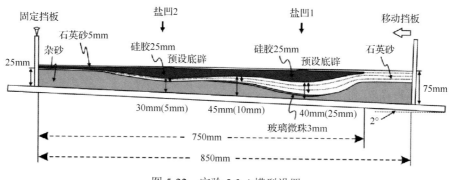

图 5-22 实验 5-3-4 模型设置

图 5-23 为模型的变形过程，模型总缩短量为 200mm。在变形初期（0～33mm）［图

5-23(a)～(c)]，盐上未铺设同构造沉积。构造首先在近挤压端的盐凹 1 边缘自深部发育 F_1 和 F_2。在随后的上覆同构造沉积阶段，当变形缩短量达 81mm 时，模型深部的盐下层中，表现出红砂和杂砂层间的含玻璃微珠层中存在层间滑动，形成 F_3 构造。此后随着上覆同构造沉积的继续添加，盐上层中出现较远距离的一个冲断构造(盐凹 2 之上)和近山前的反向冲断(盐凹 1 之上)，至缩短量为 174mm，盐下的 F_4 冲断构造自基底开始发育。在模型缩短量达 200mm 之前，盐上构造表现为原有构造的加强而盐下构造层继续发育出冲断构造 F_5。

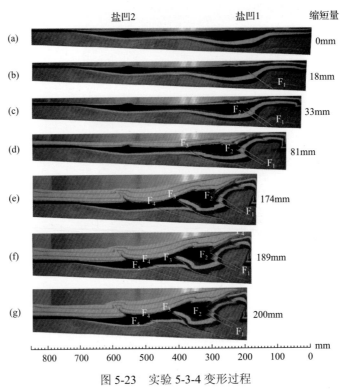

图 5-23　实验 5-3-4 变形过程

实验结果揭示了模型预设的盐下含玻璃微珠夹层(红砂和杂砂之间，相当于模拟地层 P—T 间滑脱)表现出了滑脱层作用效果，使得 F_3 构造的形成具有层间滑脱和转折的特征。由于该模型较实验 5-3-3 而言加大了盐下构造层的厚度，这种深部构造的层间滑动结果在一定程度上可能与加大的基底拆离深度有关。

5) 盐下构造层滑脱作用的实验认识

地质上，盐下构造层中岩层的能干性和强度差异是可能存在的。尤其在库车地区，盐下构造层中的三叠系—侏罗系存在含煤层系，以及更深层次可能有拆离-滑脱层，这对盐下的构造变形都可能具有制约作用。基于实验 5-3-1 至实验 5-3-4 的 4 组模型，项目取得了以下两点初步认识。

(1)盐下深部构造层中(图 5-24)，基底面的滑动效果决定构造变形的样式，同时与盐下的古隆凹格局有一定联系。基底面在表现为强滑脱的韧性条件下，容易形成长间距的成排成带褶皱-冲断构造变形，这种变形同时也受控于盐下的古隆凹格局(实验 5-3-1)；然而在基底面表现为弱滑脱的摩擦拆离(或滑脱)条件下，深部的构造变形间距相对要小，且基本遵循摩擦拆离的变形发育规则，自山前向前陆方向表现出变形间距逐渐变大，同时在这种情况下，变形受盐下的古隆凹格局控制的深部构造分带性特征似乎显得更加突出(实验 5-3-2)，山前盐凹带的盐下冲断构造变形可能呈三维空间的鳞片状叠置而进入隆起带的盐下构造变形可能排带状展布特征较显著。

(2)盐下构造层中含玻璃微珠夹层的模拟实验表明(实验 5-3-3 和实验 5-3-4)，盐下的层间滑脱构造与基底拆离的深度存在一定联系。玻璃微珠作为模型中间的一个弱能干层(模拟煤系地层)，在深部构造的基底拆离深度较小的情况下，其作为中间滑脱层的效果并不显著，盐下构造变形的发育特征决定于深部的基底拆离；而当深部基底的拆离深度较大时，盐下构造层中含有的弱能干层(如煤系地层)才可能表现出滑脱层的作用效果。需要指出的是，实验上试图模拟地质上对应滑脱层系出现的位置并不具有绝对性，模拟结果表明，它实质上可反映盐下构造层中可能的任一中间滑脱层。

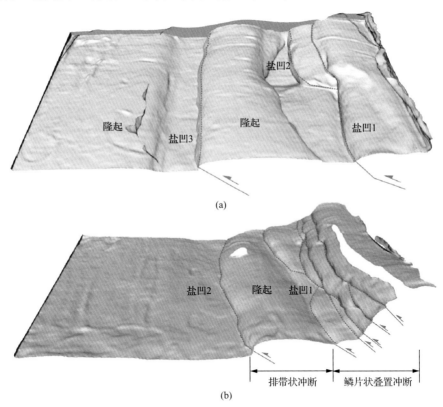

(a)

(b)

图 5-24 实验 5-3-1 和实验 5-3-2 深部构造三维结构面(基于 CT 扫描数据重建)

(a)实验 5-3-1；(b)实验 5-3-2

2. 盐下构造层拆离深度作用模型(实验 5-3-5 至实验 5-3-10)

实验设计了六组不同盐下构造层厚度的斜坡模型(底板倾角约为 2°)，试图反映盐下拆离作用发生的深度。实验同时考虑盐下古隆凹(盐差异分布)格局的制约作用，设计双盐凹的模型。以往的实验中发现盐下构造变形的发育主体集中在近挤压端(山前)的盐凹部位，因此，拆离面的深度以近挤压端(山前)的盐凹至其前缘隆起之间的盐下构造层作近似描述。模型的盐下构造层铺设除根据 1∶150000 的比例缩放外，利用底部的杂砂表示前中生界，而杂砂和硅胶之间为三叠系—白垩系模拟地层。

1）实验 5-3-5 盐下拆离面深度 25～30mm 模型

实验模型的设置见图 5-25。模型中盐凹 1 至隆起的盐下拆离面深度从 25mm 变化到 30mm。模型的变形过程见图 5-26，模型变形的总缩短量为 160mm。

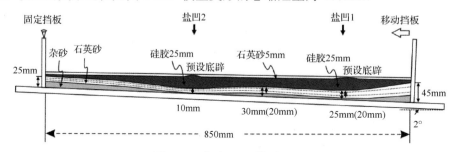

图 5-25　实验 5-3-5 模型设置

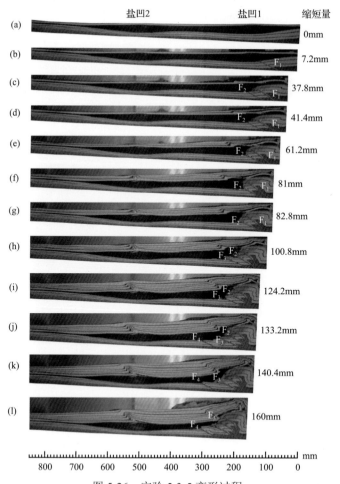

图 5-26　实验 5-3-5 变形过程

在模型变形初期（0～37.8mm）[图 5-26（a）～（c）]，未充填同构造沉积，盐上变形较弱，

而盐下先后发育 F_1 和 F_2 构造。当盐上出现构造变形后，同构造沉积的充填也开始。在整个实验过程中，盐上构造层中自挤压端(山前)至固定端先后发育三排冲断变形，主体的两排构造变形位于对应的两个盐凹之上。而盐下构造在同构造沉积作用过程中有序地发育出 F_3 和 F_4 冲断构造。盐下构造变形基本位于近山前的盐凹 1 部位，有一定的垂向叠置特征。

实验过程中盐下每排构造产生初期 $F_1 \sim F_2$ 的间距约为 35mm，$F_2 \sim F_3$ 的间距约为 40mm，$F_3 \sim F_4$ 的间距约为 75mm。

2) 实验 5-3-6 盐下拆离面深度 30mm 模型

实验模型的设置见图 5-27。模型中盐凹 1 至隆起的盐下拆离面深度为 30mm。模型的变形过程见图 5-28，模型变形的总缩短量为 200mm。

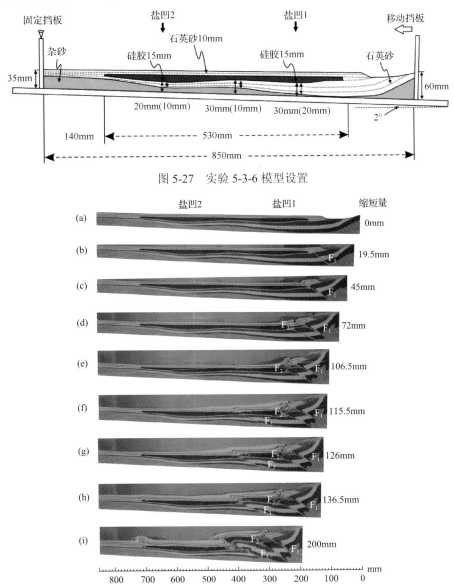

图 5-27 实验 5-3-6 模型设置

图 5-28 实验 5-3-6 变形过程

在模型变形初期(0～106.5mm)[图 5-28(a)～(e)],未充填同构造沉积,盐上近盐凹1 的尖灭边缘表现为小的反向冲断,而盐下先后发育 F_1 和 F_2 构造。但在随后的同构造沉积的充填中,当缩短量为 115.5mm 时,由于盐下 F_3 构造的启动,发育于隆起部位,带动了盐上冲断变形的形成和发育。实验结束时,盐上构造变形已传播到盐凹 2 尖灭边界位置,而盐下仍为三排冲断变形。

实验过程中盐下每排构造产生初期 F_1～F_2 的间距约为 45mm,F_2～F_3 的间距约为 150mm。

3)实验 5-3-7 盐下拆离面深度 35mm 模型

实验模型的设置见图 5-29。模型中盐凹 1 至隆起的盐下拆离面深度为 35mm。模型的变形过程见图 5-30,模型变形的总缩短量为 210mm。

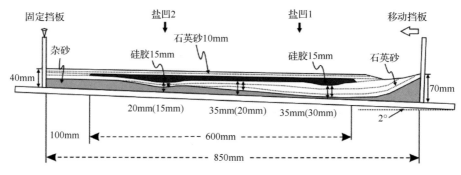

图 5-29　实验 5-3-7 模型设置

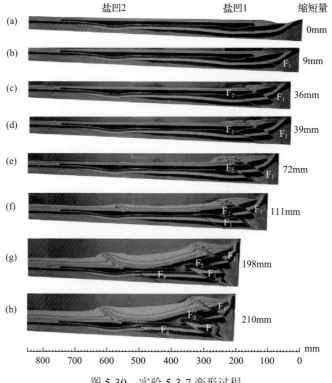

图 5-30　实验 5-3-7 变形过程

在模型变形初期(0～36mm)[图 5-30(a)～(c)]，未充填同构造沉积，盐下先后发育 F_1 和 F_2 构造，盐上近盐凹 1 的尖灭边缘受 F_1 断裂影响，形成冲断变形。在随后的同构造沉积的充填中，当缩短量为 72mm 时，盐上层出现远距离的前缘冲断构造，并随着同构造沉积作用的充填而加强。盐下层在缩短量为 111mm 时隆起边缘处出现 F_3 构造，发育到缩短量为 198mm 时隆起内出现 F_4 构造。

实验过程中盐下每排构造产生初期 F_1～F_2 间距约为 74mm，F_2～F_3 间距约为 100mm，F_3～F_4 的间距约为 200mm。

4) 实验 5-3-8 盐下拆离面深度 35～40mm 模型

实验模型的设置见图 5-31。模型中盐凹 1 至隆起的盐下拆离面深度从 35mm 变化到 40mm。模型的变形过程见图 5-32，模型变形的总缩短量为 200mm。

在模型变形初期(0～18mm)[图 5-32(a)、(b)]，未充填同构造沉积，盐下先发育出 F_1 构造，并带动盐上相应部位，出现微小变形。在同构造沉积过程中，主要表现为盐上冲断构造的发育，当盐下至缩短量为 147mm 时在盐凹 1-隆起的边缘发育 F_2 构造，当缩短量为 178.5mm 时在隆起-盐凹 2 边缘出现 F_3 构造，并维持到实验结束。实验结束前，盐凹 2 之上才出现盐上远距离的前陆方向冲断。实验过程中盐下每排构造产生初期 F_1～F_2 的间距约为 30mm，F_2～F_3 的间距约为 170mm。

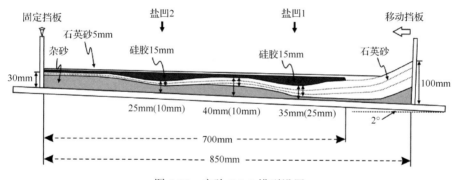

图 5-31　实验 5-3-8 模型设置

5) 实验 5-3-9 盐下拆离面深度 35～45mm 模型

实验模型的设置见图 5-33。模型中盐凹 1 至隆起的盐下拆离面深度从 35mm 变化到 45mm。模型的变形过程见图 5-34，模型变形的总缩短量为 200mm。

在模型变形初期(0～8mm)[图 5-34(a)、(b)]，未充填同构造沉积，盐下发育 F_1 构造。在同构造沉积过程中，盐上近山前未出现冲断变形，但受盐岩增厚的影响，呈现出盐枕之上的宽缓背斜形态。在缩短量为 60mm 时，在盐凹 2 之上开始发育冲断变形，在缩短量为 112mm 时，盐上变形继续向前陆方向传播，在近盐凹 2 尖灭处发育第二排盐上变形。盐下从缩短量为 44mm 开始发育 F_2 至 F_5 构造，变形从隆起的盐凹 1 一侧边缘有序地发育到盐凹 2 一侧边缘。实验过程中盐下每排构造产生初期 F_1～F_2 的间距约为 38mm，F_2～F_3 的间距约为 65mm，F_3～F_4 的间距约为 30mm，F_4～F_5 的间距约为 50mm。

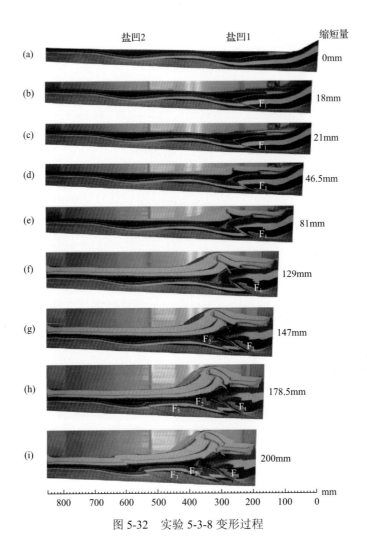

图 5-32　实验 5-3-8 变形过程

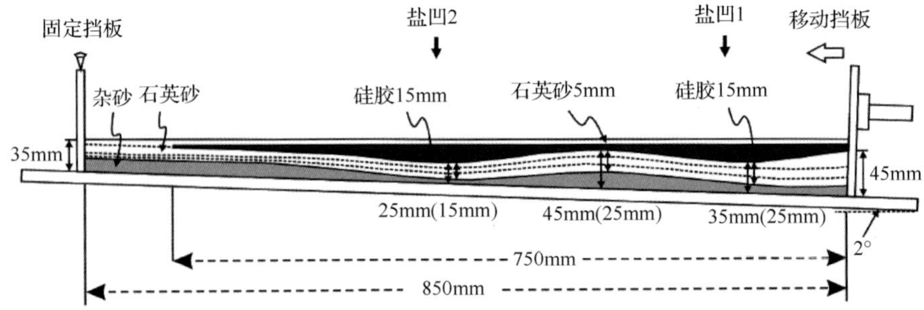

图 5-33　实验 5-3-9 模型设置

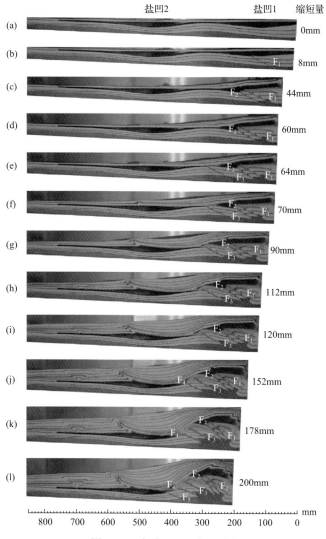

图 5-34 实验 5-3-9 变形过程

6）实验 5-3-10 盐下拆离面深度 45～50mm 模型

实验模型的设置见图 5-35。模型中盐凹 1 至隆起的盐下拆离面深度从 45mm 变化到 50mm。模型的变形过程见图 5-36，模型变形的总缩短量为 120mm。

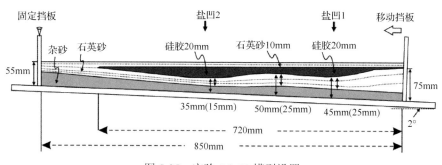

图 5-35 实验 5-3-10 模型设置

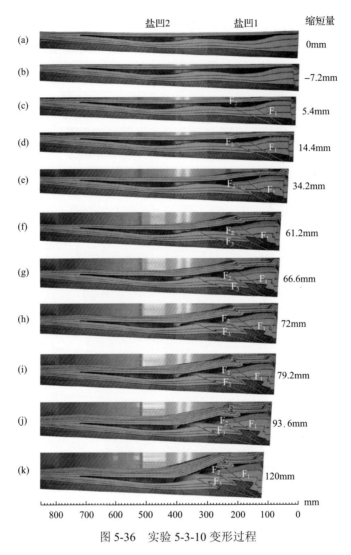

图 5-36　实验 5-3-10 变形过程

在模型变形初期(0～−7.2mm)[图 5-36(a)、(b)]，模型为拉伸状态，近移动挡板位置产生正断层。随后开始挤压构造变形，在未充填同构造沉积之前(5.4～14.4mm)[图 5-36(c)、(d)]，盐下发育 F_1 和 F_2 构造。在同构造沉积过程中，盐上在对应 F_1 构造的部位首先表现为一排正向冲断，并在随后的过程中加强，但在实验结束前呈现出一定向反向冲断变化的趋势，而前陆方向未再出现盐上变形。盐下构造在缩短量为 61.2mm 时出现 F_3 构造，该构造截过隆起中部，持续发育到变形结束。实验过程中盐下每排构造产生初期 F_1～F_2 的间距约为 30mm，F_2～F_3 的间距约为 40mm。

7) 盐下构造层拆离深度作用的实验认识

在库车地区，盐下构造变形与发育构造的拆离面深度具有一定联系，基底拆离面深度通常造成构造变形样式的差异。通过模拟实验的深部结构三维分析发现[图 5-37(a)、(b)]，基底拆离深度设置为 25～30mm 的模型，其盐凹下的冲断构造在三维结构中具有一定的鳞片状叠置交错的特征，但在基底拆离深度加深至 35mm 的模型中，所形成的冲断构造则表现为成排成带的结构特征。基底拆离面的加深实质上意味着深部构造冲断的体积作用效应变大，因而深部构造在三维空间的整体性变形更显著，相对而言，构造变形受来自上覆沉积及盐岩自身流动性的影响可能在一定程度上要小得多。根据实验的相似性比例计算，25～30mm 的盐下拆离深度约相当于地质构造原型 3.75～4.5km 的深度，而 35mm 的盐下拆离深度约相当于地质构造原型 5.25km 的深度。由此推测，在库车前陆盆地中，盐下拆离面深度小于 5km 的构造叠片，其三维结构的展布在一定程度上可能具有鳞片状堆叠的特征。

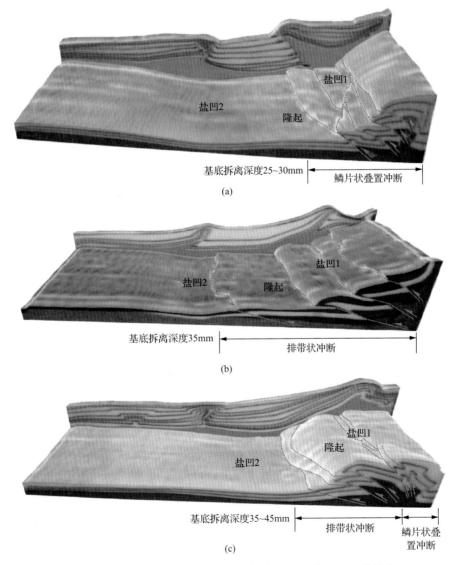

图 5-37 实验 5-3-5、实验 5-3-7 和实验 5-3-9 深部构造三维结构
(a)实验 5-3-5；(b)实验 5-3-7；(c)实验 5-3-9

在库车前陆盆地的克拉苏–克深构造带，地震剖面的结构显示在 9～11km 深度存在

一较深的拆离面，但对于盐下构造层而言，盐下拆离深度为1～4km(图5-38)。从克拉苏–克深构造带的深部三维结构可看出(图5-39)，该地区的三维构造在空间上存在交错叠置的特征，使得深部构造表现得较复杂。结合模拟实验的分析，这种结构的形成在一定程度上与盐下拆离面(<5km)发育的深度有关。

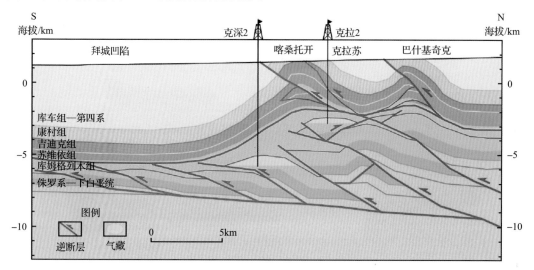

图 5-38　克深构造带结构剖面

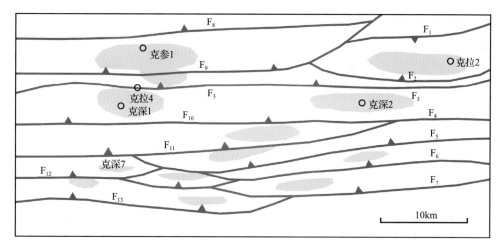

图 5-39　克拉苏–克深构造带深层巴什基奇克组断裂构造

此外，在盐下构造层中，随着拆离面深度的增加，在以往的平行构造层实验中，通常表现为构造间距变大的特征，但在项目研究中，由于模型附加了古隆凹的特征，随着拆离深度增加并未表现出单调的构造间距增大的关系。这在一定程度上意味着盐下的构造变形不仅受制于拆离面深度的影响，也与盐下深部的古隆凹格局有关。深部的古隆凹格局主要表现出对构造的分带性控制[图5-37(c)]。尤其在古隆凹差异幅度较大的地区，盐下构造的分带性差异可能更突出。然而，目前的研究程度尚不足以定量厘定拆离深度和古隆凹二者在制约构造变形中的优势关系。

四、盐下基底刚性差异模拟实验

该系列实验考虑盐下构造层中前中生界地层的刚性强度对构造变形的影响。实验上假定前中生界地层存在不同程度的刚性特征，利用湿的杂砂模拟深部刚性的边界。研究中利用四组模型进行分析，实验设计同时基于斜坡模型(底板倾斜约2°)和双盐凹(隆凹)的模型，设计的初始条件见表5-8。实验过程中施加同构造沉积作用。

表5-8　基底刚性差异模型初始实验条件

实验	初始模型总尺寸 (长×宽×高)/mm	盐下 /mm	盐层 /mm	盐上 /mm	速率 /(mm/s)	描述
实验5-4-1	850×300×(45～65)	20～30	10～15	10	0.005	含整体的湿砂
实验5-4-2	800×300×(15～45)	10～20	5～10	10	0.005	含分段的湿砂
实验5-4-3	800×300×(15～50)	10～20	5～10	10	0.01	含小段湿砂
实验5-4-4	800×300×(10～45)	10～20	5～10		0.005	含小段湿砂

1. 盐下刚性基底边界作用模型(实验5-4-1)

该实验设置盐下构造层中前中生界为连续刚性层系，用湿的杂砂替代，分布于盐凹1至盐凹2之下，而近挤压端铺设干砂作为变形构造层。实验模型设置见图5-40。模型的变形过程见图5-41，模型变形的总缩短量为250mm。

在模型变形初期(0～15mm)[图5-41(a)、(b)]，未充填同构造沉积，盐上变形不显著，而盐下在近挤压端盐凹1的尖灭边界处发育F_1冲断构造并延伸至盐上层中。在同构造沉积的充填过程中，盐上构造层中在挤压端(山前)一侧先发育冲断，在缩短量至99mm时变形向前陆方向传播，在盐凹2之上开始发育新的远距离变形。这一变形在后续过程中发展为反向的冲断构造；对于盐下变形，实验过程中，在F_1构造之下先后发育F_2、F_3、F_4、F_5冲断。这些冲断变形呈有序排列，但值得注意的是，当这些冲断构造刚形成时，其初始冲断断层的角度为20°～30°，而在后期的变形过程中，断层的角度表现出略微减小的特征，剖面上显示F_1～F_4构造断面呈近平行的垂向叠置。F_5冲断构造形成于缩短量为186mm之时，其发育位置位于预设的湿砂边缘斜坡处，直至变形结束，F_5构造始终沿着湿砂的边缘斜坡发育，表现为断距较大的盐下冲断构造。

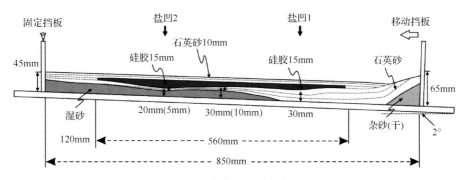

图5-40　实验5-4-1模型设置

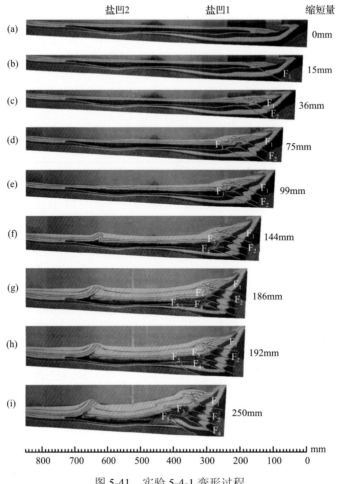

图 5-41 实验 5-4-1 变形过程

2. 盐下含分段不连续刚性基底模型（实验 5-4-2）

该实验设置盐下构造层中前中生界含有不连续的刚性分段。刚性段用湿的杂砂替代，主体分布于盐凹 1 之下。实验模型设置见图 5-42。实际模型中，设置了宽 20mm 的七小段湿砂，间隔约 10mm，分段的湿砂间隔中充填玻璃微珠。同时上覆构造层在盐凹 2 部位预留盐底辟天窗（露出下部硅胶层）。模型的变形过程见图 5-43，模型变形的总缩短量为 200mm。

在模型变形初期（0～12mm）[图 5-43（a）、（b）]，未充填同构造沉积，盐上近挤压端的盐凹 1 尖灭边界首先产生变形，随后盐下构造层中，沿湿砂 1 的近挤压端一侧出现 F_1 冲断构造。在同构造沉积的充填过程中[图 5-43（c）～（g）]，盐上构造层中近挤压端的构造继续发育，在缩短量至 63mm 时，预设底辟的盐凹 2 部位开始显示变形，并伴随沉积负载和挤压变形而最终发育为冲断推覆体；在盐下构造层中，继 F_1 构造后，相继发育出 F_2～F_4 构造，F_2 和 F_3 发育的初始位置对应于基底层预置湿砂 2 和湿砂 3 的边界处，但 F_4 构造发育的初始位置对应于基底预置湿砂 5 的边界处。这意味着预置的湿砂（模拟相对刚性的基底部分）可以在一定程度上起到控制深部变形发育位置的作用，但并不是绝对地控制构造变形。此外，实验观察发现，基底预置的湿砂随着变形的缩短量增加，在产生新构造变形前先发生沿底板的移动，但当与另一段湿砂接触时，随着新构造变形的产生，移动的湿砂将发生变形，卷入到构造中。

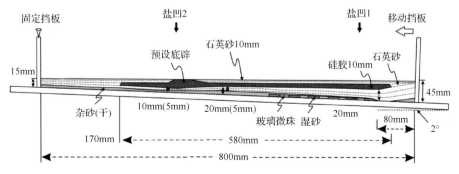

图 5-42　实验 5-4-2 模型设置

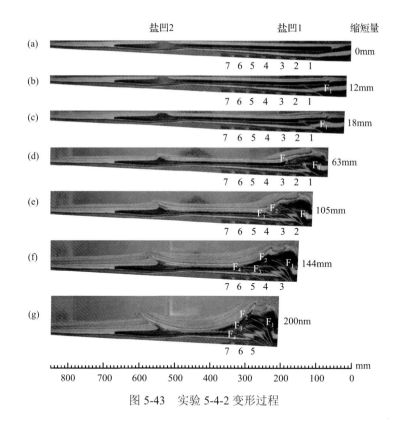

图 5-43　实验 5-4-2 变形过程

3. 盐下局限刚性边界模型(实验 5-4-3，初始模型含盐上构造层)

该实验设置盐下构造层中前中生界含有局限的小段刚性基底。刚性基底用湿的杂砂替代，分布于盐凹 1 之下。实验同时设置底板铺设玻璃微珠，起到减低摩擦和传递深部变形的效果。实验模型设置见图 5-44。模型的变形过程见图 5-45，模型变形的总缩短量为 250mm。

在模型变形初期(0～10mm)[图 5-45(a)、(b)]，未充填同构造沉积，盐上近挤压端的盐凹 1 尖灭边界首先产生冲断变形。随后，在盐下构造层中，盐凹 1 近挤压端一侧出现 F_1 冲断构造。在同构造沉积的充填过程中[图 5-45(c)~(g)]，当缩短量约为 45mm 时，盐下构造层中开始发育 F_2 构造，并在 F_2 断裂向上延伸的位置出现对应的盐上变形。F_2 构造根部的发育位置接近于预设的湿砂边界处。当缩短量为 95mm 时，盐上构造层开始在远端的盐凹 2 之上出现微弱变形，这一变形在随后的过程中发育为大型前陆方向的冲断构造。而在盐下，当缩短量为 108mm 时，深部构造 F_3 产生。F_3 构造跨越了预设的湿砂段，已不受湿砂的影响，其构造间距较前面加大。当缩短量至 241mm 时，盐下 F_4 构造在前陆方向产生，表现出较大的变形间距，预设的湿砂段已卷入到断裂 F_2~F_3 之间的构造片中。整体看来，预设湿砂仅对 F_2 构造的发育有一定影响，但不影响随后变形的有序性。

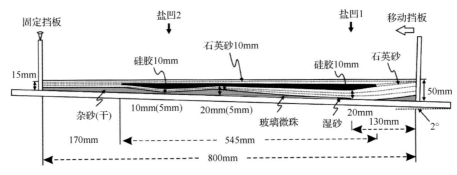

图 5-44　实验 5-4-3 模型设置

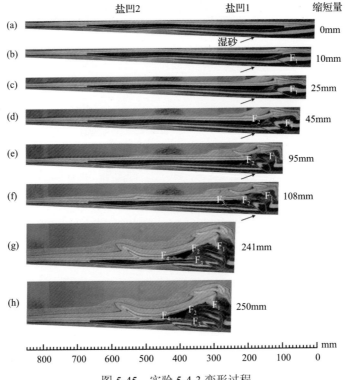

图 5-45　实验 5-4-3 变形过程

4. 盐下局限刚性边界模型(实验5-4-4,初始模型无盐上构造层)

该实验设置盐下构造层中前中生界含有局限的小段刚性基底。刚性基底用湿的杂砂替代,分布于盐凹1之下。实验模型设置基本与实验5-4-3相同(图5-46),不同的是初始模型的盐(实验材料为硅胶)上未铺设任何沉积物。这一模型一方面意味着实验模拟变形的启动时间可能较其他实验模型要早一些,另一方面与预置盐上构造层的模型进行对比,也可分析盐上构造层的存在对深部构造变形产生的可能影响。变形过程见图5-47,模型变形的总缩短量为250mm。

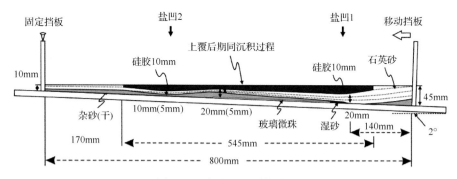

图 5-46 实验 5-4-4 模型设置

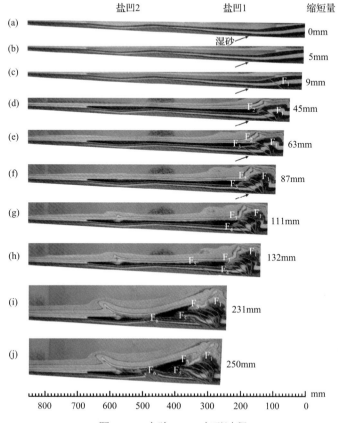

图 5-47 实验 5-4-4 变形过程

在模型变形初期(0～9mm)[图 5-47(a)～(c)],盐上仅充填微量的同构造沉积,其作用效果基本可忽略,盐下层在盐凹 1 的近挤压端一侧产生冲断构造 F_1。当缩短量为 45mm时,盐上完成约 10mm 的沉积铺设厚度,并在 F_1 构造之上有一组变形形成,而盐下开始发育 F_2 构造。此后,在大量的同构造沉积过程中[图 5-47(e)～(i)],盐上构造层在盐凹2 之上发育一冲断构造,这一冲断变形的活动维持到实验结束。而在盐下构造层中,相继产生了 F_3～F_6 构造。其中,F_3 构造发育于预设湿砂的近挤压端一侧,而 F_4 构造随后发育于湿砂的另一侧,F_4 构造的活动时间较短暂。之后,预设的局限湿砂卷入变形,不再对后期构造的发育产生影响。F_5 和 F_6 表现为初始构造间距较大的变形。

5. 实验认识

从库车前陆盆地的地球物理特征来看,库车前陆盆地前中生界的平均磁化率可高达 195×10^{-5}SI,推测基底主要由基性、中基性、中酸性火成岩、古生界碳酸盐岩和碎屑岩构成。这使盐下基底存在不同刚性程度的边界条件。实验分析表明,利用湿砂模拟盐下构造层中含刚性基底层的特征具有一定的效果。在基底结构刚性强度较大的情况下,对深部构造变形的传递起到了一个阻碍边界的作用。在这种情况下,当深部构造发育到基底边界时,变形无法继续突破基底的刚性强度向盆内进一步传递,使边界部位的冲断表现出较大的断距(实验 5-4-1)。但是,如果基底的刚性部分规模不大,且呈一定间隔地分段分布,深部构造变形的发育可能由于基底的活化而在一定程度上受制于基底的这种刚性结构特征(实验 5-4-2)。需要指出的是,由于实验的局限性,实验上活化的刚性基底通常因后期卷入变形而与底板的摩擦拆离构造无显著区分。

对于盐下仅存在局限的刚性基底边界的情况,实验表明,其作用也仅限于影响边界位置的少量构造变形(实验 5-4-3 和实验 5-4-4)。当基底活化,卷入变形,深部构造将沿着软弱的基底拆离面进一步发育变形。

对实验结果的深部三维结构进一步分析表明(图 5-48),间断分隔的刚性基底实验(实验 5-4-2)和局限刚性基底边界实验(实验 5-4-3),其深部冲断构造在三维空间的展布仍具有一定的鳞片状叠置的特征[图 5-48(a)、(b)],这在前面的实验分析中认为主要与盐下构造层的厚度、基底拆离面的深度有关,但对比实验 5-4-3 和实验 5-4-4[图 5-48(b)、(c)],由于实验 5-4-4 的初始模型未铺设盐上构造层,其深部冲断构造在三维空间中表现出的成排成带结构特征更明显。这可能与实验上盐岩(硅胶)在初始无上覆负载的条件下,其流动呈自由态有关,因而导致沉积的差异负载作用较小,从而保证了深部构造在走向方

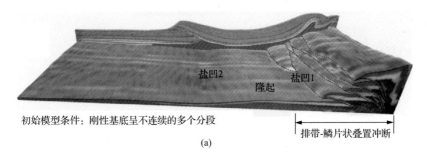

(a)

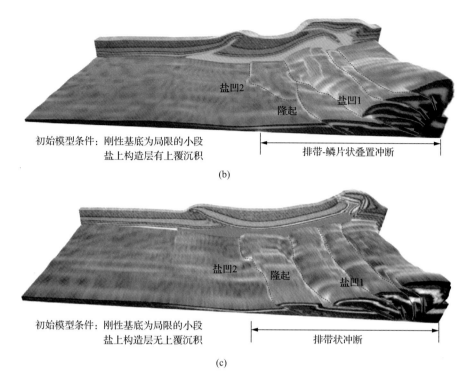

图 5-48　实验 5-4-2、实验 5-4-3 和实验 5-4-4 深部构造三维结构

(a)实验 5-4-2；(b)实验 5-4-3；(c)实验 5-4-4

向的连续性。从这个意义上讲，早期盐上构造层的存在也是制约深部构造变形结构的因素之一，它反映盐相关构造的变形启动时间略晚。结合库车前陆盆地盐相关构造的特征来看，克拉苏–克深构造带深部构造的变形启动至少在盐上已有一定沉积覆盖以后，可能自康村组以来才大规模发育变形。

五、模拟实验小结

通过开展先存古构造变形、盐下地形古隆凹(盐岩分布差异)、盐下基底结构层差异、盐下基底刚性差异四类型模拟实验，研究认为早构造、古隆凹、基底结构对盐下构造变形具有重要的控制作用。

(1)盐下先存古构造变形的模拟实验分析表明，早期构造经过剥蚀和上覆沉积覆盖成为古构造后，再次启动挤压作用时构造明显存在复活过程。构造的复活可能沿着早期的断裂继续发展，同时也有新构造形成。晚期构造的形成可能使整体的变形序列不具有有序性。构造的复活和新生使盐下变形复杂化，构造形成的冲断片数量所有增加。

(2)盐下地形古隆凹(盐岩分布差异)的模拟实验分析表明，古隆凹(盐岩分布差异)的早期构造格局是制约晚期深部构造呈区带性分段变形的因素之一。盐岩分布较厚的凹陷部位，构造在走向上常表现为鳞片状交错的冲断变形，进入隆起带，盐下冲断可能表现为成排成带的结构特征。这种结构上的差异和分带性可能与基底拆离的深度变化有关。

(3)盐下结构层差异的模拟实验分析表明，盐下存在基底强滑脱层的条件下，构造变形表现为长间距的成排成带褶皱–冲断，而在基底弱滑脱层拆离作用下，构造变形则表现构造变形间距相对小的叠置冲断，且构造分段性可能受古隆凹格局制约；盐下构造的层间滑脱在基底拆离深度小的情况下通常作用不显著，表现为整体受基底拆离作用制约，但在拆离深度较大的基底卷入构造带，盐下层间含滑脱层的次级构造层可能表现出盐下浅层次的滑脱作用。

(4) 盐下基底拆离深度的模拟实验分析表明，基底拆离面的深度是制约构造变形的重要因素。初步分析认为，在盐下基底拆离面深度(从盐层底面开始计算)小于 5km 的情况下，构造变形沿走向通常表现为鳞片状交错和纵向堆叠；在基底拆离面深度大于 5km 的情况下，构造变形沿走向的排带性展布特征则较显著。

(5) 盐下基底刚性差异的模拟实验分析表明，盐下构造层中存在强硬的刚性基底是阻碍构造变形传播的重要因素；在基底的刚性部分规模不大，且呈一定间隔地分段分布的情况下，深部构造变形可能因基底活化而表现出受制于基底的分段特征；局限的刚性基底边界则对整体变形的影响有限，可能随着基底的活化而卷入变形。

库车前陆盆地的盐下构造变形具有分带分段的特点，不同构造区段表现出的盐下构造变形差异可能是早构造、古隆凹、基底结构等因素的特征作用或综合作用的结果。

第三节　库车前陆冲断带构造结构模型

在库车前陆冲断带内，克拉苏构造带与却勒–西秋构造带浅层与深层都发生了构造变形，构造变形样式受多种因素影响，如自身的物质组成(岩层能干性)、边界条件、基底状况、同构造沉积作用和剥蚀作用等因素。其中，岩层能干性(特别是软弱岩层厚度和岩性)和先存断层可能是至关重要的影响因素。岩层能干性的变化使盆地在整体受水平挤压作用的条件下产生分层收缩变形；先存构造边界条件的存在则控制深层强变形带的分布和后期挤压体制下冲断褶皱构造的形成。因此，前陆冲断带不仅因为区段和构造位置的不同而显示出不同的构造样式，而且由于构造带自身条件不同，构造变形也具有一定的差异。

一、库车分段结构模型

库车前陆冲断带盐上构造层通常表现为断层相关褶皱(包括断弯褶皱、断展褶皱和断滑褶皱等)或褶皱相关断层样式。针对盐下构造，以克拉苏冲断带为典型(图 5-49)，可划分为：①阶梯状冲断构造，主要分布于拗陷北部，表现为克拉苏断层及克拉北断层均为高角度基底卷入断层；②楔形冲断构造，发育一系列低角度逆冲断层，这些断层多与克拉苏断层交于深部，其中部分二叠系基底也卷入构造变形；③滑脱冲断构造，以滑脱冲断为主，逆冲断层断距小，断层面较缓且多在基底面之上滑脱。这种分类将盐上构造层及盐下构造构造层变形样式分开，强调盐下构造层样式由基底卷入及滑脱构造样式共同组成，分布于冲断带内的不同构造部位。

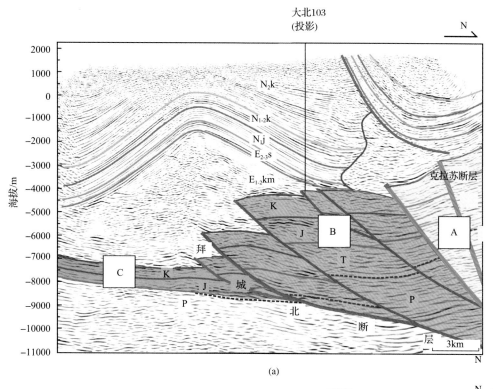

(a)

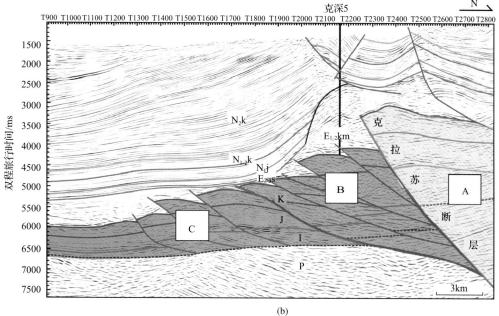

(b)

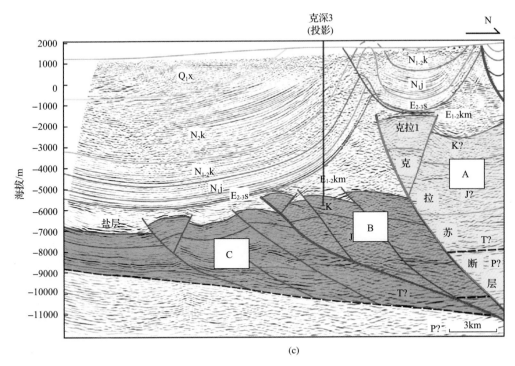

图 5-49　库车前陆盆地盐下收缩构造与变形区划分(据塔里木油田公司)

A.高角度基底卷入变形区；B.低角度基底卷入变形区；C.滑脱变形区

　　由于库车前陆盆地不同区段的基底结构组成、盐岩分布和基底拆离深度等存在差异，盐下的收缩构造样式往往具有特定的或组合性的表现。通过地质结构剖面与实验模型的对比分析(图 5-50)，在库车前陆盆地西段的阿瓦特构造段，盐下的冲断构造具有阶梯状纵向堆叠的表现，对比实验 5-4-1，这种构造样式可能与盐下冲断带前锋受基底的刚性阻挠有关。中段的克拉苏构造段在多数实验模型中已显示出山前基底卷入和前缘冲断呈楔形构造叠置的组合样式(实验 5-4-2、实验 5-4-3)，且有实验表明，当盐下的冲断继续发展，在一定条件下可出现浅层的滑脱冲断或冲起变形(图 5-50)。在库车东段的东秋构造段，构造变形主体受控于基底卷入的拆离构造，通过实验分析，部分地段由于拆离深度大，滑脱冲断构造可能沿着浅层次的滑脱面引起构造变形，从而造成该构造段在构造样式上的组合表现。

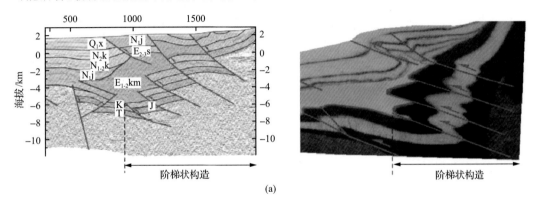

(a)

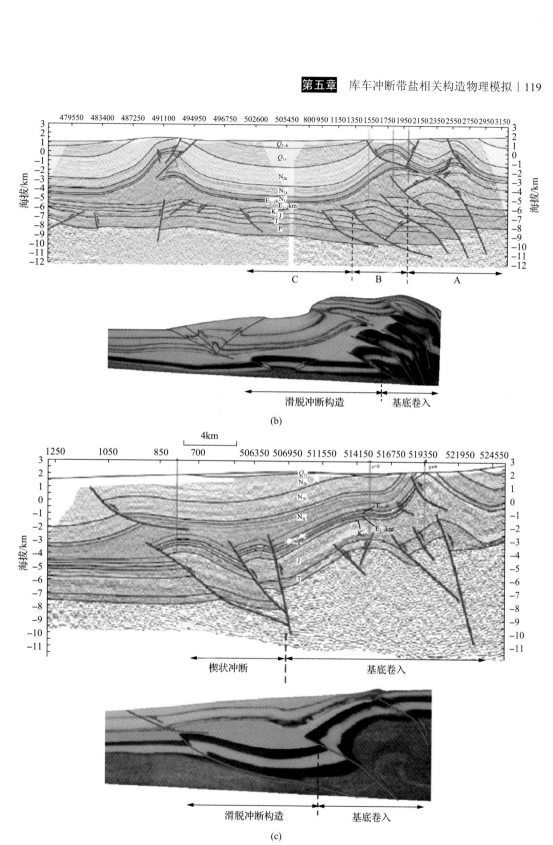

图 5-50 库车前陆盆地西、中、东段盐下构造样式与实验模型比较

(a)西段：阿瓦特构造段地质结构剖面；(b)中段：克拉苏构造段地质结构剖面；(c)东段：东秋构造段地质结构剖面。

A.高角度基底卷入变形区；B.低角度基底卷入变形区；C.滑脱变形区

二、盐构造结构模型

盐构造指盐(膏)层本身由于塑性流动、重力滑覆、逆冲推覆和重力扩展作用形成的各类构造。Jackson 和 Talbot(1991)、Hudec 和 Jackson(2007)及 Fossen(2010)曾对盐构造样式进行过总结(图 5-51)。根据形变盐体与上覆层之间的接触关系,划分为整合接触的整合型(非刺穿型)和不整合接触的刺穿型盐构造。按形态特征划分出盐背斜[salt anticline,包括盐脊(salt ridge)]、盐枕(salt pillow)、盐穹(salt dome)、盐滚(salt roller)、盐底辟[salt diapir,包括盐墙(salt wall)、盐株(salt stock)]、盐席[salt sheet,包括盐盖(salt laccolith)、盐床(salt sill)和盐舌(salt tongue)]、盐篷[salt canopy,包括盐缝合(salt suture)]和盐冰川(salt glacier)等。这些形态描述术语大致反映盐构造的成熟度逐渐变高的特征。

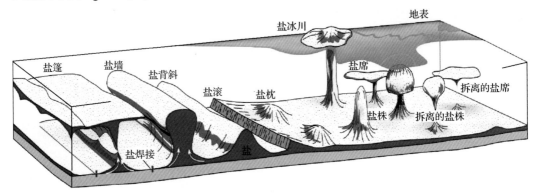

图 5-51　盐构造类型与样式示意图(Fossen,2010)

汤良杰等(2003)认为,库车前陆褶皱带中段处于挤压环境下,盐体变形形态与伸展区典型的盐体形态有显著差别,主要表现在除盐推覆构造前锋带的外来盐席可以逆冲到地表外,盐体的底辟刺穿作用不突出,形态主要表现为枕状、板状和不规则状。由于盐的塑性流动导致发生较大规模盐聚集,在局部增厚形成长条状隐伏盐背斜或盐弯窿、盐枕构造。

库车前陆盆地比较典型的盐构造分布于北部大北-克深构造带和南部秋里塔格构造带。从北往南发育的盐构造样式主要有底辟盐墙、盐株、盐枕和推覆盐席等,其中,盐底辟主要发育于盐盆地北部边缘、克拉苏构造带(吐孜玛扎底辟)和秋里塔格构造带(却勒盐丘),盐枕或盐背斜位于盐底辟构造南侧,如大宛齐盐枕位于吐孜玛扎底辟南侧。剖面上,在盐上冲断构造带部位通常显示盐构造的成熟度较高而构造带之间则相对较低(图 5-52)。这可能意味着在构造带发育部位盐岩的底辟作用启动较早。在相关的物理模拟实验中,这种认识得到了初步验证。在预设有初始低幅盐枕或盐底辟的模拟实验中(图 5-53),盐上呈构造分带的部位,其盐岩的底辟作用也较显著,发育底辟盐墙、盐篷和冲断盐席,甚至溢出模型表面而成为盐冰川,但在构造带之间,通常表现为盐枕构造。需要说明的是,由于实验和地质相似条件的复杂性,实验上表现的盐枕构造幅度可能比地质上要弱得多。

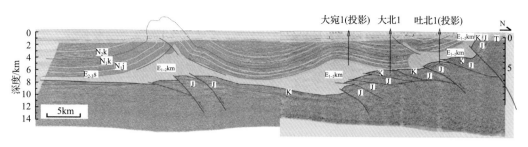

图 5-52 库车前陆盆地中段结构剖面与盐岩构造变形[①]

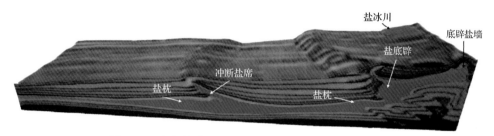

图 5-53 库车前陆盆地物理模拟(实验 5-3-5)三维结构

库车前陆盆地北部边缘的一些盐底辟构造的发育可能与挤压变形过程中上覆的沉积负载差异有关。在阿瓦特构造段(图 5-54),盐岩在剖面上显示出截切盐上地层的不整合接触关系,这种关系为盐岩的底辟刺穿,在上覆构造层同时表现为冲断变形的情况下盐底辟刺穿表现出不对称性,呈楔入状构造变形。模拟实验显示(图 5-55),这种不对称的盐底辟样式的形成与挤压冲断作用和上覆同构造沉积有密切联系,其形成过程中在地层被底辟截断一侧的各阶段沉积量比冲断构造发育一侧的上覆沉积量要大得多,导致盐岩在挤压作用下的向南水平流动受阻,从而出现底辟上涌,而冲断构造则沿底辟边界滑动进一步发育形成盐上冲断推覆体。这种盐底辟构造样式具有原地盐上涌增厚的特征,其向东延至大北-克深构造段都有一定程度表现。

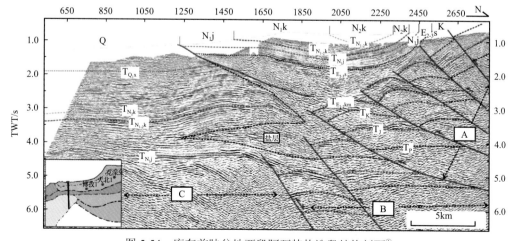

图 5-54 库车前陆盆地西段阿瓦特构造段结构剖面[①]

---

① 资料来源:塔里木油田公司内部资料。

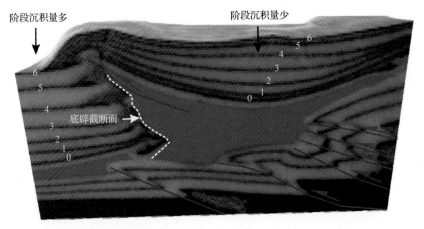

图 5-55　库车前陆盆地物理模拟(实验 5-3-5)的盐底辟样式之一

0 表示初始模型铺设的盐上层，1～6 表示实验过程中附加的同构造沉积层

三、盐下鳞片体结构模型

通过物理模拟的分析，库车前陆盆地交错叠置的盐下构造转换特征在三维空间可描述为鳞片状的结构形态，其制约因素与构造拆离深度(盐下变形层厚度小于 5km)和古隆凹(盐差异分布)有关。

盐下交错叠置的断裂系统实际上是断面斜交转换的表现，它在剖面上通常表现为分支断层与主断层的相交，主断裂可能为切穿基底或基底拆离断裂，断裂系统较复杂的情况下可表现为似花状构造。分支断裂和主断裂的交切可以有多种表现形式(图 5-56、图 5-57)，如表现为分支断裂与主断裂交于断坡处，或表现为各个分支断裂交于基底拆离的主断裂面(相当于断坪位置)，还有可能是前二者的组合。相比较而言，第一种表现通常发育于盐下断面斜交转换的部位，因而断面交错和鳞片结构特征更突出；第二种通常发育于盐下断面不相交的情况，在平面上的排带特征更显著，剖面上则多显示为冲断片的堆叠结构。

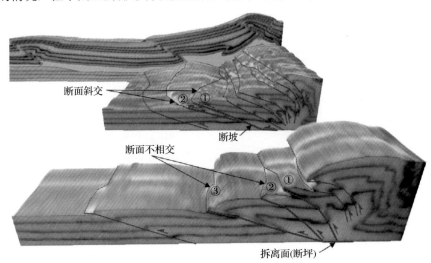

图 5-56　分支断裂发育于断坡(上图)和断坪(下图)的盐下构造(实验 5-2-4)

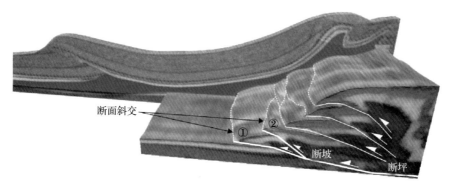

图 5-57　分支断裂发育于断坡的盐下构造(实验 5-4-2)

第四节　库车挤压构造盐流动和演化过程

前人关于库车盆地内盐岩层与上覆构造层的构造变形及同构造沉积的耦合关系也有讨论(汤良杰等，2003，2004；汪新等，2009)。一般认为，库车西部地区大规模盐底辟构造先于挤压构造发育，即在库车盆地不同构造位置，盆地沉积充填过程中就已经发育了盐刺穿或盐底辟，在遭受后期的强烈构造挤压作用后形成了现今的地表冲断结构和盐岩分布，其中沉积差异负载是盐岩流动及相关盐底辟构造形成的关键(Hudec and Jackson，2007；汪新等，2009)。但有文献揭示盐岩流动往往与构造活动相关，构造活动静止时，盐岩流动也会减弱至停止(Maystrenko et al.，2006)，那么在库车强烈的冲断构造中，是盐流动形成冲断构造变形的边界条件的还是构造活动导致盐相关构造的大规模发育，这个问题仍存在争议。基于精细的构造解析工作和物理模拟实验分析，明确库车盆地西部地区在快速挤压缩短条件下的构造过程、变形结构、盐流动机制和盐下深层冲断构造特征。

一、库车盐撤过程与微盆地形成演化

库车盆地上构造层的结构特征很好地反映了该地区构造挤压作用、盐流动及沉积充填之间的耦合关系。拜城凹陷内新生界尤其是库车组—第四系的沉积与构造变形期次之间具有很好的联动性。

1. 西秋北侧拜城凹陷构造过程

通过拜城凹陷地震剖面的精细解析，盐上地层可以清晰地划分出五个构造层序，如图 5-58 中 S1～S5 所示。S1 包括了苏维依组(E$_{2-3}$s)、吉迪克组、康村组及库车组底部地层；S2～S5 则包括库车组和第四系。其中可以直接观察到的两个不整合面，即 S2 顶面和 S5 底面，角度不整合面存在明确指示了构造变形的期次性。地震剖面上可以直观地观察到各构造层序厚度在南北方向上的差异：S1 在南北方向基本等厚分布，由南向北有着微弱的增厚趋势，反映该段沉积期间，拜城凹陷表现为稳定的沉积地区，沉积和沉降中心位于北侧；S2 则表现出北侧厚，向南迅速减薄，而剖面中南部地层厚度基本保持稳定，其中有个不整合现象发育在剖面中部背斜的顶部，反映了大宛齐背斜的初始形态；S3 表现出南北基本等厚分布的特征，反映期间构造稳定，其北侧不整合削截现象则表明后期抬升改造；S4 表现出向南加厚的沉积现象，而且沉降中心位于北秋北倾单斜之上，反映了后期的大幅度抬升；S5 的沉积中心为与拜城凹陷的中部，分别向南、北侧超覆沉积，表明拜城凹陷在此期间南北两侧构造带均有大幅度抬升，尤其是南侧的秋里塔格构造带抬升使沉降中心迅速北迁，并在剖面的北侧也发育了沉积地层，以角度不整合方式覆盖在下部地层之上，记录了末期构造的变形时间。

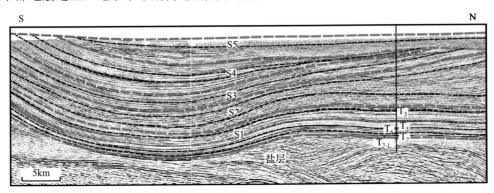

图 5-58　拜城凹陷苏维依组至第四系构造层序划分

T_3 为康村组顶面；T_5 为吉迪克组顶面；T_6 为苏维依组顶面；T_7 为 $E_{1-2}km$ 顶面；T_{7-1} 为盐层顶面

图 5-59 通过平衡剖面的方法恢复了各个层序发育过程，清晰地展示了构造挤压作用、盐构造活动及沉积充填作用之间的关系。下面结合图 5-59，详细地分析拜城凹陷两侧挤压构造变形的发育过程及其所反映的盐相关构造形成机制。

图 5-59 (a) 剖面结构展示了构造层序 S1 沉积之后，拜城凹陷所在位置的基本地层结构，由三套层位即盐下前新生界、盐层及盐上 S1 层序组成。盐下前新生界表现为向北倾斜的斜坡，其角度达 6.5°。盐层则受底部斜坡结构的控制，呈北厚南薄。盐上发育了 S1 层序，厚度分布相对稳定，整体向北厚度有微弱增加，反映南侧为盆地边缘，北侧为中心基本盆地结构。总的来看，S1 发育期间，构造相对稳定，没有明显的地层褶皱变形和盐流动形成的相关构造。

图 5-59 (b) 剖面结构展示了构造层序 S1 之上沉积了 S2 之后的结构形态。S2 呈明显的不等厚分布，北侧沉积最厚，向南逐渐减薄，并以稳定的地层厚度向南延伸。南、北两侧厚度差可达 2～3 倍，反映了期间北侧的快速沉积及南部稳定沉积。在此期间，拜城凹陷深部结构仍然表现为以 6.5°的角度向北倾斜的斜坡，剖面北没有发育构造变形；中间盐层则表现出北部减薄、南部稳定的格局，反映北部盐撤离和流出没有影响南侧地层结构，说明盐的流出可能受北部构造变形的控制而向北撤离，形成新的沉降空间来容纳浅层大厚度的沉积物。S1 层序则在盐撤离和上覆地层负载压力共同作用下发生挠曲变形，形成南侧平直而北侧向北倾斜的斜坡构造，南侧作为边界控制了 S2 的不等厚沉积形态。随着 S2 的继续发育，可以看到在 S1 层序发生挠曲的部位发生了微弱的构造抬升，形成背斜结构，其顶部遭受剥蚀，并在两侧沉积了类似于披覆沉积的结构形态，这反映了盐在深部的聚集作用，控制形成了大宛齐构造的初始形态 [图 5-59 (c)]。

图 5-59(c)中 S2 之上继续发育 S3 层序，S3 表现为大致等厚的稳定沉积，可能反映改组沉积时间构造活动的平静。S3 之下的各个层序基本保持了上一阶段的形态，说明期间没有挤压构造作用和盐流动相关构造作用。

图 5-59(d)中 S3 之上继续发育 S4 层序，S4 层序表现为南侧厚、北侧迅速减薄的沉积结构，反映了沉降中心向南侧迁移。剖面中可以看到，层序 S1、S2 和 S3 在中部(早期扰曲拐点南侧)发生褶曲变形，呈现向斜构造形态。而其北侧的地层发生明显的构造抬升作用，其抬升动力来源于盐下的冲断构造的叠置抬升。这种强烈的构造抬升使早期形成的盐盆发生整体抬升，北侧遭受剥蚀，在南侧形成沉积盆地。层序 S2 和 S3 的褶皱变形(不仅仅是南侧的扰曲，北侧也发生褶曲)反映了挤压作用使盐上地层产生褶皱。这种挤压褶皱作用可能是诱发盐撤离和上覆盐盆地形成的诱因，从而说明在挤压构造下，盐的流动受控于挤压构造的发育，在远离构造变形的区域，盐层和盐上沉积地层总是稳定发育。同时 S4 沉积期间，也是拜城凹陷北侧深部冲断构造的形成时期，即大北构造于 S3 沉积之后开始发育。

图 5-59(e)中，随着挤压构造继续发育，S4 层序南侧被褶皱抬升，同时深部的盐层继续撤离，从而在拜城凹陷的中部发育 S5。S4 的褶皱抬升和 S5 的沉积充填反映西秋地区强烈的构造抬升作用晚。

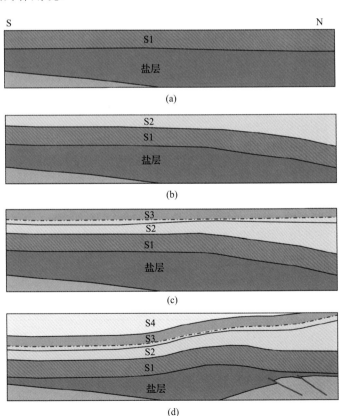

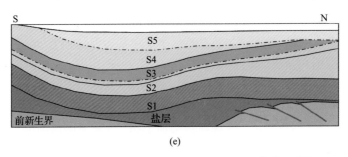

(e)

图 5-59 拜城凹陷苏维依组至第四系构造层序发育过程

2. 西秋南翼构造过程

通过对西秋地震剖面(Line131)南段的精细解析,可以清晰地把盐上地层划分出五个构造层序,如图 5-60 中 S1～S5 所示(与图 5-58 和图 5-59 中的 S1～S5 没有明确对应关系)。S1 包括了苏维依组($E_{2-3}s$)、吉迪克组、康村组;S2～S5 则包括库车组和第四系。地震剖面上可以直观地观察到各构造层序厚度在南北方向上的差异:S1 在南北方向基本等厚分布,由南向北有微弱的不等厚现象,期间构造基本稳定;S2 和 S3 则表现出向北逐渐增厚,反映该段沉积期间,沉积和沉降中心位于北侧;S4 和 S5 则受地震资料限制,没有明确的地层分布特征,但 S5 则基本反映了南秋抬升后在其南缘的沉积充填。

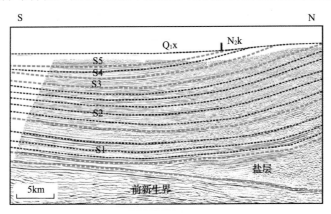

图 5-60 西秋南翼苏维依组—第四系构造层序划分(Line131)

通过平衡剖面的方法恢复了各个层序发育过程,图 5-61 清晰地展示了西秋南翼挤压构造变形和盐相关构造形成过程。

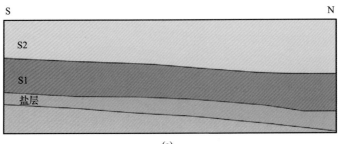

(a)

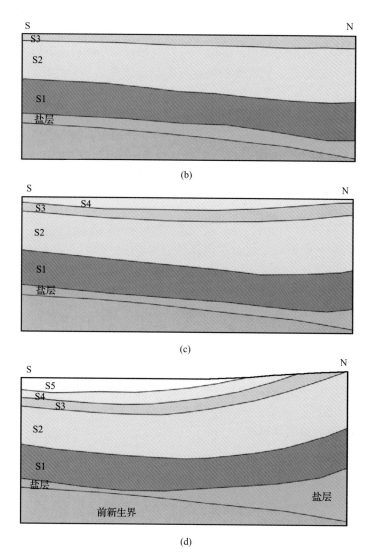

图 5-61　西秋南翼苏维依组—第四系构造层序发育过程

图 5-61（a）剖面结构展示了构造层序 S1 和 S2 沉积之后，西秋南翼初始地层基本结构，由三套层位即盐下前新生界、盐层及盐上 S1 和 S2 层序组成。盐下前新生界表现为向北倾斜的斜坡，其角度达 6°。盐层则由南向北略微增厚。盐上发育的层序 S1，厚度分布相对稳定，构造相对稳定，没有明显的地层褶皱变形和盐流动形成的相关构造。S1 之上的 S2 呈明显的不等厚分布，北侧沉积厚，向南逐渐减薄，并以稳定的地层厚度向南延伸。北侧厚度是南侧的 1.5 倍，反映了北侧的斜坡沉积及南部稳定沉积。在此期间，拜城凹陷深部结构仍然表现为以 6°的角度向北倾斜的斜坡，剖面北没有发育构造变形。

图 5-61（b）中 S2 之上继续发育 S3 层序，S3 继承了 S2 的沉积格局，各个层序基本保持了上一阶段的形态，说明期间没有挤压构造作用和盐流动相关构造作用。

图 5-61(c)中 S3 之上继续发育 S4 层序，S4 层序表现为中部厚，向两侧减薄的沉积结构，反映了沉降中心向南侧迁移。剖面中可以看到，层序 S1、S2 和 S3 在右侧发生褶曲变形，呈现向斜构造形态。其北侧的地层发生局部的构造抬升作用，说明期间西秋南翼构造初始抬升。

图 5-61(d)中，随着挤压构造继续发育，在 S5 沉积期间，西秋构造带开始强烈抬升，S1～S4 层序被褶皱抬升，形成明显的向斜构造。同时，深部的盐层在沉降部位减薄，而在构造抬升部位聚集增厚，反映了构造抬升和地层沉降对盐流动的控制作用。这种挤压褶皱作用造成的浅层构造抬升有利于盐的聚集，而沉积负载造成的压力有利于盐的撤离。

3. 变形过程中的盐流动行为

总结上述背斜和向斜形成过程，发现强烈挤压作用—褶皱—背斜抬升(盐聚集)—向斜沉积(盐撤离)—向斜扰曲沉降—沉积充填—褶皱幅度加大等一系列联动机制是造成挤压地区盐相关构造的成因机制。挤压作用形成构造盐上地层褶皱抬升，有利于盐向核部聚集；而抬升构造的两侧容易形成沉积物堆积，负载压力促进深部盐撤离；盐撤离造成上覆地层沉降，形成更大的沉积空间，同时造成上覆地层进一步形成扰曲褶皱，促进褶皱构造的发育。从而说明挤压构造下，构造变形是盐撤离和上覆盐盆地形成的诱因，盐的流动受控于挤压构造的发育，在远离构造变形的区域，盐层和盐上沉积地层总是稳定发育。

二、快速挤压条件下的盐流动机制

含盐盆地膏盐岩的韧性流动性在盐构造的研究中一直颇受关注，它关系到对盐构造的触发机理、发育程度、盐构造样式、类型及内部结构等的深入认识。对于盐构造的触发机制，Jackson 和 Talbot(1986)曾提出了浮力、差异负载、重力扩张、热流、挤压及伸展等多种作用机制。Hudec 和 Jackson(2007)之后做了进一步归纳，认为促使盐流动的主要驱动力是差异负载和浮力，其中差异负载包括重力负载、位移负载和热负载三种类型，而阻碍盐流动的因素是上覆盖层的强度和盐体的边界摩擦阻力。只有驱动力大于阻碍力，盐才会产生流动(Hudec and Jackson，2007)。盐岩的流动性本质上取决于其物质的流变属性。与围岩中的砂岩、砾岩和泥岩等相比，盐岩的力学性质表现出密度较小、抗压强度较弱、弹性模量较小等特殊性，且不可压缩(Hudec and Jackson，2007)。由于盐岩的流变行为属于软弱层，在应力作用(挤压或重力作用)下极易发生塑性流动和局部聚集加厚，从而控制了上下地层构造变形的不协调特征，盐上层、盐层和盐下层变形样式表现不同，构造变形不完全符合断层相关褶皱模式的认识。

在物理模拟实验的基础上，通过对实验模型的三维重建和分割(图 5-62)，对挤压变形作用下影响盐岩流动的沉积差异负载和区域构造挤压两种作用力因素作了初步探讨。

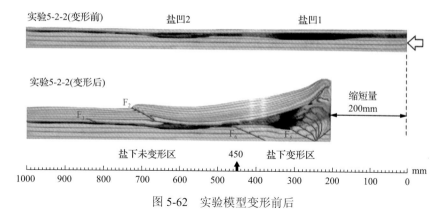

图 5-62 实验模型变形前后

实验模型变形前后的盐下构造层显示，盐下构造变形未超过标尺 450mm 的位置。因此，在该位置处对重建的三维模型设置了一个分割面[图 5-63(a)]，用于区分盐凹 1 和盐凹 2 的范围。由于盐凹 2 的下构造砂层未发生变形，因此，其内部的硅胶(盐岩)体积变化可以反映盐岩的流动性，并可用于区分制约这种盐流的因素：上覆同构造沉积差异负载或侧向挤压位移负载作用力。

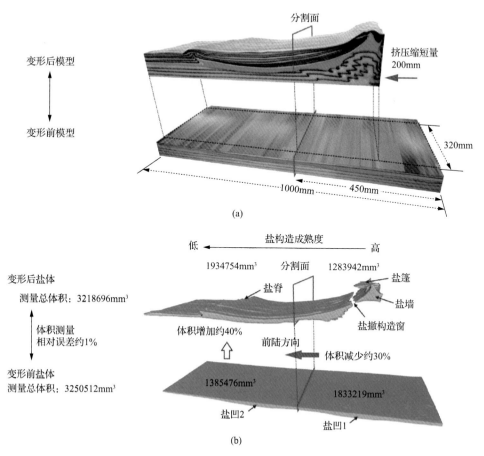

图 5-63 实验模型三维重建和硅胶(盐岩)层分割

(a)3D 重建的实验模型；(b)分割的硅胶(盐岩)层

对硅胶(盐岩)构造层的三维分割和体积测量表明[图5-63(b)，表5-9]，在40～360mm模型宽度范围内，变形前的总体积为3250512mm³，变形后的总体积为3218696mm³，二者存在约1%的相对体积测量误差。由于变形前模型的三维重建仅依据实验模型的两侧观察剖面照片，其重构的模型误差较大，因此，随后的盐凹体积测量中，须依据相对误差对变形前的体积测量结果做适当校正。校正后的计算结果表明，盐凹1变形前后体积减小了约30%，而盐凹2变形前后的体积则增加了约40%。这一结果意味着在模拟实验过程中，伴随硅胶(盐岩)层内的变形调整存在明显的侧向盐流动现象，盐凹1中的物质已有部分进入了盐凹2中，整体上表现为从变形挤压端向前陆方向流动。这种流动迁移无疑为模型上部构造层的盐构造变形提供了物质来源。

表 5-9　分割硅胶(盐岩)构造层的体积测量

实验	总体积/mm³	相对误差/%	盐凹 1 体积/mm³		盐凹 2 体积/mm³	
			测量值	校正值	测量值	校正值
变形前	3250512	1	1851340	1833219	1399172	1385476
变形后	3218696		1283942		1934754	
增长率/%			−30		40	

注：盐凹1和盐凹2的分割面位于初始模型长度450mm处。

进一步对实验模型变形前后的盐凹2部分沿剖面按1mm间距分解体积，计算二者的差异，结果可指示盐凹2的体积增量变化(图5-64)。

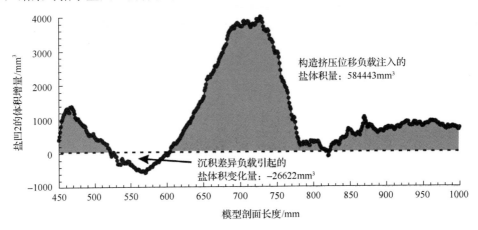

图 5-64　盐凹 2 范围的体积增量变化

盐凹 2 的体积增量为变形后体积减变形前体积。图中体积增量为正值的部分(灰色阴影充填)
表明区域构造挤压作用占优势引起的体积变化；负值部分表明沉积负载作用占优势引起的体积变化

通常情况下，由沉积差异负载造成的盐撒流动表现为占据原盐层的空间，其优势作用造成的变形前后盐岩体积增量变化将表现为负值，相反，以外来盐体注入占优势所造成的变形前后盐岩体积增量变化将表现为正值。计算表明，在盐凹2范围内，反映沉积差异负载占优势的体积变化量为26622mm³，而反映外来盐体注入作用占优势的体积变化量为584443mm³(图5-64)，后者是前者的22倍左右。这种差异表明，造成变形后盐凹 2 内盐岩体积增加的主要因素在于大量外来盐岩(来自盐凹 1)的流动注入。而在实验中，驱动外来盐体注入的作用力实际为区域侧向挤压的位移负载动力。这种位移负载一方面作用于上下构造砂层，引起收缩构造的冲断–褶皱变形；另一方面作用于硅胶(盐岩)层，促使盐流动形成，填补构造变形空间。因此，从实验分析的结果来看，引起盐上、盐下的收缩构造变形和影响盐岩产生流动变形的主控因素是区域构造挤压的位移负载动力，而同构造沉积的差异负载仅占次要地位。

地质上制约盐岩流动和盐构造形成的动力因素是复杂的，尤其是盐岩在三维空间内的流动可能存在复杂的纵、横向变化(Hossack，1995；Guglielmo et al.，1997；Dooley et al.，2009)。如 Guglielmo 等(1997)观察到盐墙沿走向可能表现出从复活底辟到被动盐株到不成熟盐脊到成熟活动盐株的变化，Dooley 等(2009)观察到盐株中盐岩的向内补充和向外流出。需要指出的是，在实验中，由于施加了较高的挤压速率，其反映的盐动力应变率较大(约 $10^{-13}s^{-1}$ 数量级)，因而其产生的盐流动变形主体以二维剖面上的区域流动为主。沿挤压端向前陆方向，表现为从盐墙到盐脊的发育，指示盐构造成熟度从高到低的变化(图 5-63)。在三维空间内，尽管盐构造沿走向的变化并不显著，但仍可看出从模型挤压端的边界到内部，盐构造成熟度从盐墙到盐篷增高的发育规律。因此，对于较高的挤压速率和盐动力应变背景，盐构造成熟度指示的这种盐流动特征，在一定程度上也可反映盐岩流动受构造应力驱动的影响。

综上所述，通过模拟实验的精细分析，研究认为，在较高挤压构造动力背景下(动力应变率约 $10^{-13}s^{-1}$ 数量级)，盐岩的流动变形和盐相关构造主要受区域构造挤压的位移负载制约，形成一系列盐相关构造变形，其次是沉积差异负载作用。在这种区域构造动力背景下，盐岩沿挤压方向的流动变形可能更显著，盐构造在空间上的差异更小，因此体现出受构造位移负载作用的影响远比沉积差异负载作用要大得多。地质上，库车拗陷具有晚期挤压快速缩短的特征，大规模的区域构造挤压收缩动力可能是制约库车拗陷盐流动和盐相关构造变形的主要作用力。

三、库车含盐前陆盆地晚新生代构造过程

根据对库车盆地西段的地震剖面解释结果和同构造沉积地层记录的分析，本书认为库车盆地西段的挤压冲断构造和盐相关构造变形经历了五个阶段，分别是早期稳定沉积阶段、山前挤压冲断和沉积充填阶段、构造静止阶段、盆地内低幅度褶曲变形和盐枕发育阶段，以及大规模挤压冲断变形阶段。构造带的发育呈由山前向前陆方向逐渐推进，盐下深层叠瓦状构造及盐上西秋里塔格构造带发育于库车组晚期的强烈挤压作用下(图 5-65)。

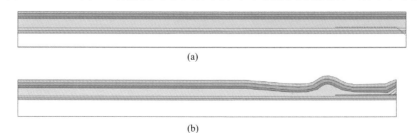

(a)

(b)

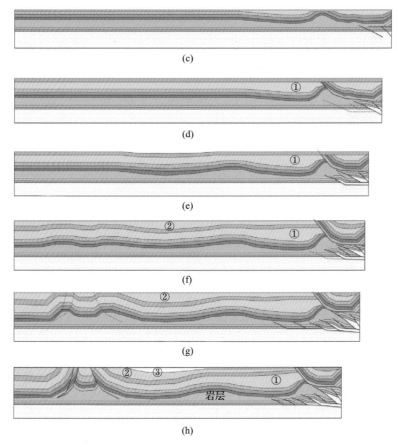

图 5-65 晚新生代库车冲断带西段构造过程示意图

(a)康村组沉积后，初始变形状态；(b)山前首先变形，山前深部发育冲断构造，盐上层在前缘形成吐孜玛扎滑脱褶皱，形成早期盐枕；(c)盐上层在前缘形成吐孜玛扎背斜，造成两侧盐撤离，两侧发育盆地，发育较厚沉积充填；(d)挤压和盐构造的双重作用下，形成吐孜玛扎逆冲断层，前缘发育第一期盐撒盆地，构造活动随后停止，之上发育稳定沉积；(e)短暂的构造平静后，再次发生挤压逆冲，在前陆方向发育大宛齐盐枕，前缘发育第二期盐撤盆地；(f)挤压和盐构造的双重作用下，大宛齐和西秋盐背斜开始发育，背斜两侧发育第二期盐撤盆地；(g)挤压和盐构造的双重作用下，西秋盐背斜继续发育，背斜北侧发育第二期盐撤盆地；(h)持续的构造挤压和盐撤离，西秋浅层发生强烈冲断和褶皱，第一、第二期盐撤盆地抬升，北秋北侧再次发育第三期沉积微盆地。①～③分别表示第一至第三期盐撤盆地

库车中西段整体表现为由古近系库姆格列木组膏岩拆离层控制的分层变形结构，在晚新生代强烈挤压构造作用下，南天山山前向塔北隆起方向依次发育冲断褶皱带，表现出明显的南北分带特征。通过平衡剖面恢复，盆地内深层构造的累积水平缩短量达到18km 左右，主要是在库车组(5Ma 以来)沉积以来的构造挤压缩短，平均估算缩短速率达3.6mm/a。库车拗陷西部的深部受深部滑脱层和挤压应力的控制，形成一系列的前展式叠瓦冲断构造，集中发育在拜城凹陷以北地区。库车拗陷中西段浅层则传播至塔北隆起之上，形成西秋构造带，其北侧的拜城凹陷在盐流动和撤离的控制下沉积巨厚的新生界库车组及盐相关变形。

早期稳定沉积阶段[图 5-65(a)]：由三套层位即盐下前新生界、盐层及盐上地层(苏维依组、吉迪克组、康村组)组成。盐下前新生界构造高部位位于西秋深部，分别向南、北两侧呈斜坡形态。由西秋深部向天山方向表现为北倾斜坡结构，中生界由北向南逐渐减薄，呈明显的构造抬升剥蚀结构。盐层则受底部斜坡结构的控制呈北厚南薄分布。盐上发育了浅层层序，厚度分布相对稳定，整体向北厚度有微弱增加，反映南侧为盆地边缘，北侧为中心基本盆地结构。总的来看，在此期间，构造相对稳定，没有明显的地层褶皱变形和盐流动形成的相关构造。

盆地北缘山前挤压冲断和沉积充填阶段[图 5-65(b)~(d)]：中新世早期到中新世晚期/上新世早期，库车盆地西段的构造缩短变形传播至克拉苏-吐孜玛扎构造带，使库姆格列木背斜等地表构造开始初始发育[图 5-65(b)]。同时，在背斜两侧发育同构造沉积地层[图 5-65(c)]，这种背斜带抬升、向斜带沉降的机制容易诱发深部盐流动，在构造抬升区形成盐相关构造(如底辟构造等)。期间，形成拜城凹陷北侧的第一期盐撤盆地[图 5-65(d)]。由于褶皱作用和盐底辟使应力容易集中在构造抬升和地层厚度薄的位置，易于产生断层从而形成冲断结构。期间一到两个向前突破的盐下断层相关褶皱在山前开始发育[图 5-65(c)、(d)]。

构造静止阶段[图 5-65(d)]：在山前挤压作用和第一期盐撤盆地形成之后，库车盆地西段的挤压构造作用静止了一段时间，在早期构造之上发育了一套具有稳定厚度沉积地层。

盆地内低幅度褶曲变形和盐枕发育阶段[图 5-65(f)、(g)]：随后再次发生挤压冲断作用。盐上层在山前再次发育冲断，形成吐孜玛扎冲断带；盐下层则进一步呈前展式发育冲断叠瓦状构造。随着挤压作用的增强，盐上层几乎同时传播到大宛齐背斜、南秋里塔格背斜、北秋里塔格背斜，形成宽幅度的褶曲变形，形成局部的背斜和向斜构造，向斜构造发生沉积充填，同时导致拜城凹陷深部、西秋构造带深部低幅度盐枕发育。在两个构造带之间，则发育了第二期盐撤盆地。同时，早期的拜城凹陷北侧第一期盐撤盆地发生构造抬升，反映了深度冲断岩片的构造活动时间。

大规模挤压冲断变形阶段[图 5-65(h)]：更新世早期开始，整个库车盆地西段均发生了强烈的挤压变形，南秋里塔格背斜、北秋里塔格背斜分别发生反冲和正冲构造，形成西秋的两排冲断构造夹一向斜构造的剖面结构。同时，早期的拜城凹陷北侧第一期盐撤盆地发生反转抬升，上覆地层遭受剥蚀。第二期盐撤盆地则由于冲断作用被抬升至北秋北翼。在西秋构造带北侧的拜城凹陷中发育了第三期盐撤盆地沉积，其反映了西秋构造强烈隆升时间。南侧的秋里塔格构造带抬升使沉降中心迅速向北迁移，并在剖面的北侧也发育了沉积地层，以角度不整合方式覆盖在下部地层之上，记录了末期构造变形时间。期间，新的盐下逆冲断片向拜城凹陷扩展，形成更加复杂的叠瓦状构造。

盐的流动受控于挤压构造的发育，在远离构造变形的区域，盐层和盐上沉积地层总是稳定发育。说明挤压构造环境下，构造变形是盐撤离和上覆盐盆地形成的诱因。余一欣等(2008)应用弹-塑性层模型在分析库车拗陷西段盐构造形成主控因素时取得了较好效果。研究表明，影响库车拗陷盐构造发育的最主要因素是挤压应力，其次为浮力，影响作用最小的是沉积差异负载作用。

因此，在库车拗陷西段，挤压应力作为主要因素控制了盐上背斜的形成，即挤压作用形成构造盐上地层褶皱抬升，有利于盐向核部聚集；而抬升构造的两侧容易形成沉积物堆积，负载压力促进深部盐撤离；盐撤离造成上覆地层沉降，形成更大的沉积空间，同时造成上覆地层进一步挠曲褶皱，促进褶皱构造的发育。强烈挤压作用—褶皱—背斜抬升(盐聚集)—向斜沉积(盐撤离)—向斜挠曲沉降—沉积充填—褶皱幅度加大等一系列联动机制是造成挤压地区盐相关构造的成因机制。

第六章　塔西南冲断构造物理模拟

塔里木盆地西南部主要受晚新生代期间帕米尔弧形构造带向北扩展的影响，导致塔里木盆地岩石圈强烈挠曲沉降，在塔里木盆地西南缘形成了新生代拗陷，在喀什附近沉积了上万米的新生界。同时帕米尔弧形构造带的向北扩展引起了塔里木盆地西南缘强烈的走滑、挤压等冲断构造变形。受地层结构、古构造边界、同沉积差异及力学机制等影响，塔里木盆地西南缘的新生代构造变形表现出明显的时空差异性。山前冲断带总体表现为东西分段和南北分带的特点，可以分为五个构造段、九个构造带（图 6-1）。五个构造段自西向东分别为乌泊尔段、苏盖特段、齐姆根段、柯东段及和田段，各段的构造样式存在较大差异。

第一节　柯东构造段同沉积构造变形物理模拟

柯东-柯克亚地区位于塔西南褶皱-冲断带的东段，该段南界为库斯拉甫断裂和铁克里克北缘断裂，北界为棋北-固满-合什塔格断裂，西起齐姆根走滑断裂，东至和田断裂西段。整段东西长约 250km，南北宽约 80km［图 6-1、图 6-2(a)］。

一、地质结构模型

塔里木盆地基底为太古代—元古代变质结晶基底，早古生代发生广泛的海侵作用，沉积了大量的碳酸盐岩，如灰岩、泥灰岩、白云岩等。晚古生代沉积主要包括浅海相的灰岩，滨海-潟湖相的黏土质及砂质岩石（Wang et al.，1992）。羌塘板块与松潘-甘孜地体在晚三叠世或早侏罗世碰撞拼合（Dewey et al.，1988），导致了塔西南地区大规模隆起剥蚀，陆相的三叠系和侏罗系仅在西昆仑山麓零星沉积。晚白垩世—古近纪，塔西南地区发生五次海侵-海退旋回（Burtman，2000；Bosboom et al.，2011），导致海相、陆相地层交替沉积，厚度为 200～400m 的古近系阿尔塔什组膏泥岩在塔西南地区广泛沉积，并成为塔西南地区一套主要的滑脱层［图 6-2(b)］。晚渐新世开始，帕米尔和西昆仑山开始大规模隆升（Sobel and Dumitru，1997；Burtman，2000；Sobel et al.，2006；Robinson et al.，2007），向塔里木盆地提供丰富的物源，导致塔西南地区沉积了厚层-巨厚层的陆相碎屑岩。

图 6-2(c)是该段一条北东向的区域性大剖面，反映了该地区的构造变形特征：地表表现为四排由底部断层控制的断层相关褶皱，从造山带往盆地方向依次是甫沙背斜、柯克亚背斜、固满背斜和捷得背斜，褶皱-冲断带的变形前锋已经远距离快速地传播至了捷得地区。同时，在剖面的中部可以看到，底部发育双重构造，其顶板断层发育在古近系阿尔塔什组膏泥岩内部。在盆地内部，这套古近系的膏泥岩起到了一个良好的滑脱效果，但在靠近山前区域，这套滑脱层并未起到良好的滑脱效果，表现为被逆冲断层截穿。

可通过开展物理模拟实验来研究变形前锋长距离向盆地方向扩展、深层双重构造成因及滑脱层差异滑脱效果等问题，探索相关挤压冲断构造的变形机制和结构模式（Wang et al.，2013）。

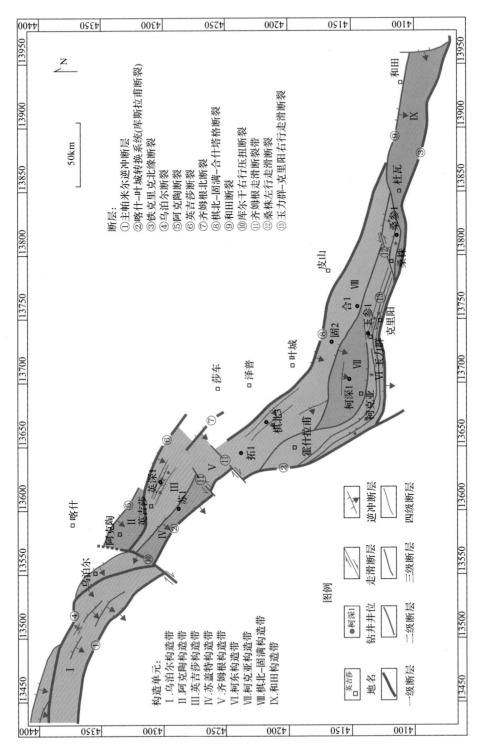

图6-1 昆仑山前新生代构造区带图(程晓敢等, 2012)

二、物理模拟实验

实验的初始设置如图 6-3 所示，模型建立在底部为有机玻璃板，尺寸为 90cm×40cm× 30cm 的透明砂箱内。塔西南柯东-柯克亚-固满地区的地层发育情况如图 6-2(b)所示，古生界—中生界主要为碳酸盐岩、碎屑岩，属于一套能干岩层，古近系一套膏泥岩不整合覆盖其上作为一滑脱层，再上覆一套新生界砂砾岩组合，形成了岩性强—弱—强的组合。因此，在实验模型中，从顶部到底部模型分为三个构造层：2cm 干燥石英砂(代表新生代的砂岩、砾岩)、0.4cm 玻璃微珠(代表古近纪的膏泥岩层)及 2.4cm 干燥石英砂(代表古生代、中生代的灰岩、砂岩等)。图 6-4 中红色、绿色石英砂(与白色石英砂力学性质相同)用来作为标志层，以使构造变形特征可以被明显地观察。模型的右端固定，左端以恒定的速度 0.015mm/s 向右端施加挤压，应力使模型发生变形。塔西南褶皱-冲断带发育了厚层的新生代同沉积地层[图 6-2(c)]，通过在模型挤压变形过程中往砂箱内筛入砂层的方式模拟新生代的同沉积地层。总共进行三组实验：实验 6-1-1 为一标准的对比实验，实验过程中没有添加任何同沉积地层；实验 6-1-2 在变形过程中添加了厚层的同沉积地层；实验 6-1-3 为在变形过程中添加薄层同沉积地层，添加的同沉积量约为实验 6-1-2 的一半。

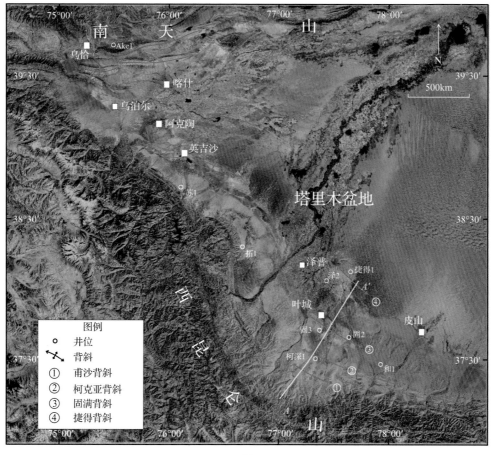

(a)

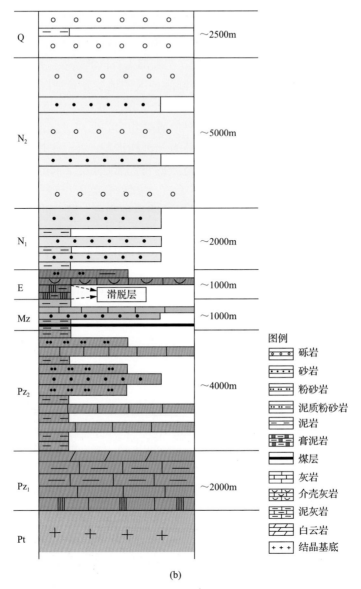

(b)

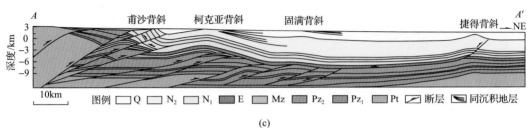

(c)

图 6-2　塔西南柯东-柯克亚地区地层柱状简图及区域性大剖面

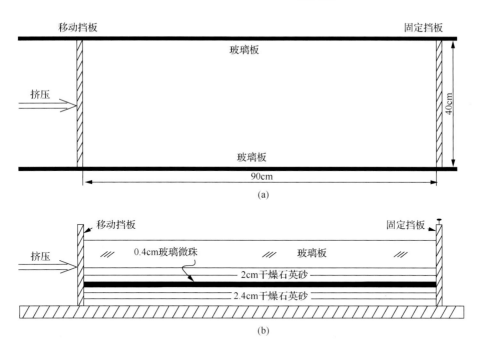

图 6-3 实验的初始设置图

(a)平面图; (b)剖面图

实验模型需要与地质模型在几何学、运动学和动力学上相似。在本节的实验中，1cm 代表 1km，因此几何学相似因子 $l^*=10^{-5}$，脆性的莫尔-库仑材料，如干燥石英砂和玻璃微珠，其变形与应变率无关(Sonder and England，1986)，因此变形速率不需要严格呈比例(Persson and Sokoutis，2002)，在实验中采用较为中等的挤压变形速率(0.015mm/s)。动力学相似用该式子来表征：$\sigma^*=\rho^* g^* l^*$ (Weijermars and Schmeling，1986)，因实验均在自然重力场中进行实验，因此 $g^*=1$，实验材料的密度约为实际岩石密度的一半，因此 ρ^* 为 0.5(Costa and Vendeville，2002; Couzens-Schultz et al.，2003; Hus et al.，2005)。基于上述的一些值，得到动力学相似条件 $\sigma^*=\rho^* g^* l^*=5\times10^{-6}$。需要指出的是，不同的铺设砂层方式 (如倾倒或筛入)产生的砂层的内聚力值是不一样的(Krantz，1991; Schellart，2000; Lohrmann et al.，2003; Gomes，2013)。本节所有的模拟实验的铺设砂层方式均采用距砂箱底部约 10cm 的高度倾倒的方式，然后用工具将砂层抹平，这样的铺砂方式使砂层产生的内聚力约为 100Pa(Eisenstadt and Sims，2005; Gomes，2013)，玻璃微珠的黏聚力约为 30Pa(Krantz，1991)，基于动力学相似条件，这里所要模拟的自然界能干岩层(灰岩、砂岩等)的强度为 20MPa，滑脱层强度(膏泥岩)为 6MPa。

1. 无同沉积实验

该实验在挤压过程中没有添加任何的同沉积地层。实验过程如图 6-4 所示，总的构造缩短量为 30cm，依据实验变形过程可以分为六个阶段。

(1)阶段 1：构造缩短量为 4.3cm，形成一前冲断层(FT$_1$)和一反冲断层(BT$_1$)，二者形成一冲起构造(pop-up structure)[图 6-4(a)]。

(2)阶段 2 至阶段 4：构造缩短量分别为 7.2cm、10.6cm 和 13.7cm，新的逆冲断层

FT$_2$、FT$_3$、FT$_4$ 以前展式的方式依次发育，随着新逆冲断层的形成，早期形成的逆冲断层被不断地抬升[图 6-4(b)～(d)]，在阶段 4 的末期，一条新的逆冲断层 FT$_5$ 正准备发育[图 6-4(d)]。

(3)阶段 5：缩短量为 22.3cm，FT$_5$ 持续发育直至楔体达到坡度值 14.4°，此时在 FT$_5$前面，一条新的逆冲断层 FT$_6$ 即将开始形成[图 6-4(e)]。可以观察到，FT$_6$ 与 FT$_5$ 两条断层之间的间距比 FT$_5$ 与 FT$_4$ 之间的间距要大，说明冲断带中，逆冲断层之间的间距会随着缩短量的增加而增大。

(4)阶段 6：构造缩短量为 30.0cm，最终的冲断楔体的形态由六条向前陆的逆冲断层和一条向后陆的逆冲断层组成，早期的断层不断被抬升和旋转，FT$_1$ 和 FT$_2$ 几乎已经垂直[图 6-4(f)]。

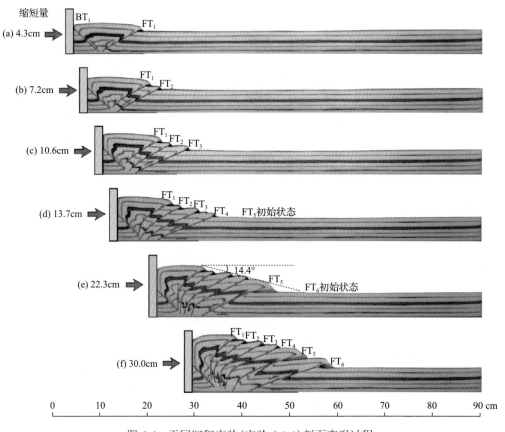

图 6-4　无同沉积实验(实验 6-1-1)剖面变形过程

可以看出，无同沉积模拟实验中，整体变形特征为逆冲断层以前展式向前陆盆地方向传播，在剖面上表现为逆冲断层呈叠瓦状，早期形成的逆冲断层被动地抬升和旋转，倾角变得越来越大，接近垂直。值得注意的是，中间一层绿色的用做滑脱层的玻璃微珠被所有的逆冲断层截切，滑脱层上下的构造层呈现协调变形，说明这层脆性滑脱层在该实验中未表现出明显的滑脱效果。

2. 厚层同沉积实验

实验 6-1-2 的变形过程如图 6-5 所示,实验 6-1-2 在变形过程中添加了厚层的同沉积,在 FT₄ 发育之后开始每隔约 5min 往模型内添加同沉积,共添加七次,同沉积最大铅直厚度为 5cm,同沉积呈现楔状向前陆方向尖灭(尖灭点距离初始挤压挡板约 80cm),模拟同沉积自造山带向前陆盆地逐渐减薄,总的构造缩短量为 27cm,依据其构造变形过程,将它的变形过程分为八个阶段。

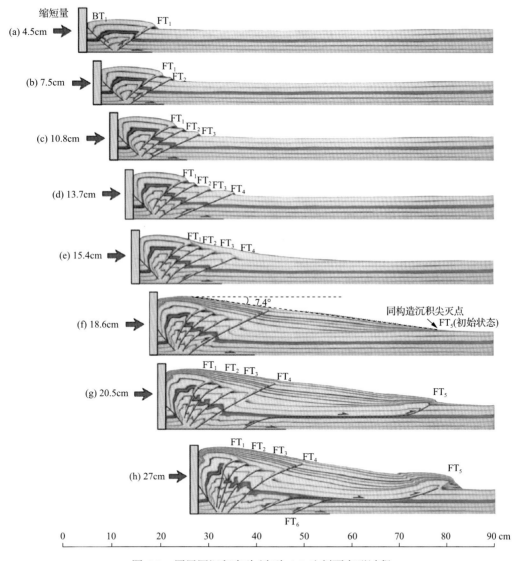

图 6-5 厚层同沉积实验(实验 6-1-2)剖面变形过程

(1)阶段 1 至阶段 4:早期未添加同沉积的四个变形阶段的变形特征[图 6-5(a)～(d)]与实验 6-1-1 早期的变形阶段特征相同[图 6-4(a)～(d)],均叠瓦式形成四条前冲断层(FT₁～FT₄)和一条反冲断层(BT₁),从阶段 5 开始,开始加入同沉积砂层。

(2)阶段 5:构造缩短量为 15.4cm,同构造沉积开始加入模型,在添加同沉积时,并没有新的逆冲断层产生，缩短量被此时活动的 FT_4 所吸收[图 6-5(e)]。

（3）阶段 6：构造缩短量为 18.6cm，同沉积活动停止，在添加同沉积的过程中，只有 FT_4 在活动，FT_4 向地表传播切过了同沉积层。同沉积楔体向前陆盆地方向尖灭，形成一坡度值为 7.4° 的同沉积楔体，值得注意的是，在同沉积尖灭点的位置，一条新的逆冲断层 FT_5 即将开始形成[图 6-5(f)]。

（4）阶段 7：构造缩短量为 20.5cm，逆冲断层 FT_5 形成，与实验 6-1-1 中的 FT_5 不同，此时的 FT_5 为一远距离传播的逆冲断层，形成于后缘深部，然后沿着中间的滑脱层水平滑脱，在同沉积尖灭点位置冲出地表[图 6-5(g)]，FT_5 的几何学和运动学特征表明，此时中间的一套滑脱层已经起到了良好的滑脱效果，使滑脱层上下的构造层变形不协调，同时使应变远距离地向前陆方向传播。

（5）阶段 8：构造缩短量为 27cm，一条源于基底的盲冲断层 FT_6 形成，但 FT_6 并没有向地表传播而是向上归并于滑脱层，与 FT_5 连接一起，形成了一深部的双重构造[图 6-5(h)]。

该实验中可以明显地观察到，在早期变形阶段，即未添加同沉积的变形阶段，变形特征与无同沉积实验的变形特征相同，都表现为叠瓦状逆冲断层前展式向前传播，在加入厚层同沉积之后，变形特征与实验 6-1-1 差别显著。最明显的区别是，层间的一套脆性滑脱层产生了良好的滑脱效果，促使滑脱层上下的构造变形不协调，同时将应变远距离地向前陆方向传播（约 80cm，参见图 6-5 下方的水平标尺）。源自基底的断层（FT_6 和 FT_5 的后陆部分）并没有向地表传播，而是向上归并于滑脱层，并沿着滑脱层向前陆传播，导致深部双重构造的形成。

3. 薄层同沉积实验

薄层同沉积实验的变形过程如图 6-6 所示，实验 6-1-3 在变形过程中添加了薄层的同沉积，也在 FT_4 形成之后开始添加同沉积，每隔 5min 向模型内添加同沉积，共添加五次，实验 6-1-3 的同沉积量约为实验 6-1-2 同沉积量的一半（同沉积最大铅直厚度约 2.6cm），同沉积也呈楔状向前陆尖灭（尖灭点距离初始挤压挡板约 80cm 处）。总的构造缩短量为 30.0cm，依据其构造变形过程，可分为六个阶段。早期的变形过程（未添加同沉积）与前述的无同沉积实验和厚层同沉积实验相同，也为四条逆冲断层叠瓦状向前陆方向传播。在缩短量到达 13.5cm 后，约为厚层同沉积实验一半的同沉积量开始往模型中添加。

（1）阶段 1：构造缩短量为 13.5cm，与厚层同沉积实验相似，当同沉积开始添加时，只有 FT_4 在活动，吸收缩短量[图 6-6(a)]。

（2）阶段 2：构造缩短量为 15.1cm，同沉积作用终止。FT_4 在整个添加同沉积的过程中一直在活动，切穿了整个同沉积层。同沉积砂体向前陆盆地方向尖灭（距离初始挤压挡板位置约 80cm），同沉积结束后的楔体坡角可以分为两个部分，正在变形的后陆地区坡角为 12°，未变形的前陆地区为 5°[图 6-6(b)]。

（3）阶段 3：构造缩短量为 17.5cm，前冲断层 FT_4 继续吸收缩短量直到楔体达到约 13° 的坡度值，此时在 FT_4 的前缘约 7cm 的位置，新的前冲断层 FT_5 开始发育[图 6-6(c)]。

（4）阶段 4：构造缩短量为 24.1cm，挤压缩短量继续由 FT_5 吸收，一前冲断层（FT_6）和一反冲断层（BT_2）几乎同时开始形成，前锋断层 FT_6 在同沉积尖灭点的位置形成，FT_6

形成之后，楔体的坡角快速地下降至10°[图6-6(d)]。

(5)阶段 5：缩短量为 27.1cm，在前陆地区，前冲断层 FT_6 与反冲断层 BT_2 构成一较大型的冲起构造，一新的反冲断层 BT_3 开始形成[图6-6(e)]。

(6)阶段 6：缩短量为 30.0cm，冲断楔体的最终形态由六条前冲断层和三条反冲断层所构成[图6-6(f)]。

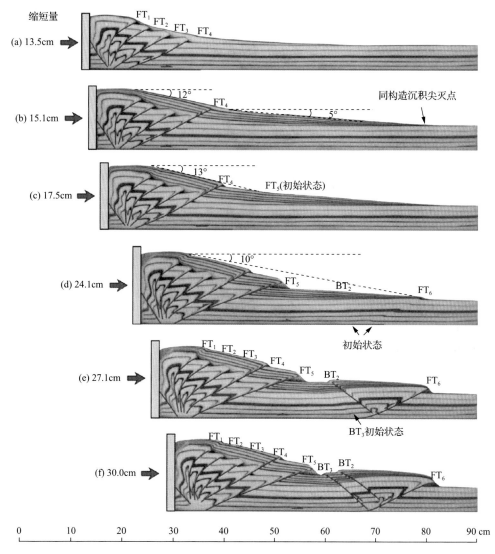

图 6-6　薄层同沉积实验(实验 6-1-3)剖面变形过程

薄层同沉积实验的变形特征和前述的实验变形差异显著，两条大型的反冲断层 BT_2 和 BT_3 在变形后期阶段形成，而无论是没有添加同沉积的基础实验或者添加了厚层同沉积的实验，在实验变形的后期阶段均没有反冲断层的形成。尽管变形同实验 6-1-2 一样也远距离地向前陆方向传播了 80cm(参见图 6-6 下方的水平标尺)，但是中间的一套滑脱层并没有起到良好的滑脱效果，可以观察到的是逆冲断层(包括前冲断层和反冲断层)都起源于深部基底，然后向地表传播，切穿了所有的上覆盖层。

三、构造变形机制

　　三组物理模拟实验揭示了塔西南冲断带柯东段-柯克亚地区的变形机制。实验结果表明，同沉积作用会使冲断带变形前锋长距离、快速地向前陆盆地方向扩展，同时同沉积还会影响冲断带的构造样式。在厚层同沉积情况下，会促使层间一套脆性滑脱层(如膏泥岩等)产生良好的滑脱效果，同时会以双重构造的方式发生底部增生作用。薄层的同沉积条件下，层间的脆性滑脱层不易起到良好的滑脱效果，会促使大型反冲断层的发育，易于在前陆地区发育冲起构造(图6-7)。塔西南地区新近系厚层的同沉积地层对冲断带的变形起关键作用，是决定构造样式的主控因素，厚层的同沉积地层促使古近系阿尔塔什组膏泥岩产生了良好的滑脱效果，促使变形沿滑脱层水平滑脱并在同沉积减薄的地区(如捷得背斜)冲出地表[图6-2(c)]。

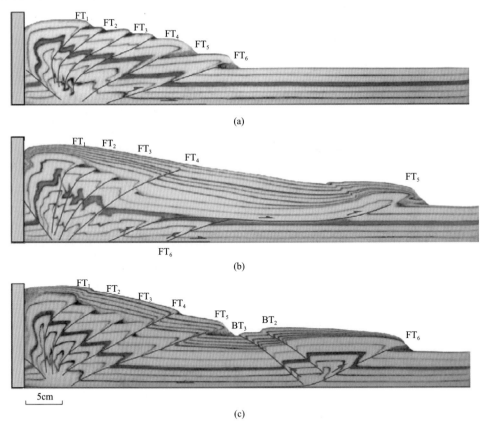

图6-7　三组物理模拟实验模型几何学形态对比

(a)无同沉积；(b)厚同沉积；(c)薄同沉积；

　　1. 同沉积对脆性滑脱层的影响

　　干燥石英砂和玻璃微珠这类脆性材料的抗剪强度与上覆压力有关，变形特征符合莫尔-库仑破裂准则：$\tau = C + \mu\sigma_n$，其中，τ、σ_n 分别为剪应力和正应力；C 为材料的黏聚强度；μ 为材料的内摩擦系数。物理模拟实验中，在模型变形过程中添加的同沉积会明显地增加垂向的正应力值，因此根据莫尔-库仑破裂准则，材料的抗剪强度也会相应增加。当潜在断面上的剪应力值达到或者超过断面上的剪切强度时，一条逆冲断层就会发育。

三组实验中，只有同沉积的厚度不相同，其余条件均相同，图 6-7(a) 中同沉积厚度为 0cm，图 6-7(b) 同沉积厚度不大于 5cm，图 6-7(c) 同沉积厚度不大于 2.6cm。同沉积的厚度不同对三组实验变形的影响显著不同，只有在同沉积较厚时，中间的玻璃微珠作为一套脆性滑脱层起到了良好的滑脱效果[图 6-7(b)]。厚层的同沉积层增加了下伏层的抗剪强度，有效阻止了逆冲断层向上切穿玻璃微珠层向地表传播。相反的断层沿着更易剪切滑动的玻璃微珠层发育，在同沉积尖灭点位置上覆的同沉积层产生的压力值为零，因此抗剪强度也最小，所以断层沿着滑脱层滑动后在同沉积尖灭点的位置突破至地表。在薄层同沉积实验中，上覆薄层的同沉积层所产生的垂向压力不足以抑制底部断层向地表的传播，在构造几何学上表现为断层切穿滑脱层并传播至地表。模拟实验结果表明，褶皱冲断带中的同沉积地层在一定条件下会诱发脆性滑脱层(如泥岩等)产生良好的滑脱效果。

2. 实验动力学机制

临界库仑楔理论(Davis et al.，1983；Dahlen，1984；Dahlen et al.，1984)自 20 世纪纪 80 年代提出以来，已经被成功地用于解释自然界褶皱-冲断带变形机制及运动学演化过程(Bilotti and Shaw，2005；Morley，2007)，或者实验室内的物理模拟实验模型的变形机制和运动学过程(Mugnier et al.，1997；Wu and McClay，2001；Nilforoushan et al.，2008；Bigi et al.，2010)。临界库仑楔理论指出，褶皱-冲断带带或者增生楔在达到临界坡度值(取决于基底摩擦系数、材料摩擦系数和流体压力等)之前，在楔体内部发生变形，当坡度值达到临界角时，若楔体前缘有新物质的积累，随着挤压的进行，在楔体最前缘发育新的逆冲断层，当新的断层发育时，楔体的坡角会迅速降低，然后随着前锋断层位移量的增加，楔体坡角增加，直至重新达到临界角，楔体的坡度会呈周期性变化；若楔体前缘不再有新物质的积累，楔体会保持临界角度值稳定地向前滑移(Davis et al.，1983；Dahlen，1984；Dahlen et al.，1984)。

图 6-8 显示了三组实验楔体坡度值随着缩短量的变化，在三组实验中，在变形初始约 10cm 的挤压缩短量内，楔体的构造形态主要受挤压挡板的影响，导致楔体的坡角都非常大(大于 20°)。10cm 的缩短量之后，没有添加任何同沉积的实验中，楔体坡角呈现周期性的变化，多次重复性地达到一临界库仑楔角约 15°。而在楔体前缘都添加同沉积的实验中，在添加同沉积的过程中，虽然楔体有一活动断层 FT$_4$ 在活动，但是楔体的形态主要由同沉积砂层决定，当同沉积结束时，厚同沉积实验的楔体坡度为 7.4°[图 6-5(f)]，薄层同沉积实验的楔体坡角可以分为两个部分，即后陆变形区域坡角为 12°，前陆未变形区域为 5°[图 6-6(b)]，这里需要指出的是，图 6-8 中测得的楔体坡度值均为变形区域的坡度，即有断层活动的楔体的坡角。由图 6-8 可以看出，前陆地区的同沉积作用使楔体坡度低于临界库仑楔角，即使整个楔体处于"次临界状态(subcritical state)"。临界库仑楔理论指出，次临界状态下的楔体在挤压过程中会导致楔体内部的变形(如反冲断层，早期冲断

层重新活动，底部增生等），这些变形会导致楔体坡度增加，使楔体能够重新达到临界库仑楔角（Davis et al.，1983；Mugnier et al.，1997；Bigi et al.，2010；Wu and McClay，2011）。

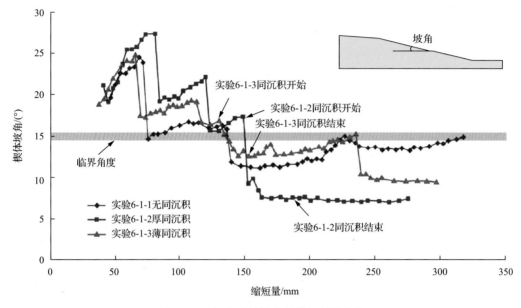

图 6-8　三组实验的坡度随缩短量的变化

当前锋断层（厚层同沉积实验中的 FT_5 和薄层同沉积实验中的 FT_6）发育时，楔体的坡度值都低于临界库仑楔角（实验 6-1-2 临界库仑楔角为 7.4°，实验 6-1-3 为 10°），因此都会诱发楔体内部的变形以增加自身的坡度值。厚层同沉积的实验 6-1-2，同沉积砂层所带来的额外的正应力导致应变沿着水平的滑脱层向前传播，抑制了深部盲冲断层（FT_6）向地表的突破，在后陆地区形成了一双重构造以增加楔体的坡度值。然而因为深部盲冲断层的位移量较小，所以双重构造对楔体坡度变化的影响较小，导致图 6-8 中实验 6-1-2 同沉积结束之后的坡度曲线变化不明显。在实验 6-1-3 中，薄层的同沉积并不能诱发层间的脆性滑脱层产生良好的滑脱效果，变形后期大型的反冲断层在前陆地区发育。与实验 6-1-2 相似，实验 6-1-3 后期演化阶段（前锋断层发育之后）的坡度增加也不甚明显，原因是本书测量的是整个活动的楔体的坡角［图 6-6(d)］，而反冲断层会使前陆部分的楔体迅速增厚，但对整个楔体的坡度影响则较小。从实验结果可以得出结论，同沉积作用会降低冲断楔体的坡角，使楔体处于"次临界状态"，在含一脆性滑脱层的褶皱-冲断带，厚层的同沉积会诱发深部形成双重构造，而较薄层的同沉积则会促使大型反冲断层的发育来增厚楔体。

3. 构造变形结构模型

实验 6-1-2 和实验 6-1-3，同沉积均呈楔形向前陆盆地方向尖灭，莫尔-库仑性质的材料抗剪强度与上覆正应力值有关，在同沉积尖灭点的位置上覆压力值最小，使尖灭点位置的地层的抗剪强度最小，是前锋断层发育的有利位置，因此实验 6-1-2 和实验 6-1-3 都在同沉积尖灭点的位置发育了前锋断层。实验 6-1-1 的变形向前陆地区传播了 57cm，而实验 6-1-2 和实验 6-1-3 都向前陆地区传播了约 80cm,说明同沉积作用会导致褶皱-冲断带变形前锋快速、长距离地向前陆盆地方向扩展。实验表明,同沉积的量也会对褶皱-冲断带的构造变形样式产生重要影响,当没有同沉积时候,冲断带以前展式向前陆扩展,剖面上表现为逆冲断层叠瓦状排列。当褶皱-冲断带中有同沉积地层发育时,冲断带的剖面结构会显著改变,当同沉积较厚时,厚层的同沉积会抑制深部盲冲断层向地表的传播,使得盲冲断层向上归并于滑脱层,并沿着滑脱层向前陆方向传播,从而在深部发育双重构造。而薄层的同沉积情况下,前陆地区容易发育反冲断层来吸收构造缩短量,容易在前陆地区形成冲起构造。

三组实验中,厚层同沉积的实验 6-1-2[图 6-7(b)]与实际剖面[图 6-2(c)]在构造几何学形态上非常相似,均表现为褶皱-冲断带变形前锋远距离向前陆盆地方向传播,在后陆地区的深部形成了双重构造,浅层的构造层呈"薄皮式"向前陆方向滑脱,在同沉积减薄的地区突破地表。实验模型和实际构造模型这种构造形态上的相似性,给分析塔西南褶皱-冲断带柯东-柯克亚构造带的变形机制带来一定的启示。实验 6-1-2(厚层同沉积的实验)演化过程表明,厚层的同沉积地层对塔西南褶皱-冲断带的演化产生了非常重要的影响,是该地区构造变形的关键控制因素。该地区在盆地内部沉积了厚层的新近系同沉积地层(程晓敢等,2011;田继强等,2012;杜治利等,2013),且同沉积从造山带向盆地方向有减薄的趋势。厚层的同沉积地层增加了下伏地层的抗剪强度,抑制了基底盲冲断层向地表的传播,同时促使古近系阿尔塔什组膏泥岩产生良好的滑脱效果,使断层沿着膏泥岩滑脱层发育,在地表覆盖较薄的地区(如捷得背斜)冲出地表。

第二节 乌泊尔构造段基底古隆起物理模拟

乌泊尔构造带位于塔西南盆地西北端,夹于南天山、帕米尔、塔里木盆地之间,由主帕米尔断裂(MPT)和乌泊尔断裂(国外学者通常称为 PFT)所围限,平面上呈向北突出的弧形展布,构造段东西长约 120km,南北宽 25~40km(图 6-9)。乌泊尔构造带依据地貌特征,可以分为东西两段:西段构造变形强烈,为强显露型;东段变形相对较弱,东南段逐渐过渡为隐伏断裂,为第四系所覆盖。西段是帕米尔与天山的对冲碰撞带,两者界线在东段沿着克孜勒苏河环绕在塔里木盆地的西北缘,在吾合沙鲁乡以西呈北西向延伸,在乌鲁克恰提乡又沿着克孜勒苏河展布。东段是帕米尔与塔里木盆地的汇聚带,两者的界线西起乌拉根隆起的东侧,向东沿着黑孜威乡,过乌泊 1 井,然后沿着康西维尔的地面构造转向东南,通过喀什背斜和明尧勒背斜的斜列交界部位,大致呈一个向北凸出的弧形带。

一、地质结构模型

乌泊尔构造带总体的构造变形特征表现为帕米尔山前呈基底卷入式构造,古生界—中生界沿着高角度逆冲断层被推覆至新近系和第四系之上,中部发育数个冲断片叠置的叠瓦状构造,深部形成双重构造,顶板断层沿着古近系膏盐层向前陆滑脱,北侧乌泊尔断层将其上盘地层逆冲推覆至地表,且表现为大位移量的突破,在上盘形成一个背驮盆地(图 6-10、图 6-11)。乌泊尔构造带的变形基本都集中于乌泊尔断裂的上盘，其下盘几乎没有变形。乌泊尔断裂在地表展现出独特的弧形分布，西段冲出地表，而东段则隐伏于地下。

由图 6-10 和图 6-11 等剖面可以看出，浅部为由 N_2—Q 组成的背驮盆地，发育多个不整合面；中部为由 E—N_1 组成的一系列叠瓦状冲断片；深部则表现为较为大型的背斜，主要由乌泊尔 1 号、乌泊尔 2 号等多个背斜构造组成。从不整合面发育时间分析，乌泊尔主体构造的形成时间为中新世末，上新统沉积之前；之后又发生了上新世末、早更新世末等多期变形。乌泊尔断裂现今还在活动，野外可见乌泊尔断裂上盘的 E_1a 膏盐层逆冲在全新统未胶结砾石之上。

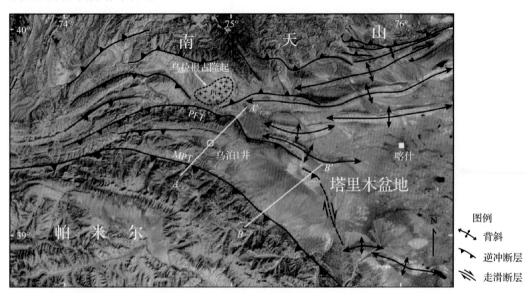

图 6-9　乌泊尔构造带遥感解译(据 Li et al.，2012；Sobel et al.，2013，有修改)

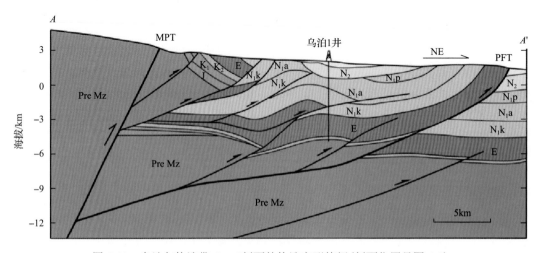

图 6-10　乌泊尔构造带 A—A′剖面的构造变形特征(剖面位置见图 6-9)

Q_1. 下更新统；N_2. 上新统；N_1p. 中新统帕卡布拉克组；N_1a. 中新统安居安组；N_1k. 中新统克孜洛依组

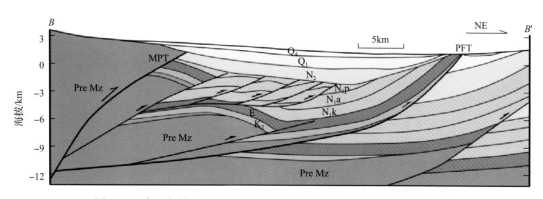

图 6-11 乌泊尔构造带 *B—B′*剖面的构造变形特征(剖面位置见图 6-9)

Q$_4$. 全新统;Q$_1$. 下更新统;N$_2$. 上新统;N$_1$p. 中新统帕卡布拉克组;N$_1$a. 中新统安居安组;N$_1$k. 中新统克孜洛依组;
E. 古近系;K$_2$. 上白垩统;K$_1$. 下白垩统;Pre Mz. 前中生界

乌泊尔断裂的西北缘发育了乌拉根古隆起,前人研究认为乌拉根古隆起在侏罗纪或更早时候就已经隆起。晚白垩世—古近纪,塔西南地区发生大规模海侵(Burtman,2000;Bosboom et al.,2011),乌拉根古隆起在海侵的过程中一直作为一个古岛屿存在,且一直延续至更新世。古隆起在地表出露元古界的变质岩,白垩系克孜勒苏群不整合于元古界变质岩之上,其上地层或缺失或减薄(图 6-12)。

图 6-12 乌拉根古隆起的地表露头

已有学者通过物理模拟实验证实,基底古隆起的存在会对褶皱-冲断带的演化产生非常重要的影响(Borgh et al.,2011;Farzipour-Saein et al.,2013)。因此,推测乌泊尔断裂北缘的乌拉根古隆起对乌泊尔断裂的形成产生了重要的影响,进而对整个乌泊尔构造带的演化发挥了关键的控制作用。

该地区的地层发育情况主要参照乌泊 1 井,依据岩石的能干性可以分为三大层,垂向上从下往上为强—弱—强组合,即一套厚层(厚度约 700m)的古近系阿尔塔什组的石膏层是一套滑脱性非常良好的滑脱层,古生界—中生界为浅海相的灰岩、白云岩,滨海-潟湖相的黏土质及砂质岩石等,新生界为厚层的陆相碎屑岩如砂岩、砾岩等。实验模型依据野外地层的强弱组合也分为强—弱—强三层(图 6-13),采用硅胶来模拟古近系的阿尔塔什组石膏层,其余古生界、中新生界灰岩、砂岩砾岩等碎屑岩均作为能干岩层,实验室内采用干燥石英砂来模拟,用薄层的红色石英砂(力学性质与白色石英砂相同)作为分层标志层,以便能够直观观察构造变形。因乌泊 1 井钻遇断层,使地层厚度有所重复,因此在室内依据乌泊1井的地层厚度设计砂层厚度时,滑脱层之上的砂层相应地有所减薄。

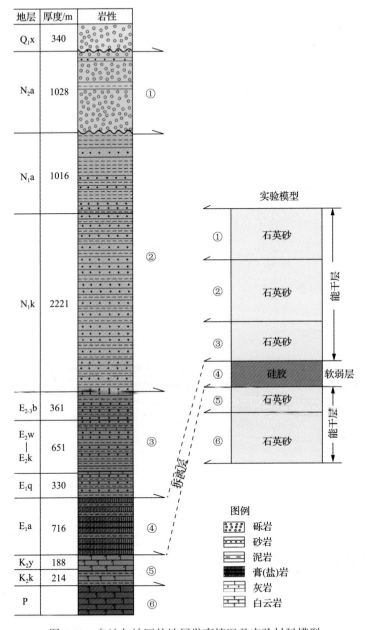

图 6-13　乌泊尔地区的地层发育情况及实验材料模型

二、物理模拟实验

结合乌泊尔地区的实际地质情况，设计并进行了构造变形物理模拟实验来研究该褶皱-冲断带的运动学过程和动力学机制。实验的设置如图 6-14 所示，共进行六组实验，

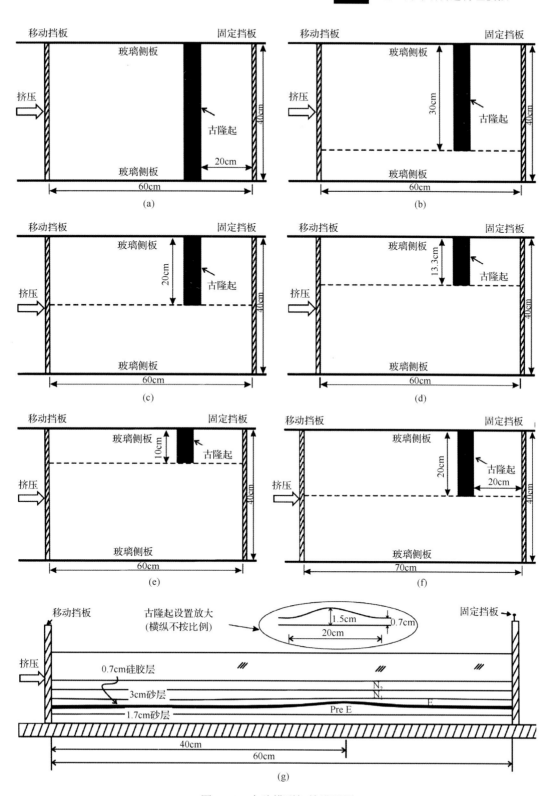

图 6-14 实验模型初始设置图

(a)~(f) 分别为实验 6-2-1~实验 6-2-6 的平面设置;(g) 为实验设置的剖面图

不同的实验改变的是古隆起在盆地内的分布范围，从全盆地分布(指横向上)古隆起(实验6-2-1)，逐步减少古隆起的分布范围，如四分之三范围分布古隆起(实验6-2-2)，二分之一范围分布古隆起(实验6-2-3)，三分之一范围分布古隆起(实验6-2-4)，逐步缩小至只有四分之一盆地范围分布古隆起(实验6-2-5)，实验6-2-6与实验6-2-3古隆起的分布范围一致，均是二分之一的范围分布古隆起，不同的是实验6-2-6挤压挡板与古隆起的距离增加了10cm，模拟造山带与古隆起距离较远的情况下冲断带的变形过程。

实验所用的模拟古近系阿尔塔什组石膏层的硅胶黏度值为5.9×10^4Pa·s，野外石膏、盐岩等滑脱层的黏度值约为10^{19}Pa·s(Bonini, 2007)，依据前面所述的存在韧性滑脱层条件下，实验模型与自然界原型的相似性原理，相关的相似性计算如表6-1所示，实验模型1cm代表自然界1km，实验模型采用0.0038mm/s的缩短速率，代表自然界约16mm/a的缩短速率，模型与原型的R_m值相等均为1.93。陈汉林等(2010)认为，乌泊尔构造带的新生代变形时间始于上新世晚期，最小构造缩短量为48.6km，则平均构造缩短速率约为15mm/a。

表6-1 实验相似性计算表

参数	代号	SI 单位	模型（model）		原型（nature）		相似因子比例	
			计算关系式	数值	计算关系式	数值	计算关系式	数值
厚度	h	m	h_m	0.007	h_n	700	$h^*=h_m/h_n$	0.00001
密度	ρ	kg/m³	ρ_m	929	ρ_n	2200	$\rho^*=\rho_m/\rho_n$	0.4090909
重力加速度	g	m/s²	g_m	9.81	g_n	9.81	$g^*=g_m/g_n$	1
黏度	η	Pa·s	η_m	59000	η_n	1×10^{-19}	$\eta^*=\eta_m/\eta_n$	5.9×10^{-15}
速率	v	m/s	v_m	3.8×10^{-6}	v_n	5.5×10^{-10}	$v^*=v_m/v_n$	6900
垂向应力	σ	Pa	$\sigma_m=\rho_m g_m h_m$	61.8	$\sigma_n=\rho_n g_n h_n$	1.5×10^7	$\sigma^*=\rho^*g^*h^*$	4.04×10^{-6}
垂向应变率	$\dot{\varepsilon}$	s⁻¹	$\dot{\varepsilon}_m=v_m/h_m$	5.43×10^{-4}	$\dot{\varepsilon}_n=v_n/h_n$	7.86×10^{-13}	$\dot{\varepsilon}^*=v^*/h^*$	6.9×10^8
动力相似参数	R_m		$R_m=\sigma_m/(\eta_m\dot{\varepsilon}_m)$	1.93	$R_m=\sigma_n/(\eta_n\dot{\varepsilon}_n)$	1.93		

注：数据来源为 Weijermars 等(1993)。

1. 全盆地分布古隆起(实验6-2-1)

实验6-2-1的剖面变形过程如图6-15所示，其平面变形过程如图6-16所示，依据变形过程将其分为五个变形阶段。

(1)阶段1：构造缩短量为2.4cm，靠近挤压端形成一朝向前陆的逆冲断层F_1(图6-15和图6-16中的①)。

(2)阶段2：构造缩短量为4.2cm，此时冲断带的前锋断层F_2形成，F_2是一远距离传播的逆冲推覆断层，发育在靠近挤压挡板的后陆地区，然后沿着中间的滑脱层向前滑脱，最后在古隆起的位置冲出地表，同时形成了一条反冲断层与F_2组成突发构造，此时F_2上盘的背驮盆地已经初具雏形(图6-15和图6-16中的②)。

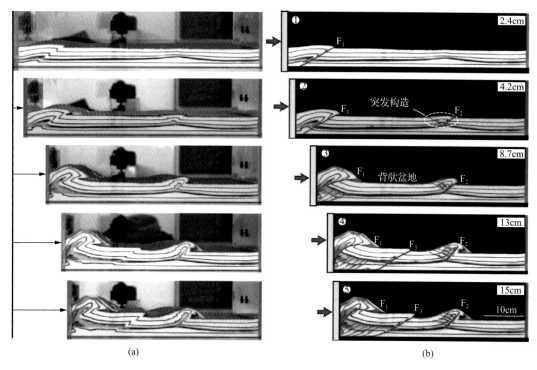

图 6-15 实验 6-2-1 剖面变形过程

(a)原始变形照片；(b)变形解释图。①~⑤的构造缩短量分别为 2.4cm、4.2cm、8.7cm、13cm 和 15cm

（3）阶段 3：构造缩短量为 8.7cm，随着挤压的继续进行，前锋断层 F_2 位移量增加，逐渐将其上盘的地层冲出地表，F_2 的上盘已经形成了明显的背驮盆地沉积空间。山前的逆冲断层 F_1 将深部的地层逆冲推覆至地表，F_1 上盘的地层因被抬升得很高，在重力作用下发生伸展作用，形成了小型的正断层。后陆地区，在层间滑脱层底部形成了三条小型的逆冲断层，这些小型逆冲断层向上归并于滑脱层，并未能够向上突破至地表，在深部形成双重构造（图 6-15 和图 6-16 中的③）。

（4）阶段 4：挤压继续进行，构造缩短量达到 13cm，此时前锋断层 F_2 的位移量继续增加，且其倾角有变陡的趋势，在其上盘新形成了几条小型的反冲断层，这个阶段比较明显的构造特征是在背驮盆地的内部，发育了一条新的逆冲断层 F_3，F_3 发育自基底并向上传播，切穿了滑脱层并突破全地表（图 6-15 和图 6-16 中的④）。

（5）阶段 5：构造缩短量达到 15cm 时，挤压结束，剖面的主要形态由山前的逆冲断层 F_1、前锋断层 F_2 及盆地内部的逆冲断层 F_3（F_1~F_3 代表了断层发育的时序）所构成，后陆地区深部小型逆冲断层并未突破滑脱层，而是归并于滑脱层，因此在深部形成了双重构造。可以发现剖面的变形主要集中于 F_2 的上盘，在其下盘并没有构造变形发生，F_1 的上盘，褶皱核部区域，因为被抬升得很高，在重力作用下发生伸展垮塌，形成了小型的正断层（图 6-15 和图 6-16 中的⑤）。

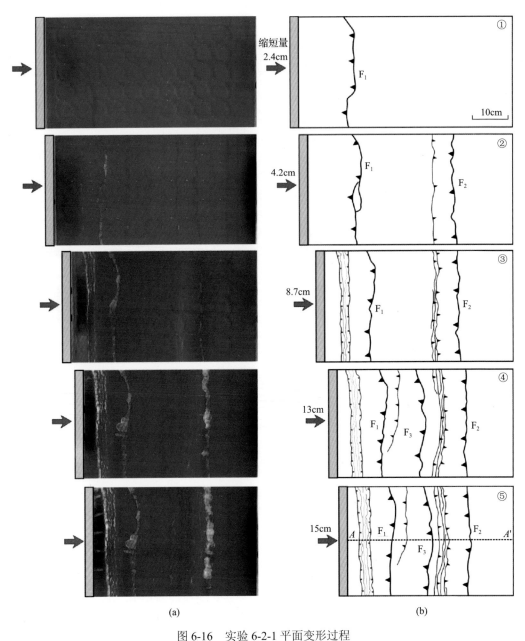

图 6-16　实验 6-2-1 平面变形过程

(a)原始变形照片；(b)解释图。①～⑤的构造缩短量分别为 2.4cm、4.2cm、8.7cm、13cm、15cm

　　实验结束后，在模型表面铺上一层白色石英砂保护模型，往模型里面洒水，将模型浸湿，对模型进行切片，以观察模型内部的构造变形情况。切片结果表明(图 6-17)，模型内部的构造变形与侧面记录的剖面变形结果相似(图 6-15 中的⑤)，均表现为山前 F_1 断层将深部的地层逆冲推覆至地表，由于重力作用在 F_1 上盘有伸展现象，前锋断层 F_2 远离造山带发育，后缘顺着滑脱层滑脱，前缘在古隆起的位置冲出地表，在地表形成了一大型的断层相关褶皱，在 F_2 上盘形成一背驮盆地的沉积空间。在变形后期，背驮盆地内部形成一位移量较大的逆冲断层 F_3，在滑脱层下部形成了深部的双重构造。在背斜核部(如由于 F_1 活动所形成的背斜)底部的滑脱层物质会发生积聚，使得厚度显著增加。

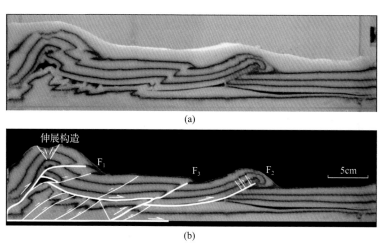

(a)

(b)

图 6-17　实验 6-2-1 结束之后的切片(切片位置见图 6-16)

(a)原始剖面照片；(b)剖面解释图

2. 四分之三盆地范围分布古隆起(实验 6-2-2)

实验 6-2-2 横向上四分之三盆地范围分布古隆起，其平面上的变形过程如图 6-18 所示，挤压变形开始阶段在靠近挤压端形成逆冲断层 F_1(图 6-18 中的①)，在挤压缩短量达到 8.6cm 时，靠近挤压挡板区域因高角度逆冲断层将其上盘地层抬升很高，由于重力作用发生伸展垮塌，形成一系列对称状的小型正断层。此时前锋断层 F_2 在西侧(默认挤压方向为北，下同)有古隆起分布的地区优先发育，在东部未分布古隆起的地区并没有发育前锋断层(图 6-18 中的②)。随着缩短量的继续增加，前锋断层 F_2 开始逐步向东扩展、传播，直至到达最东端，与前锋断层呈共轭性质的一反冲断层开始在盆地中部形成，然后向东西两边扩展(图 6-18 中的③、④)。挤压量达到 15cm 时，最终地表的断裂系统呈自西向东的弧形分布，前锋断层优先在具有古隆起的西部地区发育，然后随着挤压量增加，逐步向东扩展，最终造成了地表断裂的弧形展布(图 6-18 中的⑤)。实验结束后，为了更好地表征地表的起伏，采用三维激光扫描仪(3D laser scanner)对模型地表进行了扫描，得出模型的地表数字高程，如图 6-19 所示。

3. 二分之一盆地范围分布古隆起(实验 6-2-3)

实验 6-2-3 相比较实验 6-2-2，古隆起的范围进一步减少，在盆地的二分之一范围内分布了古隆起，实验 6-2-3 的平面变形过程见图 6-20，变形的初始阶段，也在靠近挤压端附近发育逆冲断层 F_1(图 6-20 中的①)。当挤压量为 8.3cm 时，在西侧的古隆起分布区域发育了前锋断层 F_2，此时东侧盆地内部没有古隆起分布的区域并没有前锋断层 F_2 的发

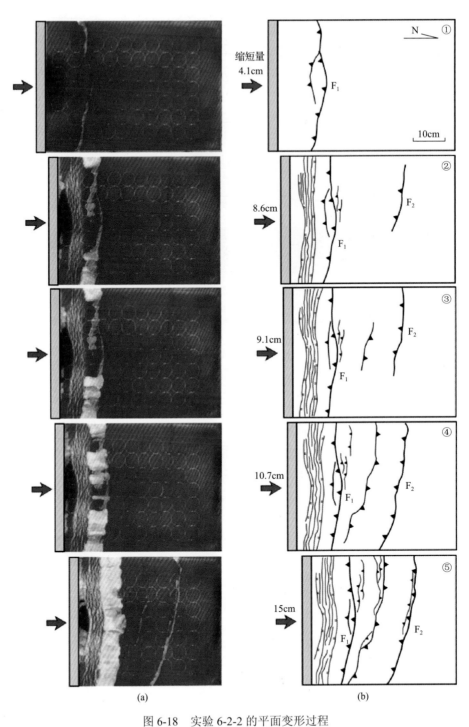

图 6-18 实验 6-2-2 的平面变形过程

(a)原始平面变形照片；(b)解释图。①～⑤的构造缩短量分别为 4.1cm、8.6cm、9.1cm、10.7cm、15cm

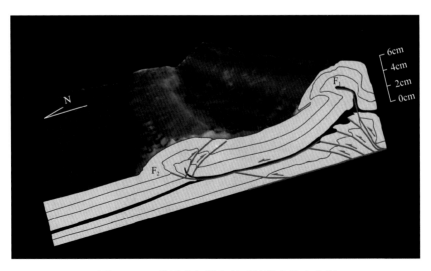

图 6-19　三维激光扫描仪得到的地表数字高程

育(图 6-20 中的②)。然后随着构造缩短量的增加,前锋断层 F_2 逐渐向东扩展、撕裂,同时在背驮盆地内部发育了一系列小型的前冲或反冲断层(图 6-20 中的③～⑤)。在挤压结束后,沿着挤压方向对模型每隔 2cm 进行切片,观察模型内部的构造变形情况,选取西部有古隆起分布及东部没有古隆起分布的剖面各一条,如图 6-21 所示,对比两条剖面,发现在后陆地区的变形基本一致,山前都为高角度的逆冲断层将其上盘地层逆冲推覆至地表,在深部形成了双重构造,构造特征的不同主要体现在前陆地区,西侧的剖面 A—A'中的前锋断裂因在古隆起位置冲出地表,变形前锋较远离造山带,而东侧的剖面 B—B'的前锋断裂的形成是由于西侧断层向东的弧形扩展、撕裂导致,因此其变形前锋没有西侧向前陆传播得远。西侧的前锋断裂比东侧的前锋断裂先形成,且位移量更大,将其上盘的物质抬升得更陡,东侧剖面 B—B'中的前锋断层位移量并没有西侧前锋断层位移量大,在前陆地区发育了两条位移量较大的反冲断层来调节构造缩短量(图 6-21)。

4. 三分之一盆地范围分布古隆起(实验 6-2-4)

实验 6-2-4 的古隆起分布范围进一步缩小,只在盆地的三分之一区域范围分布了古隆起,实验的平面过程如图 6-22 所示,平面变形过程与前述的实验 6-2-2 和实验 6-2-3相似,在变形的初始阶段都会在靠近挤压端形成高角度且位移量较大的逆冲断层 F_1,并且在其上盘发生伸展垮塌,形成小型正断层。然后随着缩短量的继续增加,在西侧有古隆起分布的区域会较东侧没有古隆起分布的盆地区先发育前锋断层 F_2,然后前锋断层逐渐向东侧没有分布古隆起的区域扩展撕裂,在向东侧传播变形的过程中在地表形成一弧形的冲断前锋。值得注意的是,在前锋断层向东逐渐传播的过程中,前锋断裂在地表产生了一明显的转折现象(图 6-22 中的③、④)。

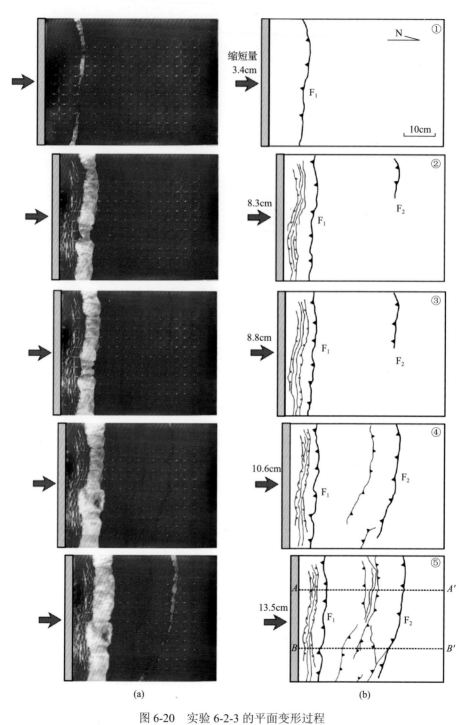

图 6-20　实验 6-2-3 的平面变形过程

(a)原始平面变形照片；(b)解释图。①～⑤的构造缩短量分别为 3.4cm、8.3cm、8.8cm、10.6cm、13.5cm

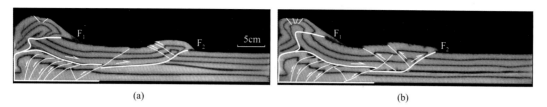

图 6-21 实验结束时所得的剖面切片结果(切片位置见图 6-20)

(a)剖面位置对应 A—A'；(b)剖面位置对应 B—B'

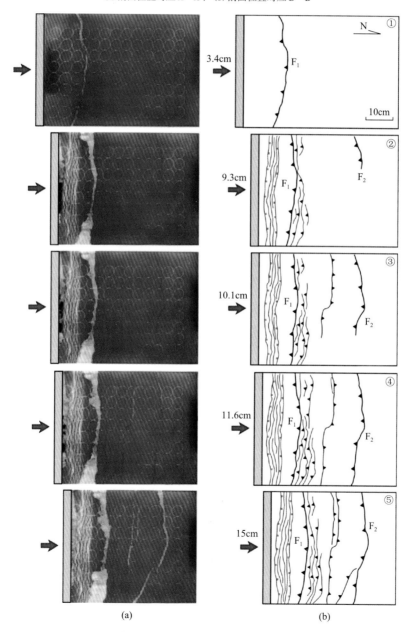

(a) (b)

图 6-22 实验 6-2-4 的平面变形过程

(a)原始平面变形照片；(b)解释图。①～⑤的构造缩短量分别为 3.4cm、9.3cm、10.1cm、11.6cm 和 15cm

5. 四分之一盆地范围分布古隆起(实验 6-2-5)

实验 6-2-5 的古隆起分布范围是六组实验中最小的,只有四分之一的盆地范围内分布了古隆起,其平面的变形过程与前述的几个实验又有所不同,如图 6-23 所示。

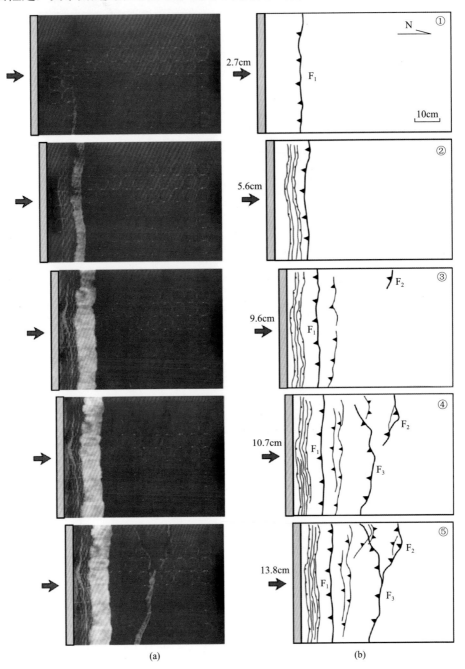

(a)   (b)

图 6-23   实验 6-2-5 的平面变形过程

(a)原始平面变形照片; (b)解释图。①~⑤的构造缩短量分别为 2.7cm、5.6cm、9.6cm、10.7cm 和 13.8cm

观察实验 6-2-5 的平面变形过程可以发现，变形的初始阶段和前述的几个实验的变形过程相近，即均是靠近挤压端的位置发育位移量较大的逆冲断层，在其上盘有小型正断层发育。尽管实验 6-2-5 只有在四分之一的盆地范围内分布了古隆起，在挤压变形过程中，依然在西侧有古隆起分布的地区会优先发育前锋断裂(图 6-23 中的③)，然后向东侧没有分布古隆起的地区扩展、传播。但是此时，因古隆起的分布范围比较小，变形前锋向东传播的范围并没有像前述的实验变形过程中一直传播到了盆地最东端，而是向东扩展至盆地的中部，与东部的前锋断层交汇，实验 6-2-5 前锋断裂在地表也呈弧形展布，但此时的前锋断层为"两条独立的断层"构成(图 6-23 中的⑤)。说明当盆地中古隆起的分布范围比较小时，它也会对前锋断层的发育具有控制作用，但是前锋断层向没有古隆起区的扩展范围有限。

6. 造山带与古隆起距离增加(实验 6-2-6)

实验 6-2-6 古隆起的分布范围与实验 6-2-3 相同，均在二分之一盆地范围内分布了古隆起。与实验 6-2-3 不同的是，挤压挡板与古隆起之间的距离相比实验 6-2-3 增加了 10cm，模拟造山带与盆地内的古隆起相距较远的情况下，褶皱-冲断带的变形演化过程，实验 6-2-6 的平面变形过程如图 6-24 所示。实验发现，即使古隆起与造山带的距离相距较远，应变也会通过层间的滑脱层远距离地向前陆方向传播，在古隆起的位置突破至地表(图 6-24 中的②)，即在西部有古隆起分布的区域，优先发育了前锋断层 F_2，然后逐渐向东部传播(图 6-24 中的③、④)。在东侧的盆地区，在西侧的前锋断层 F_2 未扩展、传播至东侧之前，东侧的前锋断层为 F_3，F_3 有向西侧传播的趋势。最终 F_2 向东传播至了最东端，成为整个冲断带的前锋断裂，而东部的 F_3 也向西传播至了西部边界，成为背驮盆地内部的一条位移量较大的逆冲断层(图 6-24 中的⑤)。实验挤压结束后，对模型沿着挤压方向每隔 2cm 切片，观察模型内部的构造变形，分别在西部有古隆起的地区和东部无古隆起的区域选取两条典型的剖面，如图 6-25 所示，西部有古隆起的剖面(剖面 $A—A'$)结构由三条主冲断层 F_1、F_2、F_3 所决定，在后陆地区深部形成一双重构造。东部未发育古隆起的地区(剖面 $B—B'$)，在前陆地区形成一突起构造(pop-up structure)，其前锋断层 F_2 的位移量明显比剖面 $A—A'$ 中 F_2 的位移量小，东侧区域通常会发育位移量较大的反冲断层来调节构造缩短量。

三、构造变形机制

通过六组物理模拟实验，探索了塔西南褶皱-冲断带乌泊尔构造带的构造变形发育机制。通过分析六组实验结果，可以得出以下几点认识：①褶皱-冲断带中，早期古隆起的存在会对冲断带的变形发育具有重要的控制作用，韧性滑脱层之下的古隆起位置是前锋断层优先发育的有利位置；②盆地内部古隆起的分布范围对构造变形具有重要影响，在挤压冲断过程中，因滑脱层之下的古隆起位置是前锋断层优先发育的有利位置，所以往往在有古隆起分布的一侧会优先发育前锋断层，然后前锋断层向没有发育古隆起的盆地一侧扩展、撕裂，在地表容易形成一弧形的冲断前锋；③塔西南乌泊尔构造带的构造变形受其西北缘的乌拉根古隆起的影响明显，由于乌拉根古隆起的存在导致了乌泊尔断裂在西侧优先形成，然后向东逐渐扩展、撕裂，导致乌泊尔断裂在地表呈弧形展布，西段为强显露型，而东段为隐伏型。

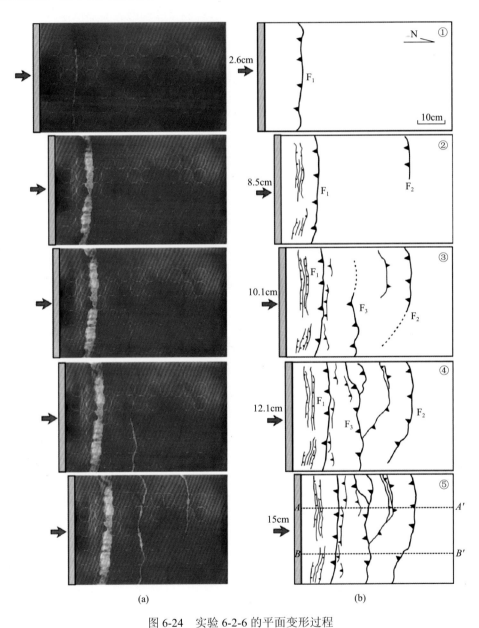

图 6-24 实验 6-2-6 的平面变形过程

(a)原始平面变形照片；(b)解释图。①～⑤的构造缩短量分别为 2.6cm、8.5cm、10.1cm、12.1cm 和 15cm

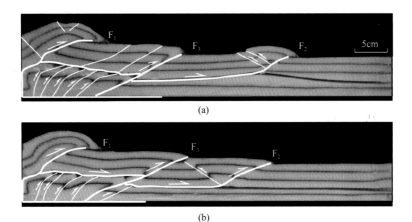

图 6-25 实验结束时所得的剖面切片结果(切片位置见图 6-24)

(a)剖面位置对应 A—A′；(b)剖面位置对应 B—B′

1. 古隆起制约前锋断层发育

依据塔西南乌泊尔构造带的实际地质情况，进行了前述的六组物理模拟实验，重点分析乌泊尔构造带西北缘的乌拉根古隆起对该褶皱-冲断带变形的影响。在褶皱-冲断带中，盆地内部有古隆起发育时，古隆起会对上覆的盖层沉积具有一定的控制作用，使得滑脱层的沉积在古隆起区域，受控于古地形的影响，沉积形态具有一定的起伏，滑脱层的起伏会对褶皱-冲断带的后续变形产生非常重要的影响。韧性滑脱层(如石膏、盐岩等)，能够有效地将挤压应力远距离传播至前陆地区，在古隆起地区，滑脱层的沉积在古隆起南侧具有明显的起伏(图 6-26)，在造山带挤压应力的作用下，应力通过滑脱层向前陆地区传播，在古隆起地区应力沿着滑脱层具有斜向上传播的趋势。古隆起位置的上覆盖层在来自深部的斜向上的应力作用下，被剪切破坏，形成了冲断带的前锋断裂——乌泊尔断裂。随着挤压量的增加，前锋断层的位移量不断增加，同时倾角也随着增大，在前锋断层的上盘形成了一个典型的背驮盆地。

本节的实验 6-2-1~实验 6-2-6，都在前陆地区分布了古隆起，观察实验变形可以发现，不管古隆起的分布范围多少，只要在盆地内部有古隆起分布，实验过程中，都可观察到在古隆起的位置会优先发育前锋断层，然后随着前锋断层位移量的增加，在前锋断层的上盘形成一个背驮盆地。实验结果表明，乌泊尔断裂西北缘的乌拉根古隆起对乌泊尔构造带的构造变形产生了非常重要的影响。前人对乌泊尔构造带的构造几何学形态基本达成共识，即山前为高角度逆冲推覆体将古生界—中生界推覆至地表，东北部为弧形的乌泊尔逆冲推覆断裂，乌泊尔断裂沿着古近系滑脱层滑移，并向上逆冲推覆至地表，山前高角度逆冲断裂和乌泊尔断裂之间为一背驮盆地，背驮盆地之下为隐伏的逆冲断裂，后陆地区深部发育了叠瓦状构造和双重构造(伍秀芳等，2004；刘胜等，2005；陈汉林等，2010)。本节的物理模拟实验表明，乌泊尔断裂的发育演化过程受乌拉根古隆起的影响，乌泊尔断裂深部沿着古近系石膏层远距离向前陆方向滑脱，并在古隆起部位突破至地表，从而在乌泊尔断裂的上盘形成了背驮盆地。在后陆地区，深部的一些叠瓦状逆冲断裂并没有突破滑脱层，而是终止于滑脱层，因此在深部形成了双重构造。

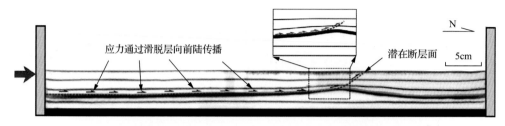

图 6-26　山前的挤压应力沿着滑脱层向前传播并在古隆起位置突破地表

2. 古隆起分布控制弧形冲断

地表可以观察到乌泊尔断裂呈现弧形展布(图 6-9),为何乌泊尔断裂在平面上会呈弧形展布。本节的物理模拟实验研究认为,古隆起的分布范围对乌泊尔断裂平面上的弧形展布产生了重要的影响。本节的实验 6-2-2~实验 6-2-5,古隆起在盆地内部的分布范围依次从横向上四分之三范围递减至四分之一范围,实验的变形过程中,前锋断裂(乌泊尔断裂)均在有古隆起分布的西侧先形成,然后逐步向东扩展、撕裂,西侧的前锋断层在向东侧扩展的过程中在地表形成了弧形冲断前锋(图 6-27)。乌泊尔断裂在地表的弧形展布,原因是由于西侧的乌泊尔断裂因受乌拉根古隆起的影响而先形成,然后向东侧没有古隆起的盆地区传播,这种拖曳式的传播过程,导致逐步在地表形成一个弧形的展布形态。乌泊尔断裂从西段过渡至东段在地表形成了明显的转折,在本节的模拟实验过程中,均

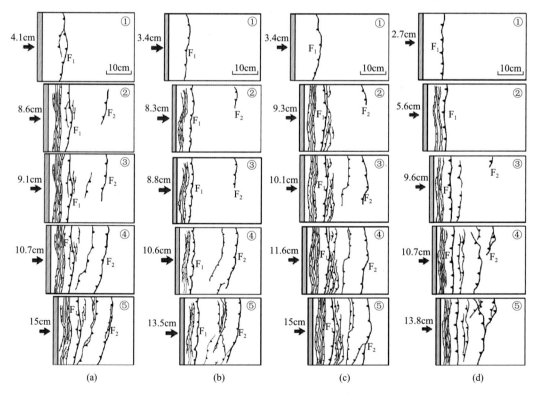

图 6-27　古隆起在盆地内不均匀分布时的平面变形过程

(a)~(d)分别对应实验 6-2-2~实验 6-2-5

出现了前锋断裂在地表的转折现象(图 6-27)，尤其在实验 6-2-4 中，这种转折现象可以明显地观察到(图 6-28)。实验结果说明，乌泊尔断裂在地表的这种转折现象，可能受控于底部古隆起，西侧有古隆起分布的地区优先发育了前锋断裂，东侧的前锋断裂在被动撕裂发育的过程中产生了转折现象。

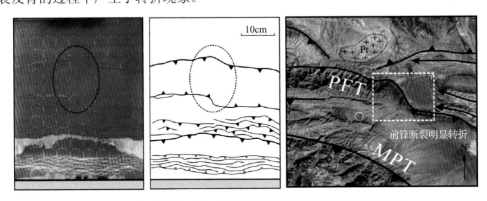

图 6-28　实验模型及实际地质模型前锋断层都出现了转折现象

3. 差异缩短量控制分段结构

乌泊尔断层东西两段在地表的出露情况不同，西段为强显露型冲出地表，而东段隐伏于地下，被上覆的第四系所覆盖。以实验 6-2-3(二分之一盆地范围内分布古隆起)、实验 6-2-4(三分之一盆地范围内分布古隆起)、实验 6-2-6(二分之一盆地范围内分布古隆起，且造山带与古隆起的距离增加)为例，在实验结束后对模型进行切片，每隔 4cm 选择一条剖面来测量前锋断层的垂直位移量 d，得出结果如图 6-29 所示，发现西段的前锋

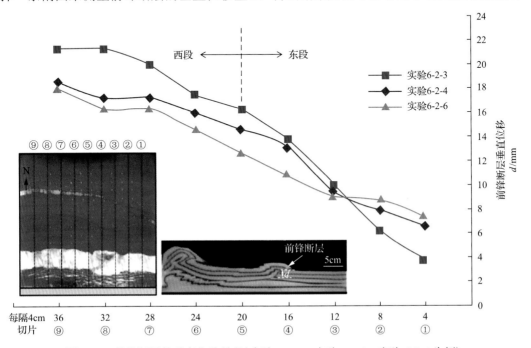

图 6-29　前锋断层的垂直位移量(以实验 6-2-3、实验 6-2-4、实验 6-2-6 为例)

断层垂直位移量明显比东段的位移量大，因此西侧的前锋断层会将其上盘的物质抬升得更高，这就导致前锋断裂垂直位移量更小的东段在上覆盖层的沉积下，更容易被覆盖，导致其隐伏于地下。本节的模拟实验认为，乌泊尔断裂西段受其西北缘乌拉根古隆起的影响优先发育，然后随着构造缩短量的增加逐步向东扩展撕裂，乌泊尔断裂东西两侧运动学过程的不一致性导致了西段的前锋断层位移量较东段大，导致地势上西段抬升得比东段高，东段容易被第四系覆盖隐伏于地下。

塔西南冲断构造物理模拟研究表明，同沉积作用对褶皱-冲断带的变形具有重要的控制作用，同沉积尖灭点的位置是冲断带前锋断层发育的有利位置，导致褶皱-冲断带长距离、快速向前陆盆地方向扩展。同沉积的厚度对下伏的脆性滑脱层(如泥岩等)的滑脱性具有重要影响，在薄层同沉积或没有同沉积的情况下，层间的一套脆性滑脱层不易起到良好的滑脱效果，表现为滑脱层被逆冲断层所切穿，滑脱层上下的构造层协调变形；而在厚层同沉积情况下，会促使脆性滑脱层产生良好的滑脱效果，使滑脱层上下的构造层变形不协调。通过物理模拟表明，柯东-克亚地区厚层的新近系同沉积地层控制了该地区的构造变形。厚层的同沉积促使古近系阿尔塔什组膏泥岩产生良好的滑脱效果，抑制了深部断层向地表的突破，在深部形成了双重构造，并使变形前锋远距离向前陆方向扩展，形成了捷得背斜。

冲断褶皱带中，早期的古隆起会对后期构造变形产生非常重要的控制作用，韧性滑脱层(野外如盐岩、石膏等)之下的古隆起位置是前锋突破性断层优先发育的有利位置。同时古隆起在盆地内部的分布范围对冲断带的变形有重要的影响，在挤压变形中往往在有古隆起分布的一侧优先发育前锋断层，然后前锋断层向没有发育古隆起的一侧扩展撕裂，从而在地表形成一个弧形的冲断前锋。通过模拟实验表明，塔西南乌泊尔构造带西北缘的乌拉根古隆起对该构造带的变形产生了非常关键的控制作用。由于乌拉根古隆起的存在，在后续挤压的变形过程中导致在古隆起的部位优先发育了突破性前锋断层，然后向东侧逐步扩展撕裂，导致了乌泊尔断裂在地表呈弧形展布，且西段为强显露型，东段为隐伏型。

第七章　复杂边界和动力条件构造物理模拟

我国中西部山前冲断带基本上位于环青藏高原盆山体系内，现今盆地边缘的冲断构造基本上形成于晚新生代以来的快速挤压构造作用之下(贾承造等，2013)。晚新生代之前一直发育的古造山带再次活动，构成冲断带主要挤压动力来源，而且不同的冲断带具有明显差异的构造边界条件和先存构造地貌结构。同时，在不同的大地构造位置上，构造挤压强度和缩短速率有明显差异，而且在中西部前陆冲断带，通常发育多套滑脱层系，例如，川西地区的下寒武统页岩和中下三叠统膏盐岩、库车地区的基底滑脱层和古近系盐岩、准南地区的下白垩统和古近系泥岩等。因此，本节主要总结了部分复杂滑脱层和边界组合构造物理模拟实验模型，研究包括地形坡度、变形速率、力学边界条件及滑脱层分布和组合等差异边界或动力条件下的冲断构造变形过程和结构特征。

第一节　楔形地貌构造物理模拟

我国中西部晚新生代陆内再生前陆冲断带发育之前经历多阶段的构造演化过程，具有明显差异的初始构造和地貌形态，而山前地区的初始地形由后陆向前陆地区通常呈楔形地貌。为了解初始楔形地貌对冲断带构造演化过程的影响，本节设计了多组模拟实验来研究不同地貌高差对应的冲断构造发育过程及变形分布规律。

一、实验参数与初始模型

1. 实验材料

实验模拟材料主要有两种：松散石英砂和玻璃微珠，分别用以模拟上地壳脆性地层和基底滑脱层。松散石英砂粒径为 200~400μm，其抗张强度接近零，变形特性遵循莫尔-库仑破裂准则，破裂内摩擦角为 25°~30°，非常接近地壳浅部沉积地层的脆性变形行为，从而成为模拟脆性岩石构造变形的理想材料。玻璃微珠粒径为 400~500μm，由于其完美的球形外形，易发生相互滑动且可以在较小的差异应力下变形，适合作为模拟自然界具有滑脱作用的基底。

2. 实验设计

共设计了四个物理模拟实验模型(图 7-1)，均在水平放置的沙箱中完成。模型底部铺设了约 3mm 厚的玻璃微珠，上覆 2.7cm 石英砂层。在靠近推板附近设置一段 14.7cm 的斜坡地形代表冲断构造发育之前的初始地形特征。实验过程中，每一个实验模型只改变初始地形高差参数(h_r)，验证单一变量因素的影响。四个实验的地形高差(h_r)分别设置为 0cm、1.6cm、3.2cm 和 5cm。

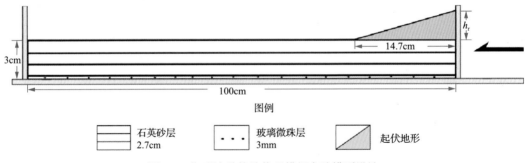

图 7-1　楔形地貌构造物理模拟实验模型设计

3. 模型比例

几何学相似表现在模型和原型之间的长度比例统一为 $l_m/l_n = 5 \times 10^{-6}$（下标 m 和 n 分别代表模型和原型，下同），即模型中 1cm 代表自然界中的 2km。

在物理模拟实验中，模型中使用的模拟材料属性参数（密度、聚合强度、摩擦系数和流变特性等）与原型中地层岩性能够保持一定的相似比，那么模型与原型之间的动力学相似就能够达到（Weijermars，1986；Vendeville and Calvez，1995；Koyi，1997；Withjack and Callaway，2000）。实验材料石英砂和玻璃微珠与上地壳脆性岩石具有天然的动力学相似（Beelyer，1937）。同时，由于脆性变形不涉及时间，故无运动学相似限制。

二、实验模型与模拟结果

1. 无初始楔形地貌（实验 7-1-1）

实验 7-1-1 中没有设置初始地形起伏[图 7-2(a)]。其模拟的挤压冲断构造发育过程可以分为两个阶段：第一个阶段以近挤压端的密集小断层发育并叠置增厚为主要特征[图 7-2(b)]；第二个阶段以断层 F_1 出现为起始，为冲断变形快速向前缘传播的阶段。随着挤压位移增大，断层依次向前发育[图 7-2(c)～(f)]。当缩短量达到 40cm，实验截止，前展式发育了五条前冲断层，整个模型表面具有明显的楔形结构[图 7-2(f)]。

冲断构造带随着变形的进行，会发生垂向上的构造增厚和纵向上的变形带扩展，图 7-3 展示了实验模型中楔体厚度、变形带宽度及冲断楔内部各断层的滑移量等运动学特征。图 7-3(a)展示了实验 7-1-1 中最大高度的变化过程，表明实验模型持续增厚，从初始的 3cm 增厚至 10.3cm，累计增厚 7.3cm，但增厚的速率却表现出随缩短量增加而逐渐减少的趋势，相似的情况也发生在冲断带宽度扩展上[图 7-3(b)]。通过第二阶段的四条断层（F_2～F_5）滑移量的测量和统计，发现每条断层的滑移量具有阶段性，一个滑移量不断增长的阶段和一个稳定的阶段。新断裂的产生总是在前一个断裂进入稳定阶段后，反映了逆冲断层的前展式和发育过程，而且越前缘的断层最终滑移量越大，实验 7-1-1 中 F_2 记录了 60cm 的滑移量，而 F_3 和 F_4 则分别是 70cm 和 90cm[图 7-3(c)]。

2. 低角度楔形地貌（实验 7-1-2）

实验 7-1-2 设计了一个较小高差的初始地形起伏（$h_r = 1.6$cm）[图 7-4(a)]。实验过程可以分为两个阶段：第一个阶段 F_1 及密集的反冲断层发育并增厚为主要特征[图 7-4(b)]；

第二个阶段以 F_2 出现为起始，为变形快速向前缘传播的阶段。随挤压位移增加，断层前展式发育[图 7-4(c)～(f)]，到实验结束，缩短量达到 45cm，共产生五条前冲断层，模型表面同样具有明显的楔形结构[图 7-4(f)]。

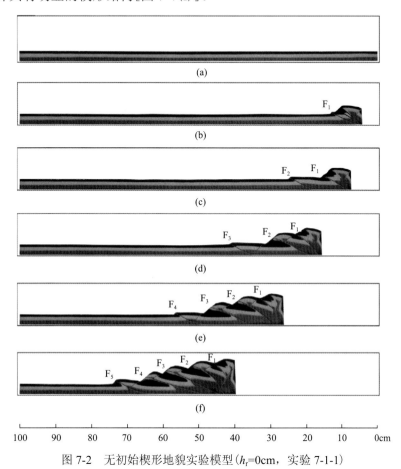

图 7-2 无初始楔形地貌实验模型（h_r=0cm，实验 7-1-1）

红色为前冲断层；蓝色为反冲断层；F_1～F_5 为断层编号和发育次序；t 为实验时间

(a)t=0min；(b)t=19min；(c)t=32min；(d)t=67min；(e)t=111min；(f)t=166min

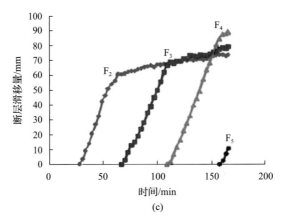

(c)

图 7-3　实验 7-1-1 运动学曲线

(a)冲断楔体最大高度曲线；(b)变形带宽度曲线；(c)各断层记录的滑移量

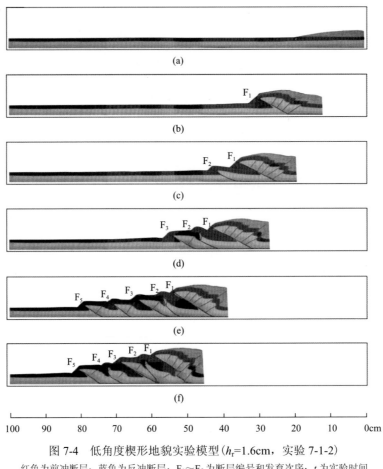

图 7-4　低角度楔形地貌实验模型（h_r=1.6cm，实验 7-1-2）

红色为前冲断层；蓝色为反冲断层；F_1～F_5 为断层编号和发育次序；t 为实验时间

(a)t=0min；(b)t=49min；(c)t=81min；(d)t=113min；(e)t=161min；(f)t=189min

实验 7-1-2 的运动学过程与实验 7-1-1 有着明显的差异(图 7-5)，具有较低的地层增厚和较宽的变形带。尽管实验 7-1-2 继承了 h_r=1.6cm 的初始地形，但是最终缩短量达到 40cm 后，冲断带最大高度才达到 8.5cm，远小于实验 7-1-1 的 10.3cm。但实验 7-1-2 冲断带宽度达到 43cm[缩短量为 40cm 时，密度为 43cm，参见图 7-4(e)]，大于实验 7-1-1 的 36cm。同时，实验 7-1-2 内部的断层活动更为复杂。初始地形边界发育的断层 F_1 记录了大约 9cm 的滑移量。其后的 F_2 仅滑移了 3cm。F_3 是另一条长时间活动的断层，滑移量达 8cm，并经历了活动—静止—再活动过程，再活动的时间分别对应于 F_4 与 F_5 发育期间（图 7-5），而且 F_4 和 F_5 的滑移量均不大（3~4cm）。

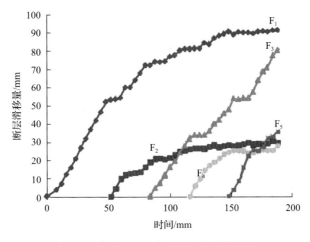

图 7-5　实验 7-1-2 中断层记录的滑移量

3. 中等角度楔形地貌（h_r=3.2cm，实验 7-1-3）

实验 7-1-3 的变形过程也可以分为两个阶段：第一个阶段以 F_1 和 F_2 产生及叠置增厚为特征[图 7-6(a)、(b)]；第二个阶段以 F_2 出现为起始，为变形快速向前缘传播的阶段，六条断层向前缘依次发育[图 7-6(c)~(f)]。模型顶面最终形态与之前的模型有所差异，由近挤压段的平顶段和前缘的斜坡段构成[图 7-6(f)]。当最终缩短量达到 45cm，冲断带最大高度达 8.9cm[图 7-7(a)]，最终宽度也达 45cm[图 7-7(b)]，与实验 7-1-2 结果基本一致。

实验 7-1-3 中地层增厚过程呈台阶状（图 7-7），说明模型垂向生长不是连续的，而是阶段性发育。同时，构造生长过程中断裂活动也具有一定的无序性，例如，断层 F_2 和 F_4 都经历了活动—静止—再活动过程[图 7-7(c)]，应该反映了冲断构造为满足临界楔条件而产生的自适应和调整过程。不同于实验 7-1-2，实验 7-1-3 中 F_2 是活动时间最长和滑移量（12.5cm）最大的一条断层，早期形成的 F_1 后期稳定静止，但其上盘在演化过程中发育了多个反冲断层，调整模型厚度以适应挤压位移向前缘传播的力学条件，从而形成了特殊的两段式地表地形。

4. 高角度楔形地貌（h_r=5cm，实验 7-1-4）

实验 7-1-4 演化过程也包括两个阶段：第一个阶段发育断层 F_1 及上盘多个小规模反冲断层[图 7-8(a)、(b)]；第二个阶段以断层 F_2 出现为起始，标志进入变形快速向前传播的阶段。随缩短量增加,断层依次向前发育[图 7-8(c)～(f)],直到实验结束,缩短量达到 40cm,产生六条前冲断层[图 7-8(f)]。实验 7-1-4 整体运动学特征与实验 7-1-3 相似,构造增厚曲线也呈台阶状,构造生长过程中的断裂活动也具有一定的无序性和滑移量的不均衡性(图 7-9)。

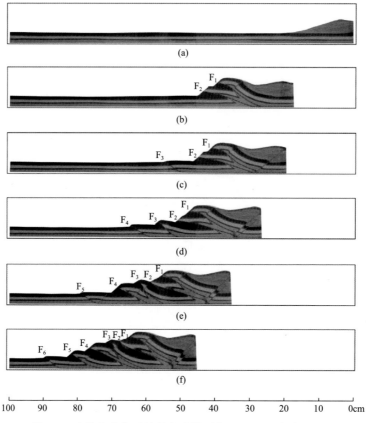

图 7-6　中等角度楔形地貌实验模型(h_r=3.2cm,实验 7-1-3)

红色为前冲断层;蓝色为反冲断层;F_1～F_6 为断层编号和发育次序;t 为实验时间。

(a) t=0min;　(b) t=74min;　(c) t=83min;　(d) t=112min;　(e) t=148min;　(f) t=189min

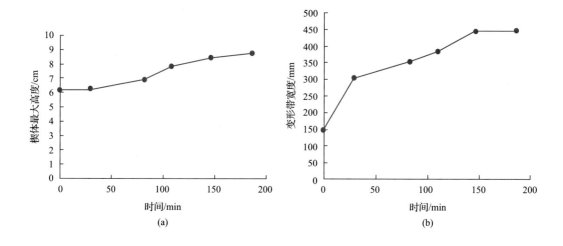

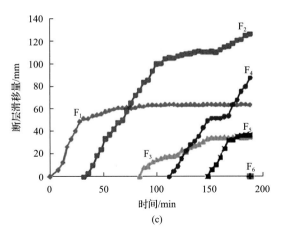

(c)

图 7-7 实验 7-1-3 运动学曲线

(a)冲断楔体最大高度曲线；(b)变形带宽度曲线；(c)各断层记录的滑移量

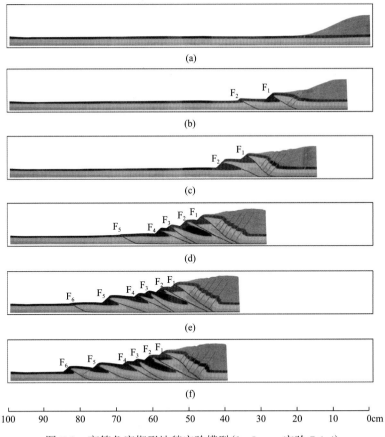

图 7-8 高等角度楔形地貌实验模型(h_r=5cm，实验 7-1-4)

红色为前冲断层；蓝色为反冲断层；$F_1 \sim F_6$ 为断层编号和发育次序；t 为实验时间

(a)t=0min；(b)t=29min；(c)t=65min；(d)t=123min；(e)t=154min；(f)t=169min

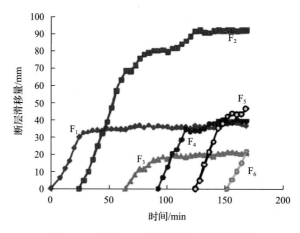

图 7-9 实验 7-1-4 各断层记录的滑移量

三、实验结果与地质意义

通过不同初始楔形地貌(地表起伏)模拟实验分析了冲断褶皱构造的发育过程。整体来看，具有临界楔机制的冲断构造增生过程，规模的断层和褶皱呈前展式发育，各模型在前缘斜坡段具有增生临界角。初始楔形地貌结构的存在主要影响了冲断临界楔的形成过程及其控制下的位移传播过程，使其在地形演化和断层运动方面有差异。

从地形演化角度来看，实验 7-1-1、实验 7-1-2 和实验 7-1-4 最终模型均获得了一个整体呈斜坡结构的地形；而实验 7-1-3 结果的地表形态呈分段，包括近推板的平顶高地和其前缘斜坡带。这种地表地形的差异，反映了冲断带后缘地区初始地貌高差和对于滑脱位移向前传播的制约作用，决定了冲断构造的空间结构和分布位置。

从模型垂向增厚和扩展宽度来看，初始地形的存在使垂向增长的厚度明显减少[图 7-3(a)和图 7-7(a)]，而且增厚过程也有明显差异，具有较大高差地貌的模型具有阶段性增长特征。模型的变形带宽度曲线证明，初始地形越大，最终变形带的宽度也越大，实际上反映了楔形地貌的存在使冲断构造远距离传播。因此，冲断带走向上的初始地形差异对冲断构造演化、断层活动过程及分布具有一定的影响，使断层和褶皱构造在平面空间内呈分段性特征，同一构造段内的断层和褶皱在形成时间上可能具有差异性。

第二节 双滑脱层组合挤压构造物理模拟

一、实验参数与初始模型

褶皱冲断带中常见的滑脱层有泥岩、页岩、煤层，以及盐岩和膏盐岩等，因其流变性质的差异，在进行物理模拟时需采用不同的材料进行模拟。实验中，通常用玻璃微珠来模拟泥岩、页岩和煤层这类相对不易滑动的强滑脱层(Cotton and Koyi，2000；Massoli et al.，2006)，用硅胶模拟盐岩和膏盐岩这类易滑动的弱滑脱层(weak decollement)(Costa and Vendeville，2002；Bonini，2007)。实验中主要用到了三种材料，即干燥石英砂、玻璃微珠和硅胶。石英砂和玻璃微珠的变形遵循莫尔-库仑破裂准则，具有较小的内聚强度，石英砂内摩擦角约 30°；玻璃微珠较弱，内摩擦角约 25°，都是物理模拟实验中模拟地壳变形的理想材料。实验中所用硅胶为牛顿流体，黏度系数为 $1 \times 10^4 \mathrm{Pa \cdot s}$，是模拟岩盐层、膏岩层等软弱滑脱层的理想材料。本节通过模拟实验分析不同滑脱层及其组合在同一冲断体系中的作用及其对结构构造的影响，为自然界中多滑脱组合下的结构构造解释提供实验模型依据。

1. 实验模型相似性比例

实验模型与自然界原型之间相似性的确定，是通过模拟实验来探讨地质问题的前提（表 7-1）。物理模拟实验的相似性主要是几何学、运动学和动力学三个方面的相似（Hubbert，1937；Cotton and Koyi，2000；Costa and Vendeville，2002；Bonini，2007）。

表 7-1 材料物理性质及模型比例化参数

物理量	模型	自然界	比例
长度	0.01m	4000m	2.5×10^{-6}
脆性层密度 ρ_b	1294kg/m³	2400kg/m³	0.54
塑性层密度 ρ_d	987kg/m³	2200kg/m³	0.45
重力加速度 g	9.81m/s²	9.81m/s²	1
应力 σ			1.25×10^{-6}
黏度 η	$1 \times 10^4 \mathrm{Pa \cdot s}$	$1 \times 10^{19} \mathrm{Pa \cdot s}$	1×10^{-15}
应变速率 ε			1.25×10^9
时间 t	1h	0.14Ma	8×10^{-10}
缩短速率 ν	0.0015mm/s	15mm/a	3.125×10^3

本节实验中，模型与自然界原型的长度相似比 $L^* = 2.5 \times 10^{-6}$（即实验中 1cm 代表自然界 4km），即实验模型代表了基底滑脱层在 18km 深度（脆韧性转换带）的褶皱冲断带。根据 Hubbert（1937）最早提出的相似理论，动力学应力相似比应表示为

$$\sigma^* = \rho^* g^* L^*$$

式中，ρ^* 为密度相似比；g^* 为重力加速度相似比。实验中所用材料与自然界岩石的密度相似比 $\rho^* \approx 0.5$，实验在正常重力加速度场中进行，所以重力加速度相似比 $g^* = 1$。因此，模型与自然界原型的应力相似比 $\sigma^* = 1.25 \times 10^{-6}$。设自然界滑脱层黏度系数为 $1 \times 10^{19} \mathrm{Pa \cdot s}$（Cotton and Koyi，2000；Leturmy et al.，2000；Couzens-Schultz et al.，2003；Bonini，2007），那么模型与自然界原型的黏度系数相似比 $\eta^* = 1 \times 10^{-15}$，因此，模型与原型之间的应变速率相似比为

$$\varepsilon^* = \sigma^* / \eta^* = 1.25 \times 10^9$$

时间相似比是应变速率相似比的倒数，所以时间相似比 $t^* = 8 \times 10^{-10}$，即实验中的 1h（小时）代表了自然界的 0.14Ma。四组实验挤压过程都分别用时近 28h，代表了自然界中的 3.92Ma。实验模型与自然界原型的缩短速率相似比为

$$v^*=\varepsilon^*L^*=3.125\times10^3$$

因此，实验中推挤速率 0.0015mm/s 就代表了自然界缩短速率为 15mm/a。

2. 模型设计与实验过程

实验模拟的褶皱冲断带中具有两套滑脱层，即基底滑脱层和浅部滑脱层，实验一共有四个模型(图 7-10)。四个模型的初始尺寸均为 600mm 长、400mm 宽、45mm 厚，动力来源为单侧挤压，挤压缩短量(S)为 150mm，缩短速率(v)为 0.0015mm/s。它们的区别主要在于滑脱层的设置：实验 7-2-1 中两套滑脱层均为贯穿整个模型的强滑脱层，实验中均用玻璃微珠模拟；实验 7-2-2 中两套滑脱层均为贯穿整个模型的弱滑脱层，实验中均用硅胶模拟；实验 7-2-3 和实验 7-2-4 中，基底滑脱层为强滑脱层(用玻璃微珠模拟)和弱滑脱层(用硅胶模拟)，而浅部的滑脱层则是由左侧一段强滑脱层(用玻璃微珠模拟)和右侧一段弱滑脱层(用硅胶模拟)组成。滑脱层以外的其余部分，全部用干燥石英砂模拟，为了方便观察模型的变形情况，用红色和绿色的石英砂作为标志层，浅部滑脱层上下使用不同颜色的标志层(图 7-11～图 7-14)。不同颜色石英砂的力学性质是一致的。实验过程中，每隔 5min 对模型顶面和侧面拍摄照片，记录模型顶面和侧面的构造演化过程。

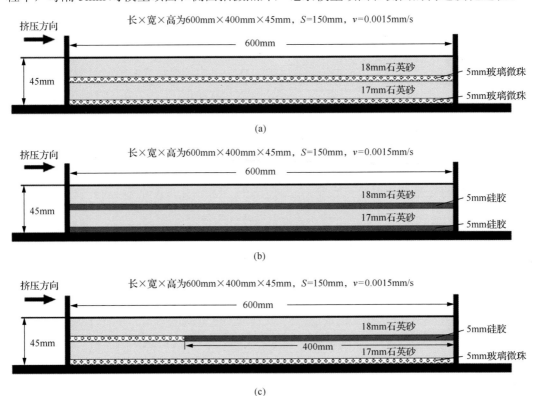

图 7-10 模型设计图

(a)实验 7-2-1；(b)实验 7-2-2；(c)实验 7-2-3 和实验 7-2-4

二、实验模拟与结构模型

1. 强滑脱层组合模型(实验 7-2-1)

实验 7-2-1 中,基底滑脱层和浅部滑脱层均为强滑脱层,实验结果显示,从挤压端向前依次形成了三个逆冲断层,断层均发育自基底滑脱层,浅部滑脱层上下的构造是同步变形的(图 7-11)。以逆冲断层 F_1、F_2、F_3 的发育为界限,整个实验模型的演化过程可以分为四个阶段:第一阶段,挤压缩短量为 $0\sim21.5$mm,靠近挤压端的位置形成一个箱状褶皱,F_1 开始形成,与 F_1 对称的反冲褶皱下盘可以视为是一个不变形的挤入体;第二阶段,挤压缩短量为 $21.5\sim64.5$mm,变形以沿 F_1 的逆冲为主,至 F_2 开始形成;第三阶段,挤压缩短量为 $64.5\sim86.0$mm,变形以沿 F_2 的逆冲为主,至 F_3 开始形成;第四阶段,挤压缩短量为 $86.0\sim150.0$mm,变形以沿 F_3 的逆冲为主,F_1 和 F_2 发生旋转,倾角变大,同时还受到与 F_3 对称的反冲断层的影响而被轻微改造。总的来说,构造变形演化过程可以称为背驮式或前展式序列。

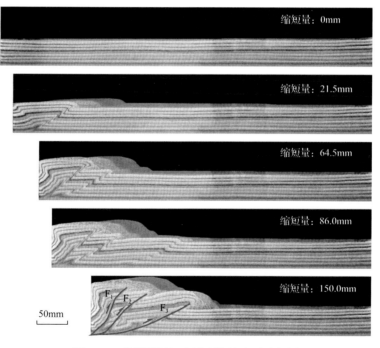

图 7-11 强滑脱层组合模型构造变形过程图

2. 弱滑脱层组合模型(实验 7-2-2)

实验 7-2-2 中,两套滑脱层均为弱滑脱层,实验结果显示,从挤压端向前乱序地产生了几个褶皱冲断构造,浅部滑脱层上下的构造表现出了明显的差异,说明浅部滑脱层发生滑脱作用,造成塑性层(硅胶)上下的构造不同步,塑性层上的变形传递较远,进入前陆盆地内部，形成了一个较小的薄皮褶皱(图 7-12)。挤压缩短量为 21.5mm 时，浅部滑脱层上下同时形成一个构造 U_1 和 D_1。随后，变形向前传递，至挤压缩短量为 86mm 时，又发育了 U_2 和 D_2。之后变形集中的位置后撤，挤压缩短量为 107.5mm 时，在前两个构造之间发育了冲断 D_3，浅部滑脱层之下的构造变形较为明显，而浅部滑脱层之上的变形较弱。最后，变形沿着浅部滑脱层向前陆方向传递较远(约 30cm)，形成箱状褶皱 U_3，而下部几乎没有变形，上下层构造变形发生了明显的解耦。

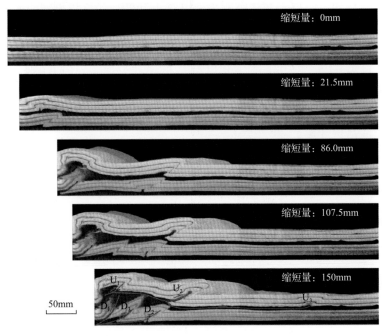

图 7-12　弱滑脱层组合模型构造变形过程图

3. 底部为强滑脱层的复杂滑脱层组合模型(实验 7-2-3)

实验 7-2-3 中，基底滑脱层为强滑脱层，浅部滑脱层左段为强滑脱层，右段为弱滑脱层，实验结果显示，上下均为强滑脱层(玻璃微珠)的左段只发生基底滑脱，浅部滑脱层上下同步变形；而在浅部滑脱层为弱滑脱层(硅胶)的右段，塑性层上下构造发生解耦，运动主要发生在塑性层之上(图 7-13)。整体演化特征综合了实验 7-2-1 和实验 7-2-2 的特点，挤压缩短量从 0～65mm 的过程中，依次形成了逆冲断层 F_1 和 F_2，随后变形向前传递，进入浅部滑脱层为塑性层的地方，在塑性层上下同时形成了反冲构造 U_1 和逆冲 F_3，之后变形集中的位置后撤，形成了逆冲断层 F_4。最后阶段，变形沿塑性层向前传递，在塑性层上形成逆冲构造 U_2，而塑性层之下几乎没有变形。整个过程中，逆冲断层 F_4 是唯一的乱序构造。

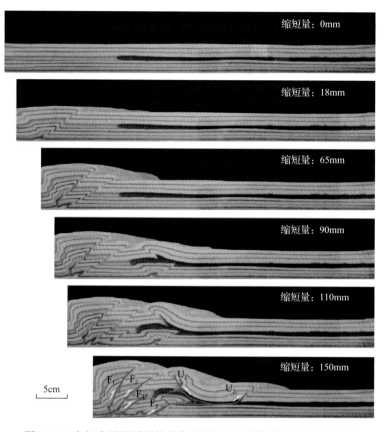

图 7-13　底部为强滑脱层的复杂滑脱层组合模型构造变形过程图

4. 底部为弱滑脱层的复杂滑脱层组合模型(实验 7-2-4)

实验 7-2-4 与实验 7-2-3 中主体结构基本一致，只是将基底滑脱层变为弱滑脱层，浅部滑脱层左段为强滑脱层，右段为弱滑脱层。实验结果显示，上部为强滑脱层(玻璃微珠)和底部为弱滑脱层的左段同样只发生基底滑脱，浅部滑脱层上下同步变形；而在浅部滑脱层为弱滑脱层(硅胶)的右段，塑性层上下构造发生解耦，运动主要发生在塑性层之上(图 7-14)。在挤压缩短量为 18mm 时，形成箱状褶皱，随后主要沿 F_1 逆冲。与实验 7-2-3 一样，至挤压缩短量为 90mm 时，变形向前传递至浅部滑脱层为塑性层的位置，同时形成 U_1 和 F_2。不同的是，实验 7-2-4 中少一条逆冲断层(实验 7-2-3 中的 F_2)。至挤压缩短量为 125mm 过程中，变形集中的位置后撤，但实验 7-2-4 中并没有发育实验 7-2-3 中的逆冲构造(实验 7-2-3 中 F_4)，而是发育一系列与 F_2 对称的反冲构造(如 BT)。最后阶段变形演化与实验 7-2-3 一致，变形沿塑性层向前传递较远，形成逆冲褶皱 U_2，而塑性层下部几乎没有变形，发生明显解耦。

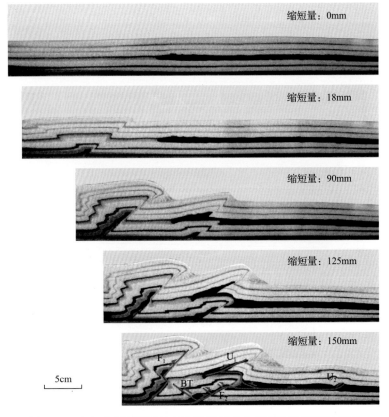

图 7-14　底部为弱滑脱层的复杂滑脱层组合模型构造变形过程图

三、实验结果与地质意义

在褶皱冲断构造物理模拟实验研究中，设置两套滑脱层（基底滑脱层和浅部滑脱层）的并不多。Massoli 等（2006）和刘玉萍等（2008）在其实验模型中均设置了两套弱滑脱层来模拟褶皱冲断带的发育过程，研究结果都强调了基底滑脱层对褶皱冲断带的整体构造样式起决定作用，与本节实验 7-2-1 结论一致（图 7-15）。Couzens-Schultz 等（2003）设置了两套弱滑脱层的实验模型，研究发现挤压缩短速率和滑脱层与上覆下伏地层的相对强度对构造具有控制作用。虽然本节的实验 7-2-2 也设置了两套弱滑脱层，但因为本节只讨论滑脱层的性质和组合不同对构造的影响，所以不能简单地将实验结果与之进行比较。此外，Leturmy 等（2000）在研究玻利维亚 Subandean 褶皱冲断带时，模拟了造山带内的两套滑脱层，基底为强滑脱层，浅部为弱滑脱层，模型设置与本节实验 7-2-3 比较相似。但在他们的研究中，着重强调了剥蚀和沉积作用对褶皱冲断带带几何学和运动学演化过程的影响，指出剥蚀作用促进了构造分层，如被动顶板双重构造的发育。但是，Bonini（2007）利用物理模拟实验研究影响褶皱冲断带构造样式的潜在因素时，其中一组没有剥蚀作用的实验也发育被动顶板双重构造，他推测其原因正是没有剥蚀作用。而本节实验 7-2-3 和实验 7-2-4 中，在没有进行剥蚀作用的情况下，同样也发育了被动顶板双重构造（如图 7-15，实验 7-2-3 中的构造 3），这就说明剥蚀作用并不是促进其发育的因素，但根据上述实验结果也无法确定其成因，推测其与基底强滑脱层、浅部弱滑脱层这种组合设置有关。

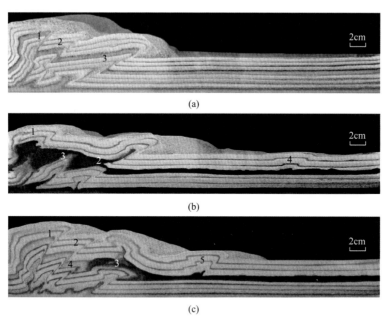

图 7-15　不同滑脱层组合实验结果几何学形态对比图

(a)～(c)分别为实验 7-2-1～实验 7-2-3。1～5 表示冲断褶皱构造形成的先后顺序

　　关于滑脱层性质对褶皱冲断带构造演化的影响，前人研究指出，在弱滑脱层上的演化过程和在强滑脱层上的演化过程明显不同（Cotton and Koyi，2000；Costa and Vendeville，2002），这种不同主要存在于三个方面：①随着挤压作用的增加，在强滑脱层上褶皱和断层是从腹陆向前陆依次向前的前列式展布，而在弱强滑脱层上则是乱序式展布；②通过实验中褶皱形成的演化过程和褶皱冲断带前缘发育的位置可以发现，在弱滑脱层上的变形比在强滑脱层上的变形传递得更快更远；③在强滑脱层上发育的褶皱冲断带比在弱滑脱层上发育的地势更陡（也就是地表楔角更大）。这都是从单层滑脱层模型上得到的认识，本节中的双滑脱层实验实际上也得到了类似的认识：实验 7-2-1 两套滑脱层均为强滑脱层，构造发育为前展式；实验 7-2-2 两套滑脱层均为弱滑脱层，构造发育为乱序式，但实验 7-2-2 的变形明显传递得更远（图 7-15）。另一方面，还可以看到实验 7-2-1 浅层强滑脱层上下的构造基本是同步的，浅层基本没有滑脱效果；而实验 7-2-2 浅部弱滑脱层上下的冲断构造明显不同步。因此，可以认为浅部滑脱层的性质控制着该滑脱层上下构造的同步性。实验 7-2-3 左段的同步与右段的不同步验证了这一观点。

　　通过四个模型实验结果的比较，可以得到如下认识：基底滑脱层对褶皱冲断带整体的构造样式有显著的控制作用，而浅部的局部构造则是由浅部滑脱层的性质决定的。当浅部滑脱层为强滑脱层时，深部和浅部的构造没有明显的差异；当浅部滑脱层为弱滑脱层时，该塑性层上下的构造变形明显不同步。利用这种认识，可以更好地理解双滑脱层体系的褶皱冲断构造特征。

第三节　差异缩短速率挤压构造物理模拟

本节主要开展物理模拟实验模拟研究构造缩短速率对双滑脱挤压冲断构造结构和演化过程的影响和作用。

一、实验参数与初始模型

1. 实验材料与模型设计

在本次实验模拟过程中，模型实验使用松散石英砂和聚酯硅胶（PDMS）［如 Koyi 和 Cotton（2000）］分别模拟脆性沉积地层和塑性盐岩层及基底滑动面，它们的属性参数如表 7-2 所示。实验依然采用干燥石英砂模拟上地壳脆性地层，其破裂特征非常接近地壳浅部沉积地层的脆性断层发育（Byerlee，1978）。松散石英砂粒径为 200～400μm，其抗张强度接近为零，变形特性遵循莫尔-库仑破裂准则，破裂内摩擦角约20°，内聚力约50Pa，近于无内聚力。而不同黏度的聚酯硅胶则用来模拟深层基底滑脱及浅层富膏盐岩地层。对应基底所采用的硅胶黏度为 $5×10^4Pa·s$，膏盐层由其常温下有效黏度为 $0.6×10^4Pa·s$ 的硅胶来模拟。几何学相似表现在模型和原型之间的长度比例统一为 $l_m/l_n = 1×10^{-5}$（书中下标 m 和 n 分别代表模型和原型，下同），即模型中 1cm 代表自然界中 1km。

表 7-2　实验材料详细参数

参数	自然界(n)	模型(m)	比例因子(m/n)
长度 l	1000m	1cm	10^{-5}
重力加速度 g	9.81m/s²	9.81m/s²	1
密度 ρ	2400kg/m³	1400kg/m³	0.6
黏度 η	$1×10^{19}Pa·s$	$5×10^4Pa·s$	$5×10^{-15}$
缩短速率 v	5cm/a	7.2cm/h	$1.2×10^4$
时间 t	0.14Ma	1h	$8×10^{-11}$

2. 初始模型与实验过程

为了研究楔形构造地貌对双滑脱体系冲断构造结构和演化过程的影响，设计了两个系列共七个物理模拟实验模型，具体模型参数可参见表 7-3。模拟实验均在水平放置的沙箱中完成，分别采用四种不同的缩短速率进行挤压，研究多套滑脱层在不同速率挤压下的力学响应。同时为了比较底部滑脱面性质，还进行了一组脆性底部的滑脱实验（实验7-3-3）。其实验设置与其他模型一致，只是底部硅胶层由等量石英砂层替代。实验过程中，每一个实验模型只考虑一个变量因素，以便验证单一变量因素对实验的影响，保证实验结果的可信。通常情况下，造山带与前陆地区往往存在着明显的构造地貌高差，整体上由盆地向造山带表现为地表的楔形地貌，因此在模型推挤侧预置一个先存的构造楔体代表逆冲推覆体（图 7-16）。

实验挤压过程中模型左端挡板固定不动，右端挡板则在步进马达的推动下以恒定的速度向左移动。整个实验过程中，每隔 5min 对模型顶面和侧面拍摄照片，记录模型顶面上和侧面上的构造演化过程。实验结束后先在模型的顶面撒上保护砂层，然后对模型喷水将其浸湿，最后对模型切剖面以观察其内部的构造形态。

表 7-3　模型设计参数

	实验	模型大小(长×宽)/cm	模型缩短速率/(cm/h)	自然界缩短速率/(mm/a)	缩短量/cm
系列 1	实验 7-3-1	70×30	7.20	50	15.5
	实验 7-3-2	100×30	0.72	5	20.0
	实验 7-3-3	100×30	7.20	50	17.5
系列 2	实验 7-3-4	100×30	0.72	5	17.5
	实验 7-3-5	100×30	1.44	10	17.5
	实验 7-3-6	100×30	3.60	25	17.5
	实验 7-3-7	100×30	7.20	50	17.5

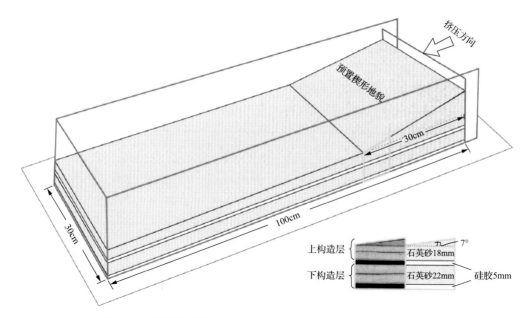

图 7-16　预置楔形构造地貌的双滑脱物理模拟实验设计初始模型

二、实验模拟与结构模型

1. 端元缩短速率和滑脱层组合系列实验(系列 1)

系列 1 模拟的缩短速率分别为 50mm/a 和 5mm/a，分别代表汇聚板块边缘和陆内造山挤压变形的速率。同时改变底部滑脱层性质，模拟不同滑脱层组合叠加楔形地貌条件下的构造结构和演化过程。

1)实验 7-3-1

实验 7-3-1 长 70cm，模拟实际剖面长度 70km。基底用红色和白色石英砂铺设，厚度 2.2cm，模拟实际基底厚度 2.2km；盐层用无色透明硅胶进行模拟，厚度 5mm，模拟实际厚度 500m；盐上地层用白色、蓝色和红色石英砂进行模拟，总厚度 1.8cm，模拟实际地层厚度 1.8km。先存楔体由白色石英为主，以蓝色石英砂为标识层[图 7-17(a)]，便于观察变形。不同颜色石英砂之间物性完全相同。

实验时，实验左端固定，右端（移动端）活塞在微机控制的马达驱动下往左移动，模拟构造挤压。挤压速度为 7.2cm/h。在挤压的同时，每隔 10min 在顶面和侧面同时拍摄一张照片。实验 7-3-1 总挤压量为 15.5cm，模拟实际挤压量 15.5km。实验结束后覆盖一层黄色河沙保护模型，然后用水缓慢浇湿，最后切割模型以观察几何学特征。

图 7-17 显示了实验 7-3-1 的演化过程。由图可知，下构造层的构造样式表现为强烈的双重叠瓦状构造，在 15.5cm 的挤压量下，共发育了三片叠置的岩片，造成近挤压端的强烈增厚，形成高陡地形。并且于地形最高点出现了一系列垂直挤压方向的正断层体系[图 7-18(a)]。覆盖范围比较局限，断裂深度也很浅，未向下穿透中部滑脱层[图 7-18(c)]。同时在前陆方向发育有两个形态对称的箱装背斜，来调节上下构造层之间的构造差异。在模型中，上下滑脱层所体现出来的作用迥异，中部滑脱层则将上构造层的变形远距离传递至前缘地区；而下滑脱层远距离滑脱效果不明显，控制了近挤压端的底部双重构造。持续的挤压使底部双重构造内的断层切穿中部滑脱层和浅构造层，直接传到地表（图 7-18）。图 7-18(b)为实验 7-3-1 的一条典型切面，该剖面距离侧边玻璃挡板 15cm，其形态与侧边观察所得一致。这一过程也反映了浅构造层的存在制约了深层构造远距离的发育，而山前楔形构造地貌的存在有利于浅构造层在远端发生变形。

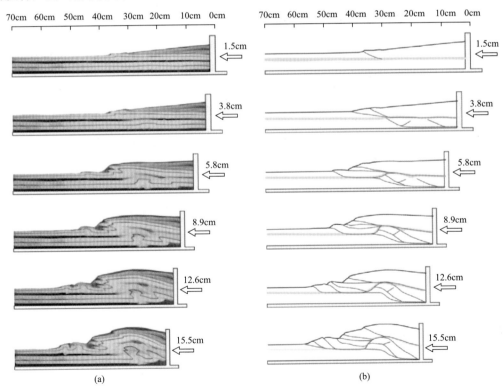

图 7-17 实验 7-3-1 构造演化过程

(a)阶段模拟图像，上构造层为绿色、白色石英砂层标识，下上构造层由红色、白色石英砂层标识；

(b)模型解释线图，黄色代表中部膏盐层；红色为活动的断裂或滑脱体系

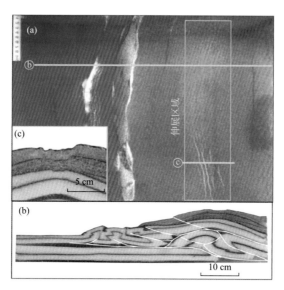

图 7-18 实验 7-3-1 模拟实验结果

(a)实验 7-3-1 最终表面形态；(b)典型剖面；(c)近地表拉张变形

2）实验 7-3-2

为了有效辨别缩短速率对含多套滑脱层褶皱冲断体系的影响，进而设计了对比实验 7-3-2。实验 7-3-2 的层序特征与模型不同之处仅限于模型长度由 70cm 增加到了 100cm，其他特征均一致。为方便对比，图形中远端未变形区域有 30cm 被遮掩起来(图 7-19)。

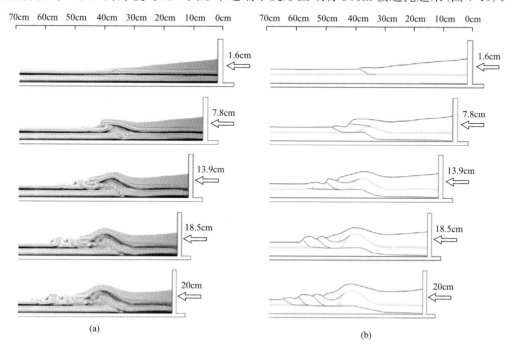

图 7-19 实验 7-3-2 实验演化过程

(a)阶段模拟图像，上构造层由红色，白色石英砂层标识；下构造层为绿色，白色石英砂层标识；(b)模型解释线图，黄色代表中部膏盐层；红色为活动的断裂或滑脱体系

缩短速率降低到 0.002mm/s 对应实际挤压缩短速率 5mm/a。由挤压端向前方向，模型依然可以分成两个部分，分别为下构造层断坡体系和上构造层褶皱体系(图 7-19)。下构造层增厚仅发生在断坡体系内，靠近推板的位置无明显变形。这一点与本节中实验 7-3-1 强烈的陆内断裂增厚形成鲜明对比，而且褶皱形态也不同于实验 7-3-1，表现为不对称前翼陡倾，且褶皱变形波及范围也超过了实验 7-3-1。

在模型中，底部滑脱层作用使变形向前陆快速传递，于距离推板近 30cm 处发育变形。导致下构造层中异常长的断片产生；而中部滑脱层则表现出与本节实验 7-3-1 浅层相似的变形特征，靠近陆内并无明显变形。上下构造层之间并未发生解耦作用，只有在上断坪上才体现构造滑脱作用，将上构造层的变形传递至前缘地区(图 7-20)。

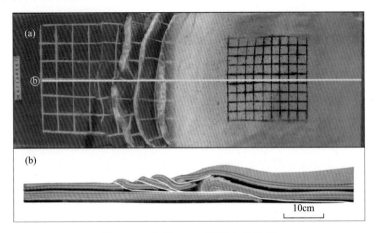

图 7-20　实验 7-3-2 模拟实验结果
(a)最终阶段表面变形特征；(b)实验 7-3-2 典型剖面结构

3) 实验 7-3-3

实验 7-3-3 中，使用等量的石英砂层替代实验 7-3-2 中底部 0.5mm 的硅胶层，研究脆性基底的影响。石英砂与亚克力底板之间的摩擦系数为 0.56。缩短速率为 0.002mm/s，和实验 7-3-1 的缩短速率相同。实验结果表明，本节中实验 7-3-3 与实验 7-3-1 在构造形态及断层发育序列有极高的相似程度(图 7-21)。

陆内靠近推板的位置发育大量断层 $F_1 \sim F_5$，并且部分下构造层断层 F_1 和 F_4 穿透了滑脱层直接到达地表[图 7-21(d)～(f)]。由于持续的缩短导致小岩片发生叠置增厚，但是形态上呈扇状。这一点不同于基底为塑性变形特征的实验 7-3-1。前陆方向的褶皱带则是由膏盐层充当滑脱层，调节上下构造层之间变形差异。实验 7-3-3 与实验 7-3-1 最大的差别出现在各自构造最高点出现的位置上。实验 7-3-3 的构造高点始终位于推板附近，而实验 7-3-1 的构造高点却是出现在远离推板一端。

根据实验结果的比较，可以推断底部滑脱层控制了构造高点的位置。膏盐、泥岩以塑性流变为主要变形特征的滑脱层促使构造高点向前陆移动(Bose et al.，2014)。同时，实验也揭示在高速缩短条件下，膏盐岩或泥岩这类滑脱层表现出与脆性滑脱层相似的变形特征。

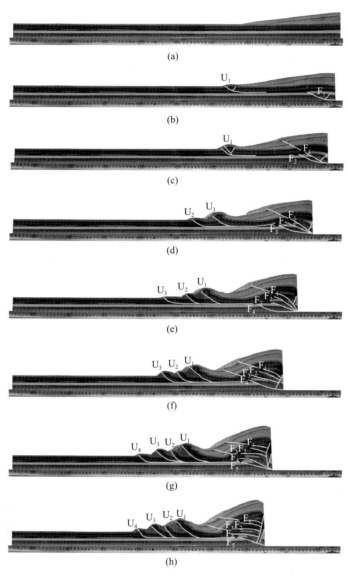

图 7-21　实验 7-3-3 实验演化过程

2. 缩短速率系列实验(系列 2)

为了进一步了解不同缩短速率下可能出现的地质结构,进行了系列 2 实验序列,总共四个实验来增加实验的分辨率。四个实验分别采用 5mm/a、10mm/a、20mm/a 和 50mm/a 的缩短速率,来测试双滑脱体系相应的构造演化和结构特征。

系列实验揭示了相同层序地层在不同缩短速率作用下断层发育的差异。随着缩短速率增加,可以明显地观察到断层的乱序发育(图 7-22)。图 7-22 中实验 7-3-4 显示断层发育的次序为自后缘向前缘依次传递的方式[图 7-22(a)]。实验 7-3-5 在前期演化阶段与实验 7-3-4 一致,但是后期在后缘下构造层又出现了一条微弱断裂[图 7-22(b)]。实验 7-3-6 后缘断裂出现的阶段又早于实验 7-3-5,挤压缩短开始不久就出现了,并且这条断裂的错动也明显大于实验 7-3-5[图 7-22(c)]。实验 7-3-7 陆内断层的出现则是在早期，并且错动量远远大于其他实验相对的后陆断层[图 7-22(d)]。同时实验序列还揭示了另一个重要规律，变形带的宽度大小与缩短速率呈反比。可以发现缩短速率越大[图 7-22(d)]，则前陆变形的范围越小；反之，缩短速率越小[图 7-22(a)]变形范围越大。

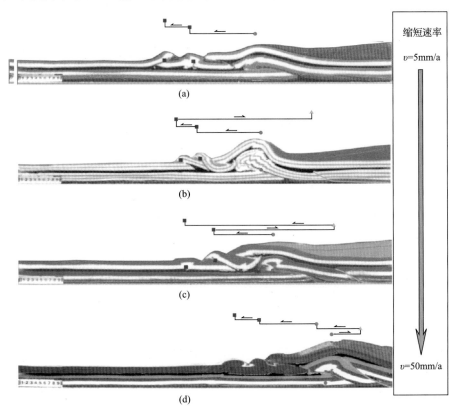

图 7-22　系列 2 实验经典剖面对比

(a)实验 7-3-4，缩短速率为 5mm/a；(b)实验 7-3-5，缩短速率为 10mm/a；(c)实验 7-3-6，缩短速率为 20mm/a；(d)实验 7-3-7，缩短速率为 50mm/a。红色方块代表发育于上构造层的断层，绿色圆点代表发育于下构造层的断层，浅蓝色三角代表首次出现的后陆断层

三、实验结果与地质意义

上述多组实验模型表明，多滑脱层体系的变形受到缩短速率影响，包括深、浅层构造变形层解耦结构及造山楔增厚过程。按实验结果推测，缩短速率极大时会导致背斜发育，其隆起程度也会比较剧烈，背斜核部可能是由多个断片叠置组成。缩短速率较小时，背斜低缓，且幅度较低，主要抬升取决于下伏断坡的活动，平面展布间隔大。实验结果揭示缩短速率单因素条件可以影响构造结构和褶皱分布。两个系列实验结果表明，快速缩短可促进断层发育，其位置也集中在后缘，形成叠置的双重构造结构，其内部多条断层同时活动造成强烈的垂向地层增厚。受底部低摩擦的强滑脱和低缩短速率综合影响，本节中实验 7-3-2 的构造解耦作用仅出现在模型前缘位置，后缘既无解耦作用也无明显

构造增厚(图 7-19、图 7-20)。

系列模拟实验也揭示了地表冲断变形带宽度与缩短速率间的反比关系。在任何情况下，双滑脱体系中，上滑脱层控制的浅构造层都表现出远距离变形，其变形范围较深层传递更远，反映了前缘地区同构造位置的深层(下构造层)变形往往比上部(浅构造层)形成晚。

第四节 斜向挤压构造物理模拟

我国中西部地区在中生代经受板内变形后，在晚新生代受造山带复活影响而形成区域性的再生前陆冲断带。在早期造山带拼贴的基础上，新生代运动形成现今全球最大弥散型陆内构造变形域和板内变形。由于古造山带边界和构造应力场的不均一性，盆地边缘冲断带与造山带间往往具有很复杂的应力接触关系，其中斜向和多向挤压等冲断方式最常见。本节将实验模拟与 CT 扫描观测相结合研究斜向和多向挤压构造结构特征。

一、实验参数与初始模型

1. 实验材料与模型设计

实验依然采用干燥石英砂和聚酯硅胶(PDMS)来分别模拟上地壳脆性地层和滑脱层(盐岩层)。松散石英砂粒径为 200～400μm，其抗张强度接近为零，变形特性遵循莫尔-库仑破裂准则，破裂内摩擦角约 20°，聚合强度约 200Pa，非常接近地壳浅部沉积地层的脆性变形行为。聚酯硅胶是牛顿流体(Bonini, 2007)，其常温下有效黏度约 $1 \times 10^4 Pa \cdot s$，可以在较小的差异应力下变形，适合作为模拟自然界中盐岩的材料。

该实验中，材料物理性质及模型比例化参数见表 7-4。模型与自然界原型的长度相似比 $L^* = 2.5 \times 10^{-6}$(即实验中 1cm 代表自然界 4km)，也就是说实验模型代表了基底滑脱层在 18km 深度(脆韧性转换带)的褶皱冲断带。根据 Hubbert(1937)最早提出的相似理论，动力学应力相似比应表示为：$\sigma^* = \rho^* g^* L^*$，其中，$\rho^*$ 为密度相似比，g^* 为重力加速度相似比。

表 7-4 材料物理性质及模型比例化参数

物理量	模型	自然界	比例
长度 l	0.01m	4000m	2.5×10^{-6}
脆性层密度 ρ_b	1294kg/m³	2400kg/m³	0.54
塑性层密度 ρ_d	987kg/m³	2200kg/m³	0.45
重力加速度 g	9.81m/s²	9.81m/s²	1
应力 σ			1.25×10^{-6}
黏度 η	$1 \times 10^4 Pa \cdot s$	$1 \times 10^{19} Pa \cdot s$	1×10^{-15}
应变速率 ε			1.25×10^9
时间 t	1h	0.14Ma	8×10^{-10}
缩短速率 v	1×10^{-6}m/s	10mm/a	3.125×10^3

实验中所用材料与自然界岩石的密度相似比 $\rho^*\approx0.5$，实验在正常重力加速度场中进行，所以重力加速度相似比 $g^*=1$。因此，模型与自然界原型的应力相似比 $\sigma^*=1.25\times10^{-6}$。设自然界滑脱层黏度系数为 $1\times10^{19}\mathrm{Pa\cdot s}$(Cotton and Koyi，2000；Leturmy et al.，2000；Couzens-Schultz et al.，2003；Bonini，2007)，那么模型与自然界原型的黏度系数相似比 $\eta^*=1\times10^{-15}$。因此，模型与原型之间的应变速率相似比：$\dot{\varepsilon}^*=\sigma^*/\eta^*=1.25\times10^{9}$。

时间相似比是应变速率相似比的倒数，所以时间相似比 $t^*=8\times10^{-10}$，即实验中的 1h 代表了自然界的 0.14Ma。四组实验挤压过程都分别用时近 28h，代表了自然界中的 3.92Ma。实验模型与自然界原型的缩短速率相似比为：$v^*=\dot{\varepsilon}^*L^*=3.125\times10^3$。因此，实验中推挤速率 0.001mm/s 就代表了自然界缩短速率为 10mm/a。

2. 初始模型与实验观测

为了研究斜向和多向挤压构造，实验主要采用两种设计方案实现多向挤压，开展了四个模型的物理模拟实验。第一种方案是在挤压端设置前端为斜向边界的挤入体，厚度超过初始砂层的厚度，实验 7-4-1 和实验 7-4-2 采用的这种方案(图 7-23)。第二种方案是在实验模型挤压端的底部设置前端为斜向边界的薄板，构成一个斜向的速度不连续界限，实验 7-4-3 和实验 7-4-4 采用的这种方案(图 7-24)。

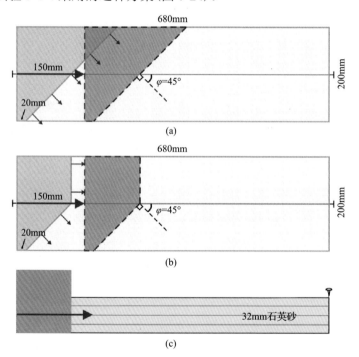

图 7-23　实验 7-4-1 和实验 7-4-2 设计图

(a)实验 7-4-1 平面图；(b)实验 7-4-2 平面图；(c)模型立面图

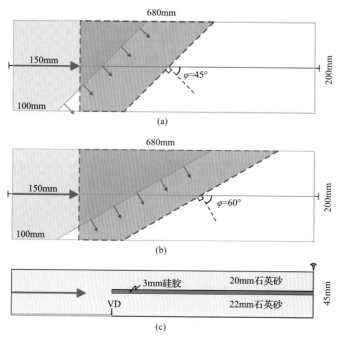

图 7-24 实验 7-4-3 和实验 7-4-4 设计图

(a)实验 7-4-3 平面图；(b)实验 7-4-4 平面图；(c)模型立面图

　　两种方案的实验模型中，早期的构造变形均受斜向边界的影响，经历的是垂直于斜向边界方向的挤压作用，模型设计图中用红色小箭头表示。后期随着挤压缩短量的增加，斜向边界对构造变形的影响逐渐减弱，直至构造变形完全经历垂直于推板方向的挤压作用，模型设计图中用红色大箭头表示。这样，所有模型中均经历了两个方向的挤压作用。另外，第一种方案与第二种方案在剖面上的设计也稍有不同，第二种方案的实验(实验 7-4-3 和实验 7-4-4)中，剖面上设置了 3mm 厚的硅胶层，作为浅部的一个塑性滑脱层。

　　所有模型都在一个长 680mm、宽 200mm、高 200mm 的箱子里进行。挤压缩短速率均为 0.001mm/s，实验过程中，挤压缩短量每增加 5mm，进行一次 CT 扫描，获取的数据体，可以恢复出模型内部的三维结构。整个实验过程中，就可以得到一系列实验模型的三维重构体，研究人员便可以利用其讨论实验过程中模型的构造变形。

二、实验模拟与结构模型

1. 实验 7-4-1

　　实验 7-4-1 中，在挤压端设置了 45°斜向边界的挤入体。从水平切片的构造变形演化过程可以看出(图 7-25)，当挤压缩短量为 10mm 时，产生了第一期构造，构造变形在走向上并不完全与斜向边界平行。下面按挤压方向将模型划分为左侧部分和右侧部分，分开来进行描述。左侧部分构造走向几乎与斜向边界平行，而右侧部分构造走向则是近与模型边界垂直。剖面构造变形演化过程可以看到(图 7-26)，同期的构造，左侧部分为只有前冲的逆冲构造，而右侧部分既有前冲又有反冲，形成了一个箱状褶皱。当挤压缩短量为 45mm 时，左侧部分变形继续向前传递，产生了新的逆冲断层，而右侧部分的构造却以沿先前产生的前冲断层逆冲为主，同时发育一系列与之共轭的反冲断层，继续将褶皱抬升。从水平切片上看，左侧部分的构造依旧与挤入体斜向边界平行，右侧部分构造走向也发生了微弱变化，从与模型边界近垂直的方向向与挤入体斜向边界平行的方向过渡，尤其是反冲断层的走向变化较为明显。当挤压缩短量为 70mm 时，变形向前传递，在模型的左侧和右侧都形成了一个箱状褶皱。从剖面上看，后续的过程主要以沿该箱状褶皱的前冲断层逆冲为主，同时产生一系列的共轭的反冲。水平切片上，箱状褶皱的走向整体上与挤入体斜向计入边界平行，而模型左侧靠近模型边界的地方，构造走向明显向挤压端转折。到挤压缩短量为 165mm 时，前方继续发育新的箱状褶皱，剖面和水平切片显示，其与挤压缩短量为 70mm 时产生的箱状褶皱极为相似。

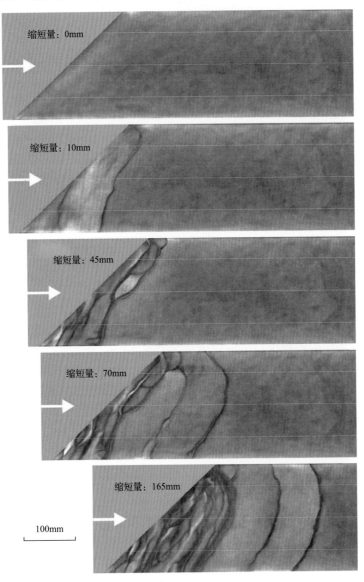

图 7-25 实验 7-4-1 构造变形演化图（水平切片）

黄线表示剖面切片位置

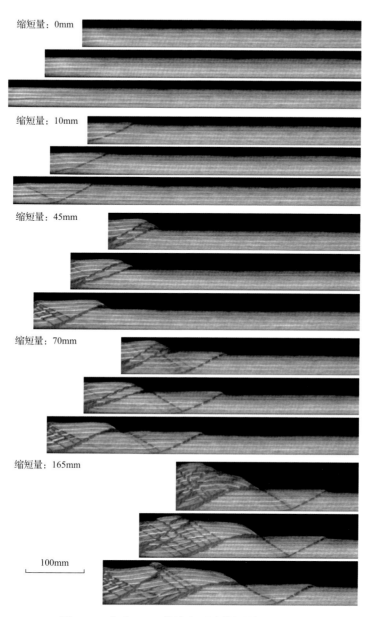

图 7-26　实验 7-4-1 构造变形演化图（剖面切片）

红线代表水平切片位置

2. 实验 7-4-2

实验 7-4-2 中，挤压端设置的挤入体边界左侧部分与模型边界垂直，右侧部分与模型边界呈 45°。当挤压缩短量为 15mm 时，模型产生第一期构造变形，水平切片上显示（图 7-27），左右两侧的构造走向都分别与挤入体左右两侧边界平行。剖面切片上显示（图 7-28），左右两侧的构造都为一个箱状褶皱，右侧的反冲相对左侧更明显。随后的过程以沿前冲断层的逆冲为主，同时产生与之共轭的反冲断层。当挤压缩短量为 45mm 时，变形向前传递，产生新的逆冲断层，该断层的走向主体上与模型边界垂直，右侧靠近模型边界的地方向挤压端发生明显转折。从剖面上可以看到，该断层在左侧比右侧先发育形成。当挤压缩短量为 100mm 时，变形向前传递形成了箱状褶皱，并沿此褶皱下的前冲断层逆冲，同时产生一系列与之共轭的反冲断层。水平切片上显示，该箱状褶皱构造走向几乎与模型边界垂直，左右两侧无明显差异。而后的过程与之相似，到挤压缩短量为 165mm 时，前方继续发育新的箱状褶皱，构造特征在剖面和水平切片上都与之前产生的构造极为相似。

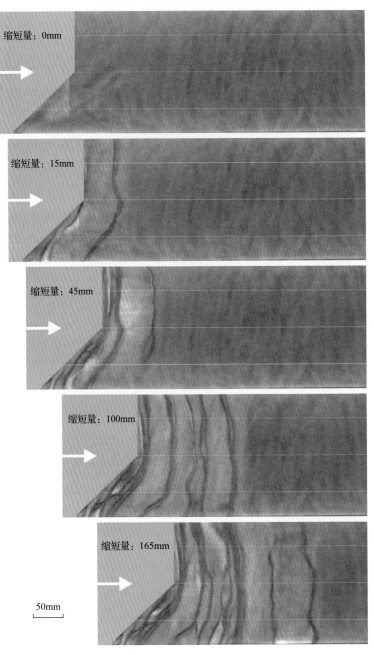

图 7-27　实验 7-4-2 构造变形演化图（水平切片）

黄线代表剖面切片位置

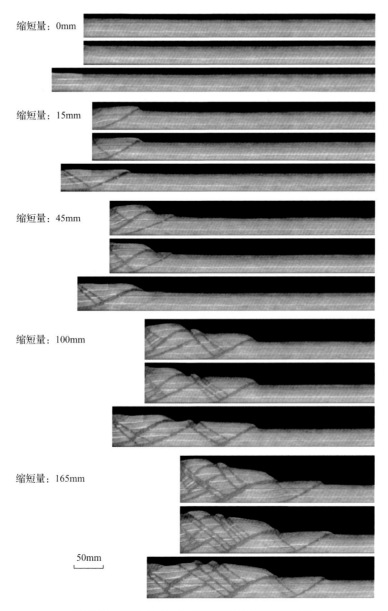

图 7-28 实验 7-4-2 构造变形演化图(剖面切片)

红线代表水平切片位置

3. 实验 7-4-3

实验 7-4-3 中,挤压端底部设置了 2mm 厚的薄板,薄板后端与推板固定,前端边界与模型边界呈 45°,这样就形成了一个斜向的速度不连续界线。剖面上设置了硅胶层,将模型划分为浅部层和深部层,硅胶平面上后端与底部薄板边界对应,前端直到模型固定端。当挤压缩短量为 15mm 时,模型产生了第一期构造变形,形成了一组共轭的逆冲断层,水平切片(图 7-29、图 7-30)和剖面切片(图 7-31、图 7-32)显示,逆冲断层发育于底部薄板边界,构造走向与此边界平行。反冲断层贯穿模型深部和浅部,而前冲断层没有刺穿塑性层，仅发育于模型深部。塑性层之上的模型浅部层在对应深部前冲断层的位置有轻微褶皱现象。随后的变形主要以沿着反冲断层逆冲为主，同时产生与之共轭的前冲断层，塑性层之上的浅部层也随之产生构造变形。当挤压缩短量为60mm时，浅部层上发生了明显地构造变形，形成了小的箱状褶皱。水平切片上显示，其构造走向与先前的构造走向一致，与底部薄板边界平行。之后构造整体上仍然以沿反冲构造的逆冲为主，

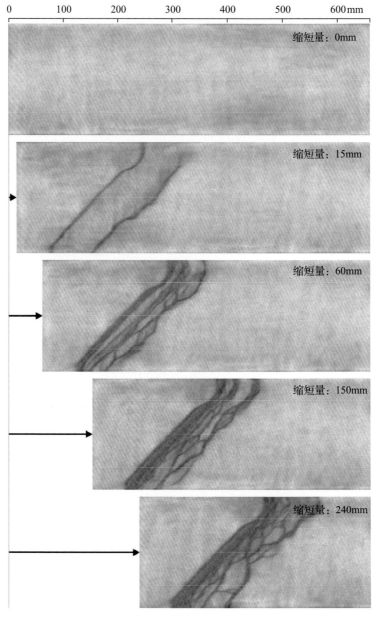

图 7-29　实验 7-4-3 构造变形演化图（深部水平切片）

黄线代表剖面切片位置

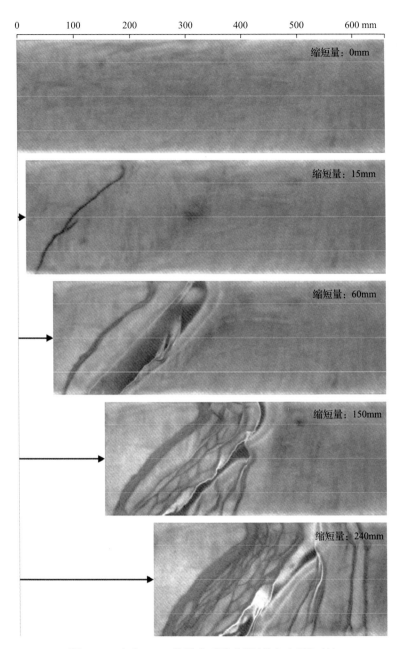

图 7-30 实验 7-4-3 构造变形演化图（浅部水平切片）
黄线代表剖面切片位置

同时产生与之共轭的多条前冲断层，浅部层随之变形。到挤压缩短量为 150mm 时，浅部层之上又产生了新的褶皱，浅部水平切片（图 7-30）和剖面切片（图 7-32）显示，其构造走向已经发生变化，不再与底部薄板边界平行，而是与模型边界近垂直。之后的过程与前面相似，到挤压缩短量为 240mm 时，模型整体上仍然是以沿反冲构造的逆冲为主，同时产生与之共轭的多条前冲断层，浅部层随之变形形成了新的褶皱，水平切片和剖面切片显示，其构造走向与模型边界近垂直，在左侧靠近模型边界的地方向挤压端方向轻微转向。

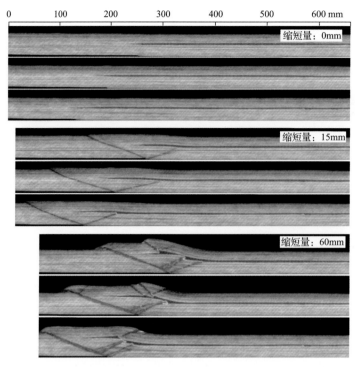

图 7-31　实验 7-4-3 构造变形演化图（深部剖面切片）

红线代表水平切片位置

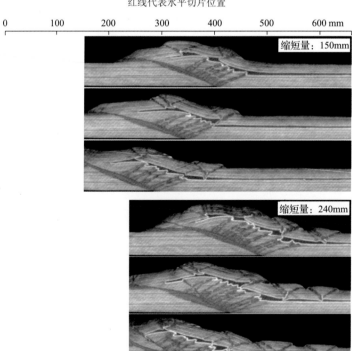

图 7-32　实验 7-4-3 构造变形演化图（浅部剖面切片）

红线代表水平切片位置

4. 实验 7-4-4

实验 7-4-4 中，挤压端底部设置了 2mm 厚的薄板，薄板后端与推板固定，前端边界与模型边界呈 30°，这样就形成了一个斜向的速度不连续界限。剖面上设置了硅胶层，将模型划分为浅部层和深部层，硅胶平面上后端与底部薄板边界对应，前端直到模型固定端。当挤压缩短量为 25mm 时，模型产生了第一期构造变形，形成了一组共轭的逆冲断层，水平切片(图 7-33、图 7-34)和剖面切片(图 7-35)显示，逆冲断层发育于底部薄板

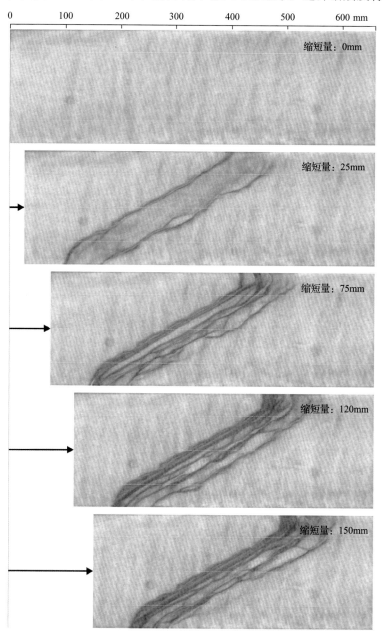

图 7-33 实验 7-4-4 构造变形演化图(深部水平切片)

黄线代表剖面切片位置

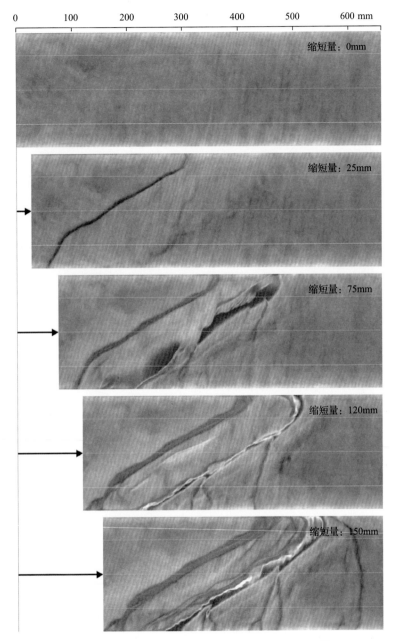

图 7-34　实验 7-4-4 构造变形演化图（浅部水平切片）

黄线代表剖面切片位置

边界，构造走向与此边界平行。反冲断层贯穿模型深部和浅部，而前冲断层没有刺穿塑性层，仅发育于模型深部。塑性层之上的模型浅部层在对应深部前冲断层的位置有轻微褶皱现象，在靠后位置有反冲断层形成，但其走向上没有贯穿整个模型，仅局限于模型右侧部分。随后的变形主要以沿着反冲断层逆冲为主，同时产生与之共轭的前冲断层，塑性层之上的浅部层也随之产生构造变形。分别在挤压缩短量为 75mm、120mm 和 150mm 时产生了三排箱状褶皱，水平切片和剖面切片显示，这三排构造的走向均与模型边界近垂直。

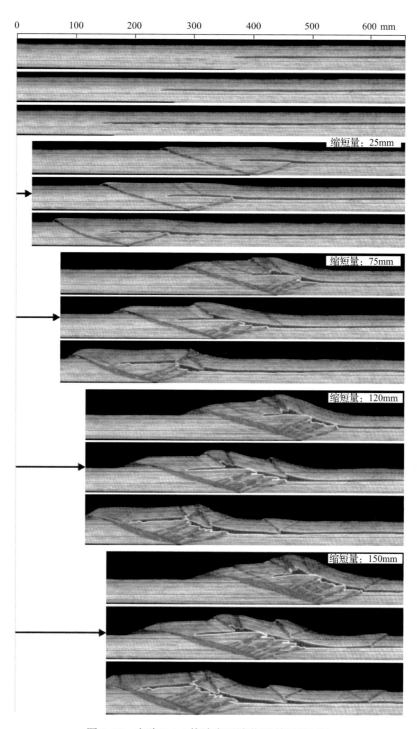

图 7-35 实验 7-4-4 构造变形演化图（剖面切片）

红线代表水平切片位置

三、实验结果与地质意义

四个模型实验结果显示，在挤压端设置斜向边界挤入体和在挤压端模型底部设置斜向边界薄板这两种方案都实现了多向挤压构造。除实验 7-4-1 外，其余三个模型第一期构造都明显受控于斜向边界，其构造走向均与斜向边界平行，说明这一期构造主要受垂直于斜向边界的挤压作用，而随着挤压缩短量的增加，后期的构造变形所产生的构造，其走向都转变为与模型边界垂直的方向。尤其在实验 7-4-3 和实验 7-4-4 中，剖面上设置了塑性层的实验，这种现象非常明显，说明后期构造主要受垂直于模型边界的挤压作用。系列实验表明，无论初始接触边界条件为斜向的还是更为复杂的情况，在单向挤压条件下，造山带向盆地方向远距离传播的构造结构往往表现出正向挤压冲断特征，而近边界地区则表现出复杂冲断体系和结构。这种现象解释了盆内成排成带构造发育的成因机制。

第八章　粒子成像测速构造物理模拟

粒子成像测速(particle image velocity，PIV)技术是 20 世纪 70 年代末发展起来的一种测速方法。其基本原理是利用高分辨率相机获得一系列图像，再通过一系列计算分析得到图像上各点的速度矢量，从而获取运动对象的速度场。该技术被广泛地应用于流体力学、岩土力学和空气动力学的研究(具体的技术参见第三章)，最近十年才被应用到构造物理模拟实验中。将 PIV 应用到褶皱冲断构造物理模拟实验研究中，可以在很大程度上帮助研究人员更好地认识和理解实验模型的运动学过程，变形构造内部的褶皱和断层发生及发展机制可以被更清楚地认识和讨论。本章主要介绍应用了 PIV 技术开展的物理模拟实验实例。

第一节　楔形构造地貌实验模型 PIV 定量分析

褶皱冲断带作为汇聚板块边缘重要的变形单元，由底部滑脱层及在其上滑动的呈楔形的褶皱冲断变形体系组成(Eills，1976)。国外学者提出了临界楔体理论(Davis et al.，1983)解释褶皱冲断带的力学特征与其形态学的潜在关系，但对于褶皱冲断带内部具体的应力应变状态依然没有很好的方法来限定。本节采用 PIV 来获得沙箱模拟实验过程中的粒子速度场，并通过粒子场刻画技术获得模型中的应变和应变集中位置(沈礼等，2012)。

一、实验参数与初始模型

1. 实验材料

实验采用的模拟材料是松散石英砂用于模拟上地壳脆性地层，尤其是上地壳的破裂变形。松散石英砂粒径为 $200\sim400\mu m$，其抗张强度接近为零，变形特性遵循莫尔-库仑破裂准则，破裂内摩擦角为 $25°\sim30°$，非常接近地壳浅部沉积地层的脆性变形行为，从而成为模拟脆性岩石构造变形的理想材料。实验参数详细参数见表 8-1。

表 8-1　实验材料详细参数

参数	自然界(n)	模型(m)	比例因子(m/n)
长度(l)	1000m	1cm	10^{-5}
重力加速度(g)	$9.81m/s^2$	$9.81m/s^2$	1
密度(ρ)	$2400kg/m^3$	$1400kg/m^3$	0.6
缩短速率(v)	5cm/a	7.2cm/h	1.2×10^4
时间(t)	0.14Ma	1h	8×10^{-11}

2. 初始模型设计

为了研究褶皱冲断带内部应变分布关系，本节共设计了三个物理模拟实验模型(图 7-1、图 8-1)。模型考虑的边界条件主要是走向上存在的高差差异(初始楔形地貌角度不同)，依据高差情况分类为大(超临界)、中(临界)和小(亚临界)三类。实验过程中，每一个实验模型只考虑简化的两种高程差异，以验证单一变量因素对构造的影响，保证实验结果可对比性。

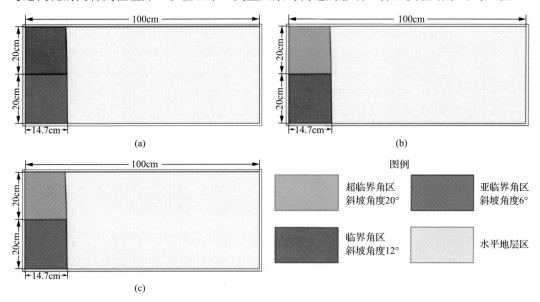

图 8-1 二维变形定量分析模型设计

(a)实验 8-1-1；(b)实验 8-1-2；(c)实验 8-1-3

上述三个模拟实验均在水平放置的沙箱中完成。沙箱大小为长 100cm、宽 40cm。具有高差的地形范围为 14.7cm。不同地形之间的过渡带约 1cm 宽，其走向平行于挤压方向的实验挤压方向，代表实际造山带出现的纵向沟谷。实验过程中对顶面进行定间隔图像采集，以便后期进行粒子测算。由于实验挤压速率极低为 2.4mm/min，而采集间隔为 1min。即每份数据之间的缩短量仅为 2.4mm，因此可以近似地将表面涉及的三维变形用二维应变来描绘出来。

二、实验模型与模拟结果

1. 临界-亚临界楔形地貌组合(实验 8-1-1)

实验 8-1-1 研究中等高差(临界)与小高差(亚临界)实验模型之间的演化差异。实验表明差异演化包含两个阶段：第一阶段以反冲断层体系发育为标志；第二阶段则是以前展式前冲断层发育为主，同时还伴随前冲断层的弯曲及撕裂断层。

第一阶段自开始挤压开始直至缩短了 9.6cm，此阶段在小高差区总共发育了五条斜向的反冲断层。这些反冲断层引起的构造增厚消减了走向上的高程差异，而前缘唯一一条前冲断层 F_1 也伴随斜向反冲断层的活动发生了弯曲，低地形区表现出与走向呈 23°夹角的弯曲[图 8-2(a)、(b)]。

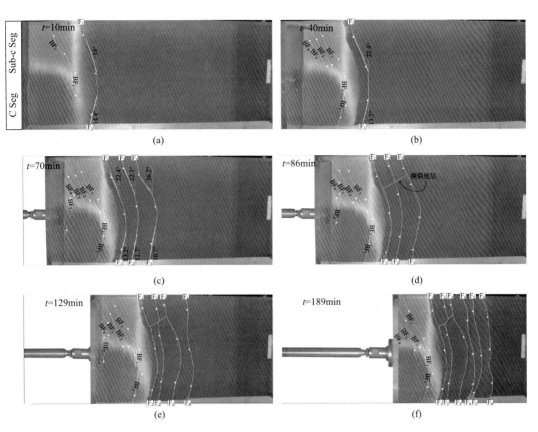

图 8-2　临界-亚临界楔形地貌组合模型演化(实验 8-1-1)

　　第二阶段直至缩短结束总共缩短了 45cm，缩短率为 45%。在此阶段，共出现了五条前冲断层，依次向前缘方向传递。受第一阶段斜向变形的影响导致 F_1 的弯曲在第二阶段并没有消减，反而有随缩短逐渐增加的趋势，并且 F_1 的弯曲随着变形传递也影响了 F_2 和 F_3。如图 8-2(c)，F_1、F_2 和 F_3 三条前冲断层在缩短量 16.8cm 时，与平行推板边界方向分别成 22.4°、22.3°和 36.2°[图 8-2(c)]，显现出向前缘凸起增加的特征，表明小高差区的斜向变形一直在进行，并没有在第一阶段结束之后停止。这也解释了为什么直至 20cm 缩短时还会出现撕裂断层[图 8-2(d)]。撕裂断层是标示差异演化的重要构造特征，只有撕裂断层两侧具有位移梯度的时候才会产生，并且可以有效调节两侧差异(Escalona and Mann，2006)。当缩短量达到 30cm 左右时[图 8-2(e)]，F_1～F_3 断层的弯曲已经减少，并且新出现的 F_4 弯曲程度也极小。直至实验最终结束，另外两条断层 F_5 和 F_6 也接连出现。它们的特征与 F_4 类似，虽然平面形态上表现为锯齿起伏特征，但是整体上并没有太大的弯曲[图 8-2(f)]。同时，历经撕裂断层调节，原本强烈弯曲的 F_1～F_3 到最后已经明显被错断。

　　对实验过程中出现撕裂断层及调节作用阶段使用 PIV 分析，并刻画出关键时间段的应变分布状态(图 8-3)。测算出来的应变分布与地表出露的断层吻合程度极高，侧面证明了实验结果的正确性。测算出来的结果显示在 2.4cm 的整体缩短过程内，各断层上分配的应变在-100～0，并且出现一条连贯断层上存在明显分段活动的特征。

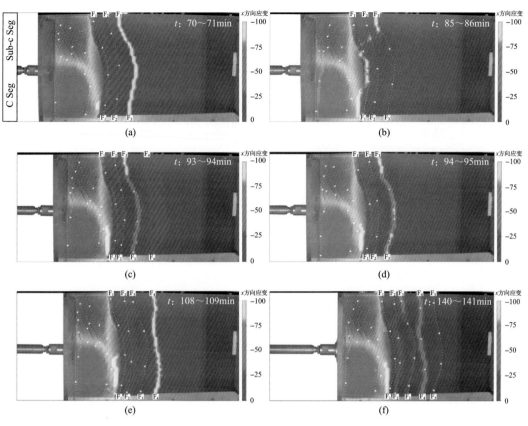

图 8-3　临界-亚临界楔形地貌组合模型(实验 8-1-1)演化过程关键阶段 PIV 应变图像
颜色区间：–100 到 0

在地表撕裂断层出现之前[图 8-3(a)]，就可以观测到 F_2 上出现明显分段，位于小高差区的一段完全闭锁，而中高差区的一段则有明显的挤压应变，约为–25。但是这并不是同一断层出现的最大应变差。撕裂断层出现的阶段[图 8-3(b)]，F_3 的中高差区完全不活动，但它们的小高差区却记录了近–100 的挤压应变。此外，还刻画出了撕裂断层其实具有扭压变形的特征，说明存在中高差区向小高差区的物质运动。撕裂断层出现之后，该扭压断层并没有停止对其两侧的差异进行调节，还是不时活动[图 8-3(f)]，据此推测撕裂断层应该是周期性活动。因为结果观察到并不是所有出现分段活动的阶段都伴随撕裂断层活动[图 8-3(c)～(e)]。也就是说撕裂断层活动有一定要求，可能是分段差异演化积累到一个临界值才会通过撕裂断层来调节。

2. 超临界-亚临界楔形地貌组合(实验 8-1-2)

实验 8-1-2 研究大高差与小高差实验模型之间的演化差异。实验结果与实验 8-1-1 相似，也可以将差异演化划分成两个阶段：第一阶段依然以反冲断层体系发育为标准；第二阶段也以前展式前冲断层发育为主。实验 8-1-2 与实验 8-1-1 的差异主要出现在第二个阶段。实验 8-1-1 的 PIV 定量分析发现，前缘断层产出的连贯断层具有分段性活动的特征，但是其地表出露的特征依然是一条连贯的线状断层。而实验 8-1-2 则不同，从开始缩短起，大高差区与小高差区就表现出明显的构造活动差异，断层产生时紧紧局限在对应的高差区，并不会跨越边界进入另一端，而是以侧断坡形式与前一条断层连接。

第一阶段开始挤压至缩短量达 7.2cm，就在大高差区出现了第一条前冲断裂 F_1 [图 8-4(a)]。紧接着小高差区开始变形，形成斜向的反冲与前冲断层。

第二阶段直至缩短结束总共缩短了 45cm，缩短率为 45%。在该阶段，大高差区共产生了六条前冲断裂，而小高差区共出现了五条前冲断层，而且都是依次向前缘方向传递 [图 8-4(f)]。当缩短量达到 7.2cm 时，在前缘方向形成了两条完整连贯的断层 F_1 和 F_2，两条断层均在穿过过渡区进入小高差区时发生转向，变成斜向前冲断层[图 8-4(b)]。缩短量达 19.4cm，在大高差区产生了第三条断层 F_3，并以侧断坡的方式连接到 F_2 中部[图 8-4(c)]。缩短量达 30cm 时，贯穿模型的 F_4 已经产生，并在小高差区产生该区另一条以侧断坡终止于前一条断层中部的断层[图 8-4(d)]。局部断层连接成一条贯穿模型的断层[图 8-4(e)]，再接上一条本身就连贯的断层[图 8-4(f)]，说明实验 8-1-2 中的侧断坡和实验 8-1-1 中的撕裂断层均不具有向前传递的能力。

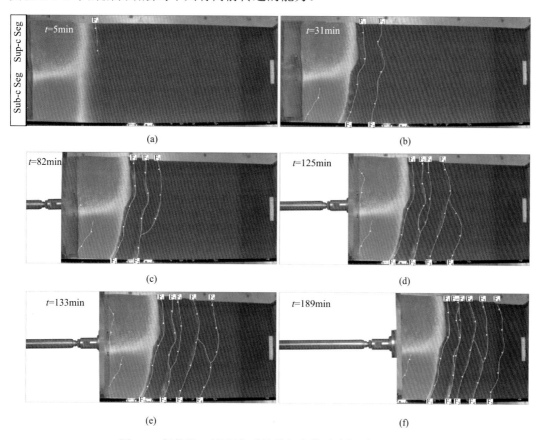

图 8-4　超临界-亚临界楔形地貌组合模型演化(实验 8-1-2)

通过对实验过程中使用粒子成像 PIV 分析，并刻画出了关键时间段的应变分布状态 (图 8-5)，发现测算出来的应变分布与地表出露的断层吻合。测算出来的结果显示在 2.4mm 的整体缩短过程内，各断层上分配的应变分布在 –115～0，并且出现行迹连贯的断层上存在明显分段活动的特征[图 8-5(c)、(d)、(f)]，而且图 8-5(c)显示当前缘出现 F_3，侧断坡连接到 F_2 后，大高差区分段 F_2 的缩短应变为–25，而小高差区的缩短应变却只有–99。这个在图 8-5(d)也有发现。通过 PIV 分析，还发现尽管部分断层行迹连续，但是在强烈转折的位置其实活动性已经完全分段，如图 8-5(a)中的 F_1 和图 8-5(e)中的 F_6。

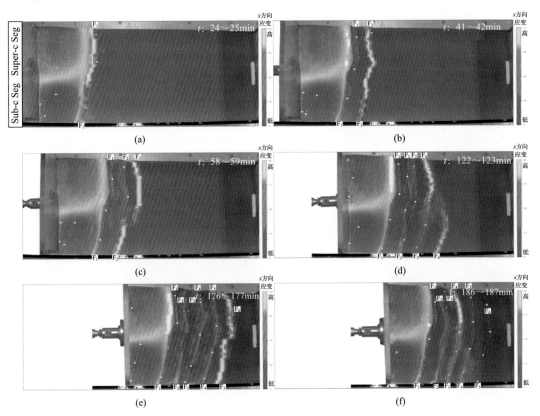

图 8-5　超临界–亚临界楔形地貌组合模型(实验 8-1-2)演化过程关键阶段 PIV 应变图像

颜色区间：–115 到 0

3. 超临界–临界楔形地貌组合(实验 8-1-3)

实验 8-1-3 研究大高差(超临界)与中等高差(临界)实验模型之间的演化差异。实验结果与实验 8-1-1 和实验 8-1-2 相比较，演化简单，开始并没有明显的反冲断层发育阶段(图 8-6)。直至实验结束共缩短量为 45cm，产生了六条贯穿模型的前冲断层。冲断带内部沿过渡带有斜向挤压，形成具有走滑性质的断层，而其他构造差异，难以直观观察。

PIV 应变刻画揭示出了隐藏的分段性特征(图 8-7)，并且随着挤压的增加，变形以断层形式向前缘传递得越来越远。断层出现越晚，其形态越不规则，对应的活动性分段也越发明显，但是直至最后也没有观察到撕裂断层和侧断坡这类的调节构造产生。

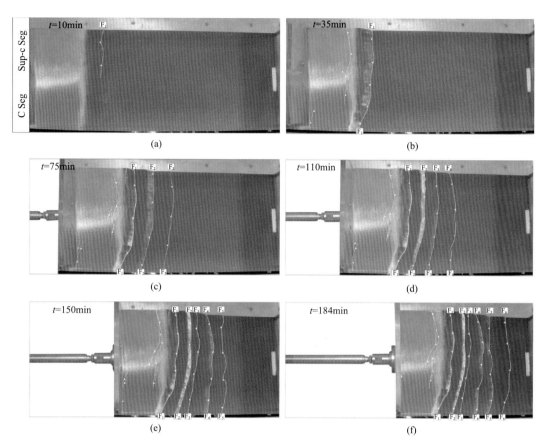

图 8-6 超临界-临界楔形地貌组合模型演化(实验 8-1-3)

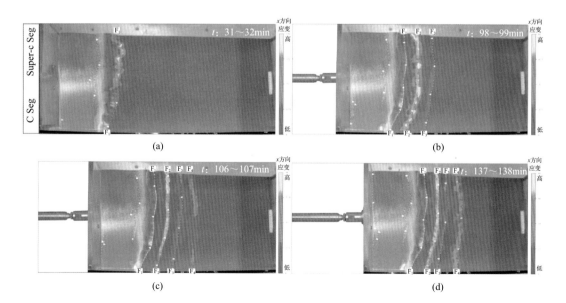

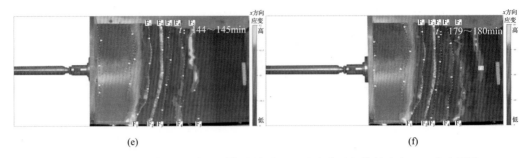

图 8-7　超临界-亚临界楔形地貌组合模型(实验 8-1-2)演化过程关键阶段 PIV 应变图像

三、实验结果与地质意义

将 PIV 技术应用到构造物理模拟实验研究中，可以直观地观测到应变强度和分布状态，揭示不同逆冲断层及同一断层的发育过程。可以在很大程度上帮助研究人员更好地认识和理解实验模型的运动学过程、应变分布状态及褶皱冲断带内部的褶皱和逆冲断层发生及发展机制。

本节系列模拟实验进一步阐明临界楔构造理论(Daivis et al.，1983)在解释褶皱冲断带发育机制和形态结构演化方面的可靠性。模拟实验结果表明，不同先存楔形构造地貌的存在影响了其前缘地区的褶皱和断裂发育过程，使不同地貌条件下表现出前缘冲断体系的发育时间和发育顺序的不一致，形成走向上的分段结构和局部撕裂断层。

第二节　滑脱构造实验模型剖面 PIV 应变分析

第七章详细论述了双滑脱体系中滑脱层性质和组合对冲断构造变形规律和分布结构的控制作用。本节主要针对实验 7-2-3(图 7-13)，应用 PIV 对实验过程进行了监测和定量化分析。通过 PIV 技术可以获取实验模型变形演化过程中各阶段的位移场数据，计算出各阶段的增量应变，实现从初始状态到褶皱形成之后整个变形过程的有限应变分析，探讨构造裂缝成因机制和分布规律，进行定量化裂缝预测。

一、模型 PIV 测定

1. 模型实验过程

实验模型变形演化过程如图 8-8 所示，挤压缩短量从 0mm 增加到 5.4mm 的过程中，模型物质沿基底滑脱面向前传递，但剖面上并没有明显的变形[图 8-8(a)～(c)]。当挤压缩短量达到 8.1mm 时，模型物质发生了微弱的形变[图 8-8(d)]。当挤压缩短量达到 10.8mm 时，靠近挤压端的位置形成了一个箱状褶皱，形态由一对共轭的剪切带控制[图 8-8(e)]。挤压缩短量从 10.8mm 增加到 18.0mm 的过程中，箱状褶皱沿共轭剪切带继续发育、抬升，剪切带宽度明显减小[图 8-8(f)]。实验模型挤压缩短过程中形成的箱状褶皱亦可以描述为断层端点褶皱，其演化过程从初始阶段的平行层缩短开始，接着产生沿基底滑脱面滑动的滑脱褶皱，最后形成断层端点褶皱(Storti et al.，1997；Bernard et al.，2007）。整个实验过程中，前缘有韧性层分布区未见明显变形。

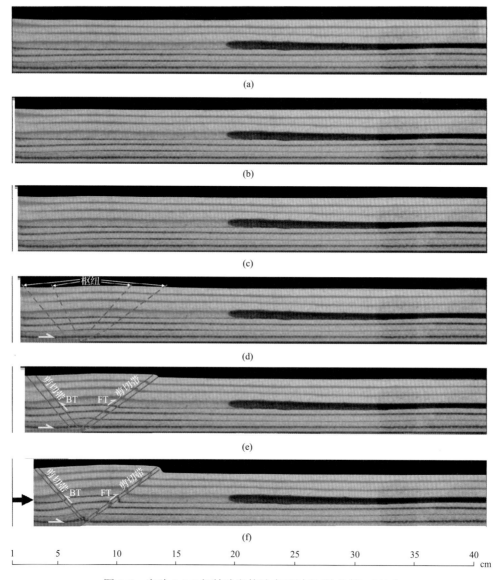

图 8-8 实验 7-2-3 初始阶段构造变形过程（沈礼等，2016）

(a)时间：t_1=0min，缩短量：s_1=0mm；(b)时间：t_2=30min，缩短量：s_2=2.7mm；(c)时间：t_3=60min，缩短量：s_3=5.4mm；
(d)时间：t_4=90min，缩短量：s_4=8.1mm；(e)时间：t_5=120min，缩短量：s_5=10.8mm；(f)时间：t_6=200min，缩短量：s_6=18.0mm

2. PIV 参数测定

PIV 计算位移矢量数据的空间分辨率由 PIV 系统数字镜头的光学分辨率和互相关算法的精度决定（Adam et al.，2005）。普通的四百万像素灰度数码图像就能够满足 PIV 分析的需求。根据前人的研究，PIV 系统计算的位移矢量标准差小于 0.1 个像素（White et al.，2003）。该实验 PIV 系统的 CCD（charge-coupled device）镜头光学分辨率为四百万像素(2048×2048)，用于 PIV 计算分析的实验模型长度为 42cm。所以本节中计算结果位移矢量长度的空间分辨率为 0.02mm。应变测量的相对误差与问询域的尺寸和计算区域重叠率相关，该实验在进行互相关计算时采用的问询域大小为 16×16 像素，步长为 12×12 像素，重叠率为 75%，计算结果相对误差小于 1%。时间分辨率受限于数字镜头采集图像的频率(帧转移的速度)，普通的数码相机采集图像时需要对图像进行压缩，采集频率大约为 0.1Hz，而该实验所采用的 PIV 系统的 CCD 数字镜头采集图像时不需要对图像进行压缩，采集频率最大可达 8Hz，确保图像信息不丢失。

二、PIV 应变分析

1. 增量应变

增量位移量和总的位移量数据可以提供实验模型整个构造变形过程的应变演化历史。增量应变则可以根据增量位移场计算获得。

图 8-9(a)～(d)展示了实验模型褶皱发育前(实验时间 t 从 60min 到 80min，dt=20min；缩短量 s 从 5.4mm 到 7.2mm，ds=1.8mm)的增量位移矢量场，底图为实验进行到 60min，缩短量为 5.4mm 时的图像[图 8-8(c)]。图 8-9(b)是根据位移矢量长度[图 8-9(a)]所成的增量位移彩色云图，右侧的色标给出了每种颜色代表的具体位移量，位移场在模型剖面上表现出从挤压端向前逐渐减小的梯度。在靠近挤压端的位置，增量位移矢量场显示出一个斜边并不十分明显的红色直角三角区域，其位移方向与实验模型挤压缩短方向一致，且位移量大小约为 1.8mm，与模型挤压端的缩短量相当。紧挨着红色直角三角区，呈一个倒立的黄色等腰三角区，位移量约 1.3mm，再往右是一个近似平行四边形的绿色区域，位移量为 0.8～1.0mm。继续向右来到模型前端含韧性层的地方，可以发现位移量在韧性层之上比之下覆盖范围更大，但位移量均小于 0.6mm。

将矢量位移分解为水平位移[图 8-9(c)]和垂向位移[图 8-9(d)]后，可以看出水平位移场和增量位移场具有比较一致的分布范围，揭示位移缩短主要体现在水平方向上。整个应变在全剖面中均有所反映，尤其是韧性层之上的砂层内位移明显，体现了模型挤压初期阶段层内物质的整体变形特征，而垂向位移则主要集中在剖面的局部位置，见图 8-9(d)红色及其外围彩色区域，其右侧区域也均有垂向位移分量[图 8-9(a)、(d)]。在前缘韧性层之下区域垂向位移量不明显。这种应变分层和分区的集中及响应控制了后期断裂和褶皱的发育位置和先后顺序。

图 8-9(e)～(h)展示了计算获得的与构造裂缝预测相关的水平线应变(e_{xx})、垂向线应变(e_{zz})、面积应变($e_{xx}+e_{zz}$)和剪切应变分量(e_{xz})。褶皱发育之前，水平线应变、垂向线应变和面积应变都比较分散，分布范围都很广，没有表现出应变集中的位置，也都较弱，大小为 3%～4%[图 8-9(a)、(e)～(g)]。水平线应变为弱压应变，垂向线应变为弱张应变，面积应变既有张应变也有压应变，规律性不明显。剪切应变则主要集中在底面和韧性层面之上，强度较大，均大于 7.5%[图 8-9(a)、(h)]。

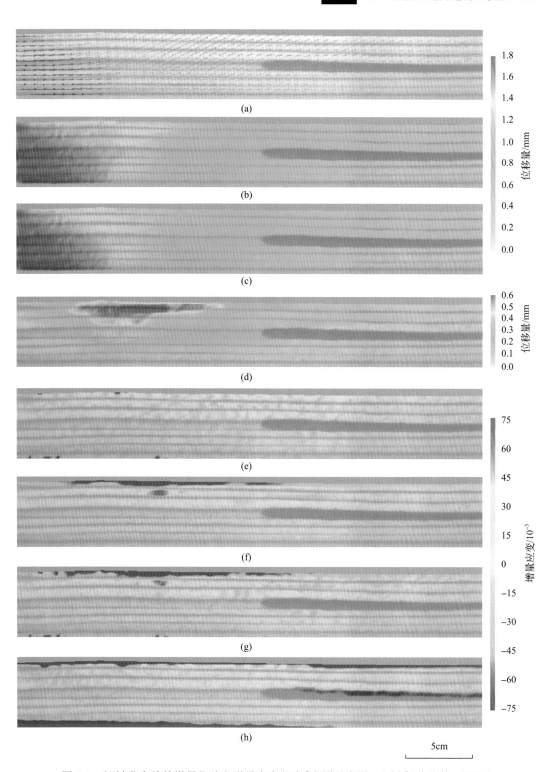

图 8-9 褶皱发育前的增量位移和增量应变状态[底图对应图 8-8（c）]（沈礼等，2016）

(a) 增量位移（矢量场）；(b) 增量位移（矢量长度）；(c) 水平位移（dx）；(d) 垂向位移（dz）；(e) 水平线应变（e_{xx}）；(f) 垂向线应变（e_{zz}）；(g) 面积应变（$e_{xx}+e_{zz}$）；(h) 剪切应变（e_{xz}）

2. 连续应变

利用速度场连续变化的过程(速度场云图动画),可以清晰地记录实验过程中逆冲断层发育的过程及与之相关褶皱的形成过程。同样以实验 7-2-3 初始阶段为例,从实验开始至实验进行到 200min,针对模型靠近挤压端的第一个逆冲断层和褶皱(图 8-10)的产生过程进行了详细分析。模型剖面速度场云图动画(图 8-10)显示了逆冲断层的形成和演化过程中具有以下变形特征:①随着挤压的进行,变形不断向前传播,表现为一种平行层缩短和层增厚的变形;②当变形传播至韧性层发育位置,韧性层上下的变形表现出了明显的差异,韧性层之上的变形传递得更快更远(图 8-10,$t_1\sim t_3$);③挤压进行到一定程度,逆冲断层开始形成,其发育位置并不位于平行层缩短应变远端。当逆冲断层产生时,断层下盘的速度场消失(即速度为零),而上盘速度加大,应变全部集中在断层面上(图 8-10,$t_4\sim t_6$)。

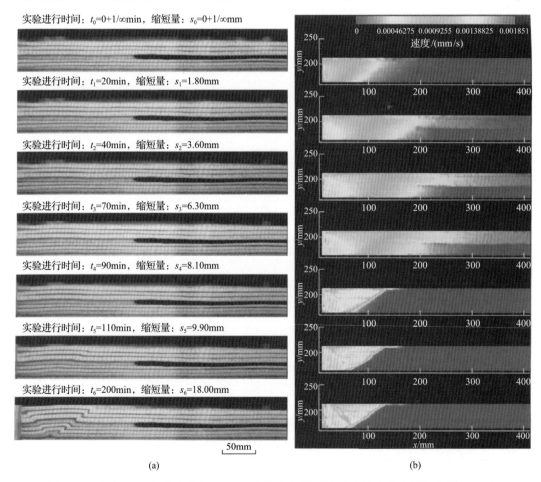

(a) (b)

图 8-10 实验 7-2-3 初始阶段(0~200min)构造变形过程(a)和速度场(b)(沈礼等,2012)

根据 PIV 所得速度场云图动画(图 8-10),在破裂发生前,模型剖面速度场一直没有显示出将要产生破裂的位置(应变集中的位置),速度梯度也不明显。在速度场具有明显梯度的初期($t_4\sim t_5$),实验照片上模型剖面还没有表现出明显的破裂,但通过 PIV 所得到的速度场具有清晰直观的变化,据此可以比直接观察实验照片更早地确定破裂发生的位置。

三、构造变形机制

实验模型累积应变是所有间断过程增量应变的总和。本节实验过程中，PIV 系统每隔 2min 采集一次图像，便可以计算一次增量位移和增量应变。选取了实验 7-2-3 初始状态到褶皱发育之后(实验时间 0～120min)的过程进行了累积应变分析。图 8-11～图 8-13 展示了这 120min 内实验模型剖面变形的位移量、剪切应变和面积应变的累积过程，即 60 个连续间断过程(dt=2min)中增量位移和增量应变的累加过程。

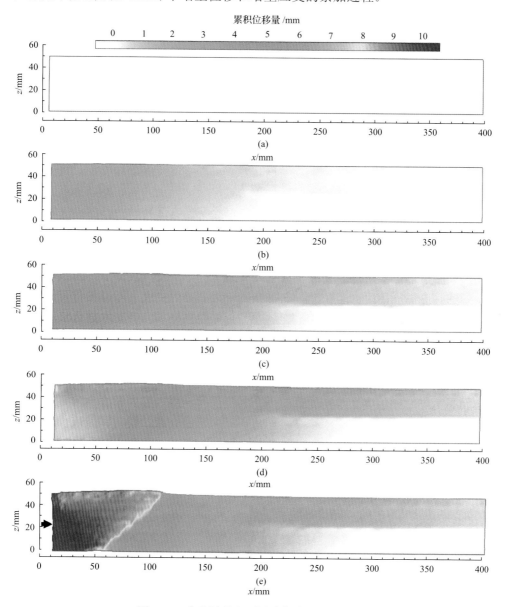

图 8-11　实验过程中不同阶段总位移量云图

(a)时间：t_1=2min，缩短量：s_1=0.18mm；(b)时间：t_2=30min，缩短量：s_2=2.7mm；(c)时间：t_3=60min，缩短量：s_3=5.4mm；
(d)时间：t_4=90min，缩短量：s_4=8.1mm；(e)时间：t_5=120min，缩短量：s_5=10.8mm

实验模型剖面变形位移量累积过程显示，实验从初始状态到挤压缩短量为 8.1mm 的过程中，累积位移量在剖面上大部分地方均逐渐增加[图 8-11(a)~(d)]，而在挤压缩短量从 8.1mm 增加至 10.8mm 的过程中，累积位移量只在前冲断层左侧区域增加，这说明在前冲断层即将发育之时至发育之后，其下盘的位移量就不再增加。在靠近挤压端的直角三角区域内累积位移量始终与挤压缩短量保持大致相等[图 8-11(e)]，说明该区域内的物质在整个过程中都与挤压端的运动基本一致。

剪切应变的累积过程显示，挤压缩短量达到 8.1mm 之前，有限剪切应变的分布比较广泛，应变强度随着挤压缩短过程逐渐增大[图 8-12(a)~(d)]。但除了在韧性层所在位置较为集中，强度较大(在挤压缩短量为 8.1mm 时约 20%)外，其余地方都较弱(在挤压缩短量为 8.1mm 时约 4%)。在挤压缩短量从 8.1mm 增加至 10.8mm 的过程中，有限剪切应变在前冲断层所在位置增加最为明显，强度达到 20%，前冲断层左侧区域有限剪切应变只有少量增加，而其下盘有限剪切应变完全没有增加[图 8-12(e)]。

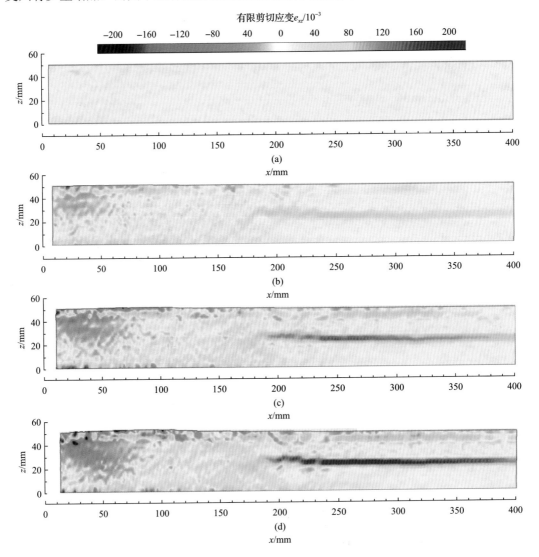

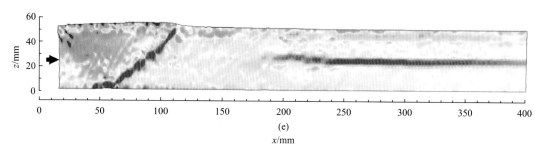

(e)
x/mm

图 8-12 实验过程中不同阶段剪切应变云图

(a) 时间：t_1=2min，缩短量：s_1=0.18mm；(b) 时间：t_2=30min，缩短量：s_2=2.7mm；(c) 时间：t_3=60min，缩短量：s_3=5.4mm；
(d) 时间：t_4=90min，缩短量：s_4=8.1mm；(e) 时间：t_5=120min，缩短量：s_5=10.8mm

面积应变累积过程显示，在挤压缩短量达到 8.1mm 之前，剖面上有限面积应变在比较宽广的区域内逐渐增大，且有向模型前端（右侧）扩展的趋势，最远可以到达离挤压端约 30cm 处，但有限面积应变的强度较弱，在挤压缩短量为 8.1mm 时为 4%～8%[图 8-13(a)～(d)]。另外，分散的有限面积应变还出现了一定程度的分层现象。挤压缩短量从 8.1mm 增加到 10.8mm 的过程中，有限面积应变在前冲断层左侧有少量增加，在反冲断层和前冲断层所在位置及邻近区域增加比较明显。当缩短量为 10.8mm 时，有限面积应变强度在反冲断层及附近位置约为 12%，在前冲断层及附近位置达 ±20%[图 8-13(e)]。

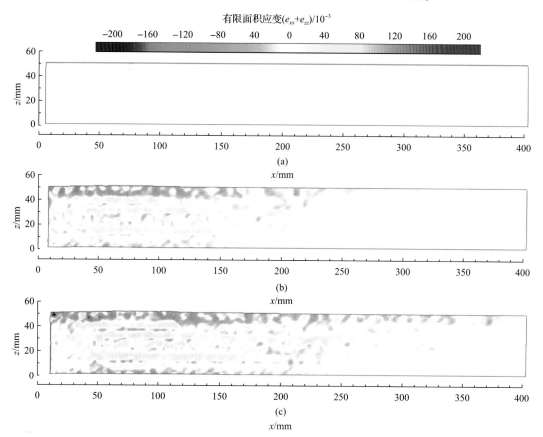

有限面积应变$(e_{xx}+e_{zz})/10^{-3}$

(a)
x/mm

(b)
x/mm

(c)
x/mm

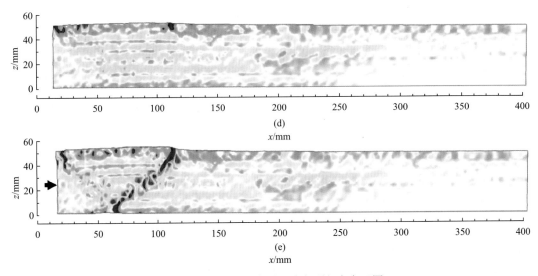

图 8-13　实验过程中不同阶段面积应变云图

(a)时间：t_1=2min，缩短量：s_1=0.18mm；(b)时间：t_2=30min，缩短量：s_2=2.7mm；(c)时间：t_3=60min，缩短量：s_3=5.4mm；(d)时间：t_4=90min，缩短量：s_4=8.1mm；(e)时间：t_5=120min，缩短量：s_5=10.8mm

　　结合本节前一部分对褶皱发育前后的增量应变分析可以认识到，从初始状态到褶皱发育形成之后的整个过程中，分布广泛的应变主要来源于褶皱发育之前，强度较弱；分布较集中的应变主要来源于褶皱和断层即将发育之时至发育之后，主要集中在断层及邻近区域，强度较大。贾东等(2007)在采用磁组构方法研究断层相关褶皱有限应变状态的工作中也得到了相同的认识。说明褶皱和断层的发育过程中地层经历了从分散应变到应变集中两种变形方式(Adam et al.，2005；Bernard et al.，2007)。分散应变主要反映了纯剪作用(pure shear)造成的平行层缩短和地层增厚过程，应变集中主要反映的是断层及附近位置的简单剪切变形过程。另外，韧性层位置集中的有限剪切应变反映了韧性层之上的变形比韧性层之下的变形传递得更远，是韧性层上下简单剪切作用的结果。

　　本节通过物理模拟实验模拟了褶皱和断层构造发育的一个完整过程，并运用 PIV 技术实现了整个过程的应变分析。在挤压变形初始阶段褶皱和断层尚未开始发育之前，地层中广泛分布着纯剪切变形作用引起的弱应变，其分布范围在挤压方向上可达 120km(模型中 30cm)，是构造事件初期分布广泛的区域型张裂缝和剪裂缝形成的主要机制。在褶皱和断层即将发育之时至发育之后，有限应变主要集中在断层所在位置及邻近区域，应变强度较大，是断层面附近简单剪切变形作用的结果，也是局部剪裂缝和张剪裂缝发育的主要机制。因此，以物理模拟实验和 PIV 技术为基础，定量分析褶皱和断层构造发育过程中有限应变演化历史，通过有限应变状态与构造裂缝发育的关系，探讨裂缝成因机制和分布规律，是实现构造裂缝定量预测的一种切实可行的办法。

第九章　挤压滑脱构造模型、增生方式及控制因素

褶皱冲断带作为汇聚板块边缘重要的变形单元，由底部滑脱层及在其上滑动的楔形褶皱冲断变形体系组成。褶皱冲断带构造变形与滑脱层的存在密切相关。滑脱层通常分隔基底与盖层，是多构造层层序中力学性质软弱的岩层。结构上，含滑脱层的地层介质构成了特殊的脆-韧性力学地层组合，这在我国中西部前陆盆地和冲断带中较为普遍，如塔里木盆地的库车冲断带和塔西南山前冲断带、四川盆地西缘构造带、准噶尔盆地南缘构造带等均具有这样的力学地层组合特征。力学地层组合的特殊性使中西部前陆盆地和冲断带表现出深浅层构造不一致的复杂性。深入探讨滑脱构造作用的类型、构造变形机制及其制约因素对含油气冲断带深层结构的分析具有重要意义。

第一节　挤压滑脱构造作用模型

受地层能干性差异的控制，褶皱冲断带的构造变形存在明显的差异。在区域的地质构造变形中，力学强度高的能干性地层通常形成脆性的破裂和断裂体系，而力学性质软弱的非能干性地层则成为滑脱层进而影响构造变形的发育。滑脱层流变性质及组合特征的不同是影响挤压冲断构造变形特征及演化过程的主要因素。进一步来说，许多前缘冲断的传播是受脆性盖层和韧性基底的相对强度(脆-韧性耦合)控制的(Smit et al.，2003)。例如，阿拉巴契亚南部褶皱冲断带及阿尔卑斯构造带滑脱层的韧性流变特征不明显，主要受基底摩擦拆离作用影响，构造变形样式为低角度逆冲断层[图 9-1(a)]，而扎格罗斯构造带基底存在厚层盐滑脱层，其主要变形样式为滑脱褶皱[图 9-1(b)]。研究在结合系列脆-韧性构造模拟的基础上分析认为，根据冲断构造底部力学地层(或构造层)强度

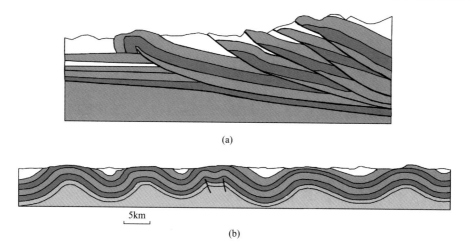

(a)

5km

(b)

图 9-1　基底滑脱作用差异的褶皱冲断带变形示意结构

的差异，滑脱构造作用可初步分解出基底摩擦拆离、基底韧性滑脱和盐滑脱三种主要类型。基础结构上，这三种类型具有脆/韧性相对强度比依次减低。

一、基底摩擦拆离模型

冲断构造楔模型是一种基底或底部不含韧性介质或材料，与材料内摩擦和基底摩擦相关的模型。冲断构造楔模型通常也被称为临界增生楔模型或库仑楔模型。前人的实验研究表明，单纯由石英砂铺设而成砂箱模型，其挤压变形产生冲断构造楔，变形样式取决于脆性实验材料(或脆性地层介质)的厚度和底板(或刚性基底)的摩擦系数，表现为传播褶皱或冲断叠瓦状构造(Liu et al.，1992)。

研究在系列实验的基础上，选取了一个模型进行数据分析。图 9-2 为实验模型的变形结果，图 9-3 为模型中冲断构造发育过程中斜坡角度(坡角)和垂向高度随缩短量变化的定量关系。从模型所产生的六个冲断构造来看，冲断构造的断面统一向下延续至底板，底板则构成了模型的底部摩擦拆离面。整体变形的斜坡角度-缩短量关系表现出在单个构造发育阶段斜坡角度随缩短量的增加而增加，当新构造产生后坡角突降，单个冲断构造片的垂向抬升高度-缩短量关系则表现为构造的垂向抬升随缩短量的增加而持续增加，无明显的转折性，即新构造的发育并不影响早期构造被持续垂向抬升。因而冲断片在剖面上形成垂向堆叠，断片间的间距则随变形过程而增大。

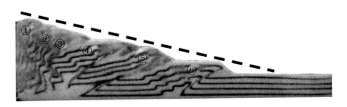

图 9-2　基底摩擦拆离实验构造变形结果
①～⑥均为冲断构造

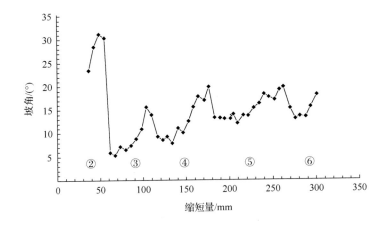

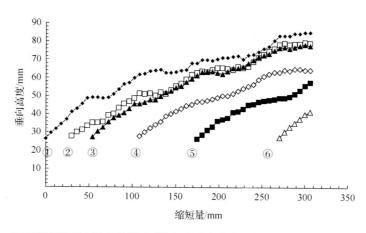

图 9-3 基底摩擦拆离实验各构造片(坡角和垂向高度)随缩短量变化的定量关系

实验分析表明，模型斜坡角度的变化显著地反映了临界楔构造增生机制的特征。根据临界楔构造的增生机制分析，其变形间距、幅度是随底板(拆离基底面)的摩擦系数而变化的。底板(拆离基底面)的摩擦系数越大，形成的变形间距越小，但垂向增生的幅度和整体构造的斜坡角度则越大；底板(拆离基底面)的摩擦系数越小，形成的变形间距越大，但垂向增生的幅度和整体构造的斜坡角度则越小。

此外，结合离散元数值模拟，对基底摩擦拆离模型在变形过程中的内部应变变化开展了分析(图 9-4)。由应变计算原理可知，处于活动中的断面的应变偏量较大，而停止活动的断面上应变偏量为零。模型中应变偏量最大处始终为最新的断面，而断面上最大应变处位于浅部；早先形成的断层活动较为轻微，应变偏量的增量较小。这意味着在基底摩擦拆离的变形过程中，当新的断层出现，老断层基本处于停止活动状态，冲断构造属于传播变形。

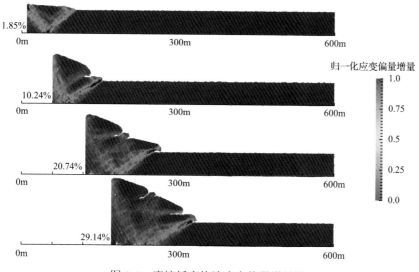

图 9-4 摩擦拆离构造应变偏量增量图

二、基底韧性滑脱模型

世界上有超过 13 个大型褶皱-冲断带底部发育韧性滑脱层（Davis and Engelder，1985）。相对于没有韧性滑脱层发育的冲断带，滑脱层作用下的构造变形更易向前陆盆地方向传播，形成宽缓的褶皱冲断带（Davis and Engelder，1985；Butler，1987；Cotton and Koyi，2000；Bonini，2001）。

在基底韧性滑脱模型中，脆性构造层底部含有可产生滑脱作用的韧性介质。实验上，研究采用由底部硅胶层和上部石英砂层构成的简单二层组合结构。图 9-5 为两个实验（砂箱模型厚度分别为 3cm 和 5cm）的变形结果，其形态上表现为连续发育一系列近似或相似的隔挡式褶皱-冲断带，变形间距大致相当。两个模型的尺度（长 100cm）、底部韧性硅胶层厚度、缩短率（30%）及挤压变形速率均相同（0.01mm/s）。对比表明，上覆层越厚，其构造变形越少，但间距和规模要大得多。

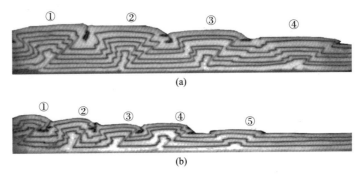

图 9-5　韧性滑脱实验构造变形结果
(a) 5cm 砂层；(b) 3cm 砂层

5cm 砂层模型的数值分析结果表明［图 9-6(a)］，其坡角-缩短量关系表现为单个构造在发育过程中坡角随着挤压缩短量增加而降低，这一特征明显与基底摩擦拆离模型相区别。构造抬升高度与缩短量关系［图 9-6(b)］揭示每一构造的垂向抬升都分为两个阶段：早期阶段的快速抬升阶段和新构造形成后的慢速抬升或几乎不抬升阶段。进一步的材料应变强度分析表明（图 9-7），在 5cm 模型的脆-韧性材料组合中，脆/韧性强度比为 43.1，而 3cm 模型的脆/韧性强度比为 27.6。由于变形样式受制于脆/韧性材料的流变属性，脆/韧性强度比越大（如滑脱层上覆脆性构造层加厚或滑脱层减薄），该类实验模型的变形结构特征将越趋向于稳定的脆性变形，例如，实验中已发现，变形速率的急剧增加可增大脆/韧性强度，高速率挤压可形成冲断片或断块叠置，变形结果类似基底摩擦拆离的特征。相反，脆/韧性强度比越小，韧性滑脱层的作用效果将越显著，其结果使单个构造的稳定性变差，可能与相邻构造或在横向上表现出构造带差异。

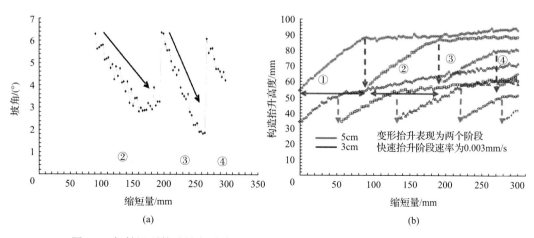

图 9-6 韧性滑脱构造坡角随缩短量变化(a)及抬升高度随缩短量变化对比(b)

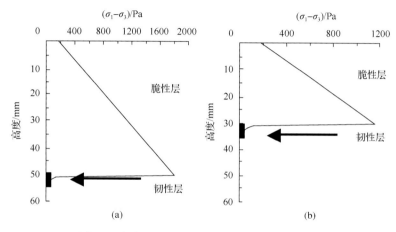

图 9-7 韧性滑脱构造实验模型应变强度关系图
(a)脆/韧性强度比为 43.1；(b)脆/韧性强度比为 27.6

三、盐滑脱模型

严格说来，盐滑脱构造模型属于基底韧性滑脱模型的一个特殊类型。韧性滑脱层的强度是影响构造变形样式的关键因素。褶皱冲断带中常见的滑脱层组成有泥岩、页岩、煤层，以及膏盐岩和盐岩等。力学测试表明，这些岩石在一定温压条件下均表现出韧性流变行为。其中，盐岩作为一种蒸发岩，它比其他岩石的强度要软弱得多。

实验上，盐滑脱模型的构造层组合和变形特征与基底韧性滑脱模型有相似之处。不同的是实验上铺设的石英砂层较前一类模型小，从而使模型的脆/韧性强度比大大降低。

从上覆砂层分别为 20mm 和 10mm 的两个模型中可以看出(图 9-8)，伴随模型上覆石英砂层厚度的减小，模型所产生的构造变形一致性降低。在 10mm 上覆石英砂层的模型中，变形表现出明显的构造倾向不一致的褶皱-冲断。模型的构造抬升高度与缩短量关系表明(图 9-9)，尽管盐滑脱模型与韧性滑脱模型有一定的相似性，但其单个构造发育过程中的抬升高度的两阶段性已不明显，断片间的间距变化也显得不一致和无规律。这些特征表明，韧性层在此类模型中不仅是作为滑脱层而存在，同时也参与各个构造的变形。

由于脆/韧性强度比较小，韧性的硅胶层在构造核部显示明显的增厚，具有典型的盐相关构造变形的特征。

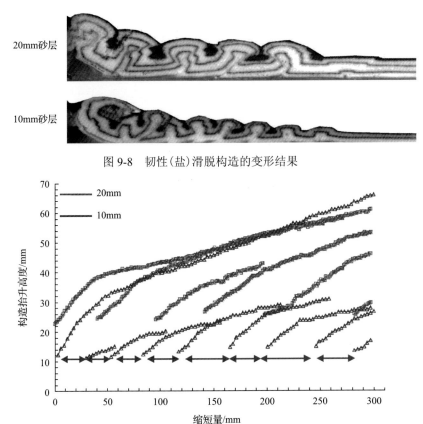

图 9-8　韧性(盐)滑脱构造的变形结果

图 9-9　韧性(盐)滑脱构造抬升高度随缩短量的变化

第二节　多滑脱(拆离)构造的组合特征

地质上，依据地层能干特征划分的构造层往往不是简单的脆-韧性组合。可能是脆-韧-脆，甚至是更复杂的组合关系。研究结合脆-韧性材料组合的实验模拟，提出多滑脱作用结构层变形的可分解性及特征的结构模式。

一、多滑脱作用结构层变形的分解

图 9-10 为一个脆-韧-脆材料组合的三层结构实验模型。在这一模型中，中间的韧性硅胶层显示了滑脱层的特性，分隔了上下构造层的变形。为了了解下部构造层的变形特征，研究分析了其下部构造层断片发育过程中断层水平位移及构造坡角与缩短量的关系。

由图 9-11 可知，该模型的深部断片的发育是有序的，当一个新构造断片开始发育时，前一构造断片的水平位移出现转折(不变或下降)。这意味着构造缩短量是以新构造增生的方式来实现消减的，而从其下构部造层的坡角-缩短量关系可见，在每一个新增的构造断片的发育期间，下构部造层的坡角整体上是变大的，而当新构造出现增生时才发生突降，随后又重复出现坡角的上升。这显著地表现了临界楔构造增生模型的特征，因而可以断定，尽管模型为三层的脆-韧-脆材料组合，但其下构造层本身的变形作用类型并未改变，为基底摩擦拆离模型。从这一意义上讲，这种三层结构模型的变形可根据滑脱作用类型分解为上构造层的韧性(或盐相关)滑脱构造模型，以及下构造层的基底摩擦拆离模型。二者的组合构成了一个双重构造(duplex)样式。

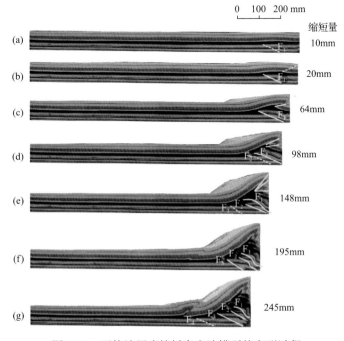

图 9-10　下构造层摩擦拆离实验模型的变形过程

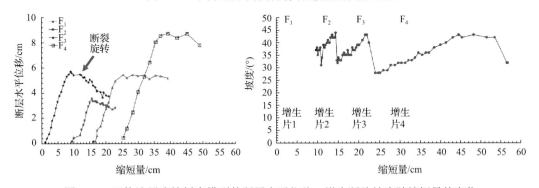

图 9-11　下构造层摩擦拆离模型的断层水平位移、增生断片坡度随缩短量的变化

研究中类似这样的复合构造样式很常见(图 9-12)，而基于地层(材料)的属性和组合关系，复杂的构造组合通常可以进行构造层分解，从而简化对构造变形样式的认识。从实验观察推断，地质条件下很多复杂构造区的变形可能是上述基本类型的复合表现形式。因而在复杂构造解析中需要综合考虑断层相关褶皱理论和盐构造理论。

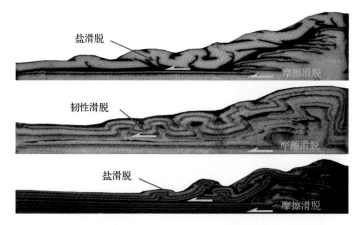

图 9-12　上构造层韧性(盐)滑脱、下构造层摩擦拆离的组合样式

二、多滑脱作用挤压冲断的结构模式

前人的研究表明，受双层或多层非能干层的影响，在双滑脱层或多滑脱层盆山体系中通常发育双重构造(duplex)。双重构造由盖层、顶板拆离(滑脱)层、冲断块和底板拆离(滑脱)层组成。根据盖层沿顶板滑脱层的位移方向不同，可以进一步划分为"主动顶板双重构造(active roof duplex)"及"被动顶板双冲构造(passive roof duplex)"。主动顶板双重构造的盖层中发育前冲构造[图 9-13(a)]，被动顶板双冲构造的盖层中发育倾向前陆的反冲构造[图 9-13(b)]。

(a)　　　　　　　　　　　　　　(b)

图 9-13　双重构造示意图

研究结合模拟实验进一步开展了多滑脱作用控制下挤压冲断结构模型的分析。图 7-19 和图 7-21 分别为受深层基底摩擦和基底韧性滑脱控制的双层滑脱模拟。图 7-21 中，模型基底铺设了脆性的玻璃微珠作为下滑脱层系，用于模拟下构造层(深层)受基底摩擦拆离制约的变形；图 7-19 中，模型基底铺设了韧性的硅胶作为下滑脱层系，用于模拟下构造层(深层)受基底韧性滑脱制约的变形。为了更清晰地观察滑脱层控制下的深浅层构造的拆离(滑脱)作用，模型预先设置了坡形的加积楔体。

模型设置的实验条件为长 100cm、宽 30cm，上下构造层厚度分别为 1.8cm 和 2.2cm，上下滑脱层厚度均为 0.5cm，挤压速率为 0.002mm/s。

从实验分析结果来看，两组模型的深浅层构造变形存在共性特征，即两套滑脱层系作用下的变形均分别体现在其上紧邻的脆性构造层中。上部滑脱层系控制浅部构造层变形，滑脱冲断作用均位于加积楔体的前缘，形成前缘冲断；下部滑脱层系控制深层构造变形，冲断作用均位于加积楔体之下，形成基底冲断。基底冲断在顶板滑脱层系的约束下可构成结构不同的双重构造样式。

结构上，两组模型的浅构造层前缘褶皱-冲断的形态差异并不明显，但深层构造的基底冲断则有较大差异。根据滑脱构造作用类型来划分，图7-21的深层基底冲断构造受基底摩擦拆离作用影响，形成近挤压端的垂向堆叠增生楔体，具有典型的冲断片构造堆叠特征；但在图7-19的模型中，深层基底冲断较单一，且距离挤压端较远，冲断位移量大，显示构造的生长受韧性下滑脱层系制约。

模拟实验研究表明，在多层滑脱挤压作用下，尽管褶皱-冲断构造的行为可能很复杂，冲断变形的结构主要有两种基本模式：浅构造层的前缘增生和深构造层的基底增生(图9-14)。前缘增生中，楔体构造随着前缘冲断褶皱-断裂(如背驼式冲断或冲起构造)的传播而渐进增长；在基底增生中，楔体结构由于滑脱层下部层系卷入冲断系统而形成基底增长现象，在不同的基底滑脱作用、抬升速率和剥露条件下可形成多种形式的双重构造样式。两种增生模式都会导致褶皱-冲断变形向水平和垂直方向生长。前缘增生中以浅构造层变形的水平扩展为主，而基底增生中以深构造层变形的垂向增厚为主，但在深层韧性滑脱作用足够强的情况下可能表现出长间距的系列褶皱-冲断变形。

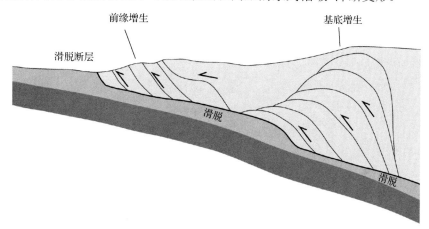

图 9-14　多层滑脱冲断构造的增生模型

第三节　滑脱构造作用的变形机制

滑脱构造变形由于构造层力学性质的差异表现出不同的作用效果和变形类型。研究表明，滑脱作用控制下的构造变形通常具有临界增生和非临界增生两种发育机制。临界增生构造以基底摩擦拆离作用下脆性冲断片的传播或堆叠为典型特征，而非临界增生构造通常以韧性滑脱层变形为特征。

一、临界增生构造机制

增生构造楔是褶皱冲断带中脆性变形构造生长常见的一种方式(Davis et al.，1983)，它的形成与挤压冲断变形的底部拆离(滑脱)作用密切相关。增生构造楔和薄皮的褶皱-

冲断通常具有如下特点：①底部由力学性质较软弱的底部拆离或滑脱地层组成；②形成的冲断倾向后陆，并向前陆方向系统地传播；③楔体坡角倾向前陆方向。

增生构造楔的几何学变形特征通常用临界锥角(临界楔)理论来分析。临界锥角(临界楔)理论是通过莫尔-库仑破裂准则来描述增生楔体的变形行为(Davis et al.，1983；Dahlen，1984；Dahlen et al.，1984；Lallemand et al.，1994)。这一理论推测当增生楔体达到一个临界锥角时，楔体内部的冲断与底部滑动形成应力平衡，持续的挤压缩短将使冲断前缘产生新的破裂变形。

临界锥角(临界楔)理论提供了分析增生楔体临界锥角、主应力(σ_1 和 σ_3)方位，以及增生楔体冲断角度(θ_f 和 θ_b)的算法。增生楔体的临界锥角是地面坡角(α)和基底坡角(β)之和($\alpha+\beta$)。利用临界锥角分析，干燥无黏滞性砂体形成的增生构造楔的几何参数具有如下关系(Dahlen，1990)：

$$\alpha + \beta = \left(\frac{1-\sin\phi}{1+\sin\phi}\right) \cdot \left(\mu_b + \beta\right) \tag{9-1}$$

式中，ϕ 为增生楔体的内摩擦角；μ_b 为基底摩擦拆离系数，可在一定程度上用于反映基底滑脱拆离的强度。根据临界锥角理论，增生构造楔的临界锥角将随着基底摩擦系数的增加而变大，随着楔体材料内摩擦角(系数)的增大而减小。

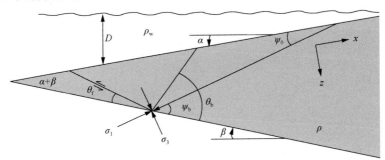

图 9-15　临界锥角库仑楔模型及相关参数(Dahlen and Suppe，1988)

α 为地面坡角；β 为基底坡角；$\alpha+\beta$ 为临界锥角；Ψ_b 为最大主应力与基底面夹角；Ψ_0 为 σ_1 与地面夹角；θ_f 为正冲破裂面与基底面的夹角；θ_b 为反冲破裂面与基底面的夹角

图 9-16 解释临界楔体稳定域演化的关系图。在构造增生楔体中，稳定域是一个楔体无内部变形产生的区域。地面坡角(α)和基底坡角(β)关系位于稳定域之外，楔体处于超临界或低临界状态，即非平衡态，构造增生的楔体将通过内部的伸展或挤压变形来增加或降低地面坡角，调节临界锥角的平衡。当基底拆离强度和内部材料强度发生变化时，稳定域的范围也将发生变化。基底摩擦拆离强度减小，临界楔体的稳定域将变大，水平方向变窄，垂直方向变宽[图 9-16(a)中的虚线]；楔体材料的内摩擦强度减小，临界楔体的稳定域将变小，垂直方向变窄[图 9-16(b)中的实线]。为了适应不同构造变形产生的地面坡角的变化，构造变形将产生前缘增生、俯冲、双重、无序冲断或形成新的基底滑脱等特征。

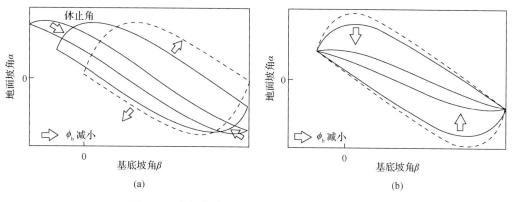

图 9-16 临界楔稳定域的演化（Davis et al.，1983）

二、非临界增生构造机制

除了遵循莫尔-库仑破裂准则的临界楔增生机制外，许多研究表明，含黏性材料的脆性介质可表现出非库仑楔的构造变形。这些构造变形不能用临界楔理论解决它们在非临界状态楔体生长的问题。也就是说，对这类变形而言，它们的内部强度和基底强度均较低，变形形成的构造锥角不能产生足够大的剪切应力，并解释破裂的形成。这种变形以含盐层的滑脱构造最为典型。

如图 9-17 所示，黏性滑脱层之上或含黏性层的褶皱-冲断变形并不遵循临界楔体理论。它们显示出黏性材料控制下的特殊力学属性。其特征之一是由于基底构造耦合性的降低，前缘褶皱-冲断变形能更快和更远地传播。在所有已知与盐相关的褶皱-冲断带中，坡面上的构造锥角都大致维持在 1°，不能与脆性增生楔体的锥角相提并论（Davis and Engelder，1985）。此外，在这类变形的演化中，向前陆方向的冲断通常会减少，而向后陆方向的冲断则会有增加的趋势，从而在黏性滑脱层之上形成非常典型的对称的前冲和反冲断裂，如冲起构造。

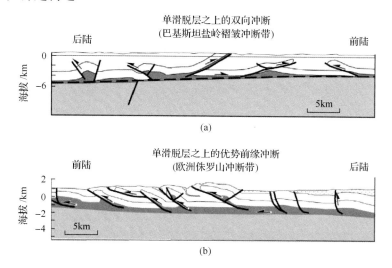

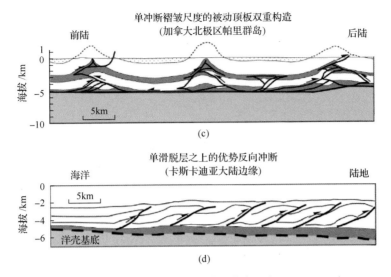

图 9-17　含黏性滑脱层的褶皱冲断带变形（Bonini，2007）

　　力学特征表明，含盐的蒸发岩通常是典型的韧性变形岩层。无论在伸展还是挤压背景下，盐岩都比其他岩石的强度软弱得多。盐岩是一种流动效率高的黏性材料，在浅埋的低温低压条件下会表现出软化和高韧性（Davis and Engelder，1985；Weijermars et al.，1993）。伸展区的盐岩可以主动方式影响上覆层变形（Jackson et al.，1994），而挤压背景下的盐岩主要是起滑脱面的作用（Velaj et al.，1999；Fort，2004；Sherkati et al.，2005）。

　　蒸发盐岩韧性滑脱变形的应变状态可以用黏性蠕变来描述。图 9-18 为黏性蠕变材料的应变-时间曲线。曲线反映变形分为三段：初次蠕变阶段是一种瞬变状态；二次蠕变阶段为稳态蠕变；三次蠕变阶段产生破裂。

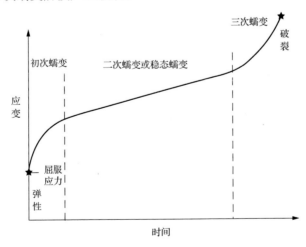

图 9-18　黏性蠕变材料的应变-时间曲线

　　岩石稳态黏性蠕变的应变通常使用下面的关系式计算：

$$\dot{\varepsilon}(t) = A(\sigma_1 - \sigma_2)^n \, \mathrm{e}^{-\frac{Q}{RT}} \tag{9-2}$$

式中，A 为常数；$(\sigma_1 - \sigma_2)$ 为最大和最小应力差；R 为气体常数$(8.31\mathrm{J}/(\mathrm{mol}\cdot\mathrm{K}))$；$T$ 为温度；Q 为蠕变活化能；n 为蠕变应力指数。

第四节　滑脱构造作用的影响因素

大量的研究表明，褶皱-冲断构造的启动、生长和几何结构受许多自然变量影响。如原始未变形地层的力学属性、楔体底部的摩擦阻力、刚性基底的形态、沉积和侵蚀速率等（Davis et al.，1983；Davis and Engelder，1985；Dahlen and Suppe，1988；Boyer，1995；Erickson，1996；Mandal et al.，1997；Fermor，1999；Turrini et al.，2001）。在一定程度上，冲断带的样式可能是底部摩擦、初始坡角、基底斜坡和地表侵蚀的函数。研究结合模拟实验对这些相关因素进行分析。

一、底部摩擦强度

理论和实验研究已表明，受基底摩擦拆离作用制约的构造变形，通常形成临界构造楔，其锥角随底部摩擦的增加而增加（Davis et al.，1983；Mulugeta，1988a，1988b；Liu et al.，1992）。根据临界楔理论，基底摩擦系数(μ_b)可对滑脱作用中的基底摩擦强度进行定量表征。研究结合不同基底摩擦性质的实验分析，对滑脱构造中底部摩擦强度的影响进行了验证。

图 9-19 模拟分析表明，由于底板的摩擦系数存在差异，增生的冲断构造在坡角、结构形态和样式上存在较大差异。楔体底部的摩擦越大，其垂向抬升分量越大，造成底部垫高。高摩擦的冲断楔以高锥角和低角度冲断的生长为特征。反而言之，楔体基底的垫

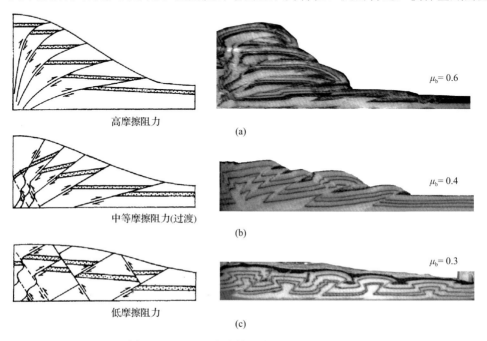

图 9-19　不同基底摩擦强度的构造变形

高形成的高坡角反映了下部基底滑脱层位具有较高的摩擦行为。变形结构上，高摩擦阻力的滑脱层形成叠瓦楔冲断，主要的反向冲断沿挡板发育，楔体内部较少；低摩擦冲断楔以低锥角和新构造单元前展式前缘增生为特征。低摩擦阻力的滑脱层形成滑脱褶皱或冲起构造。理论上讲，由于低摩擦冲断楔的应力场更对称，其挤压主应力与底板的交角较小，导致向前陆和后陆方向会聚的两个滑移面倾角近乎相等（Davis and Engelder，1985），造成前冲和反冲断裂同等发育，变形通常含共轭冲断，形成冲起构造。Malavieillea 和 Konstantinovskaya（2010）认为，在多层滑脱构造中，新的冲断在生长和向前传播变形期间，冲断楔体内早先的断裂或新形成的断裂可以呈无序状活动，以维持冲断楔体理想的增生临界楔角。

二、滑脱层空间分布

一般而言，滑脱层的空间分布与滑脱层下早前基底的隆凹格局密切相关。滑脱层的分布是控制褶皱-冲断构造的重要因素之一，直接控制冲断结构及变形分布。

1. 制约冲断结构

实验模型中平面上分布不同宽度初始盐盆地，包含三个区域：宽含盐盆地区域（Ⅰ）、窄含盐盆地区域（Ⅱ）和无盐盆地区域（Ⅲ）[图 9-20(a)]。模型整个演化过程分成两个阶段：被动底辟阶段和后期挤压阶段。在盐底辟阶段，随着前构造沉积层的加载，模型平面上弱化区域逐渐隆起形成盐底辟[图 9-20(a)～(c)]。随后给模型施加水平的挤压量，当模型挤压量达到 16mm 时，可以观察到盐底辟收敛隆起并开始沿着挤压方向向前发生逆冲推覆，形成北倾的前缘逆冲断层（frontal thrust fault，FTF），而在无盐区域靠近挤压端也形成一排逆冲断层 F_1[图 9-20(b)]。同时，在 FTF 断层和 F_1 断层之间沿着无盐区域和含盐区域边界发育右旋走滑断层，以调节两断层之间的差异传播[图 9-20(b)]。沿着这条走滑断层，在含盐盆地内发育向斜—背斜—向斜相间排列的大致平行的雁列褶皱[图 9-20(b)]。随着挤压量继续增大（如 45mm），FTF 断层继续向挤压方向逆冲，同时一条反向逆冲断层（back-thrusting fault，BTF）开始在挤压端前缘形成[图 9-20(c)]。在这个过程中，无盐区域内第二条前展式逆冲断层（F_2）也逐渐向前传播，但依然和含盐拗陷逆冲前缘断层 FTF 距离相差甚远，两者之间走滑断层仍然继续活动，并促使雁列褶皱开始向拗陷内部延伸生长[图 9-20(c)]。当挤压量持续增加时（如 65mm），一个完整的向斜拗陷逐渐开始在 FTF 断层和 BTF 断层之间演化形成[图 9-20(d)中构造①和②]。另外，伴随挤压量增大，无盐区域内第三条前展式逆冲断层（F_3）已经开始向前传播，而雁列褶皱则逐渐紧闭，并且继续向盐盆地内部延伸，且雁列褶皱的轴线大致平行于拗陷逆冲前缘带 FTF 断层走向[图 9-20(d)中构造③和④]。挤压量为 96mm 时，无盐区域发育了四条前展式逆冲断层，且第四条逆冲断层（F_4）与逆冲前缘带 FTF 断层基本可以连成一条线[图 9-20(e)]。此外，整个变形前缘再也没有产生其他构造，而伴随走滑断层发育的雁列褶皱则被挤压破坏，盐背斜构造核部挤压变形严重，且越靠近走滑断层，被挤压破坏得越厉害，在走滑断层边界盐背斜构造核部甚至被逆冲断层切穿，盐岩出露地表[图 9-20(e)]。

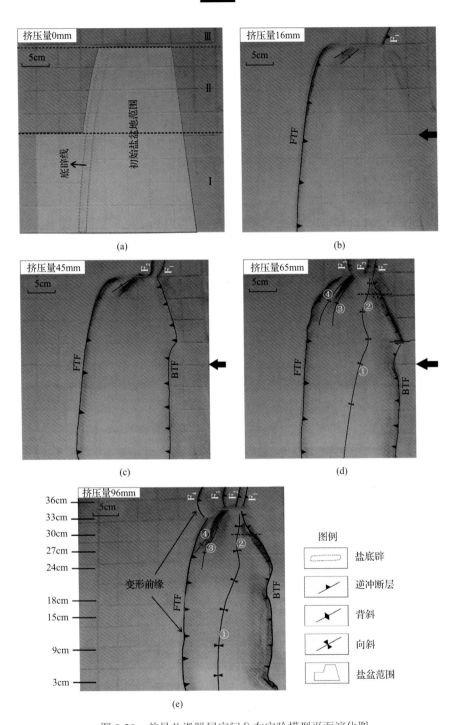

图 9-20 差异盐滑脱层空间分布实验模型平面演化图

(a)被动盐底辟发育后(挤压前)模型平面图；(b)~(e)后期挤压阶段模型构造变形演化平面图。图(e)中左侧短线和数字表示图 9-21 中切剖面的位置。FTF.前缘逆冲断层；BTF.反冲逆冲断层

实验结束后，通过切片获得整个模型内部的最后形态(图 9-21)，各个剖面对应的位置如图 9-20(e)所示。整个模型沿着走向被分段为宽含盐盆地(Ⅰ)、窄含盐盆地(Ⅱ)和无

盐盆地(III)三个区域。在这三个区域内，盐下基底地层构造变形基本一致，主要集中在挤压端前缘，形成逆冲叠瓦状断层带，但沿着走向这三个区域盐岩层和盐上覆地层构造变形特征则各不相同：①从宽含盐盆地到窄含盐盆地，盐岩的厚度逐渐增加；②在宽含盐盆地区域内，仅拗陷右翼被基底逆冲叠瓦断层抬升，拗陷的沉积中心偏向拗陷的左翼[图 9-21(a)~(c)]，而在窄含盐盆地区域内，整个拗陷被盐下基底逆冲叠瓦断层所抬升[图 9-21(d)、(e)]；③宽含盐盆地向斜拗陷非常完整，除了两翼分别向左右两侧发生逆冲推覆外，并没有明显的地层变形[图 9-21(a)~(c)]，但在窄含盐盆地区域拗陷内地

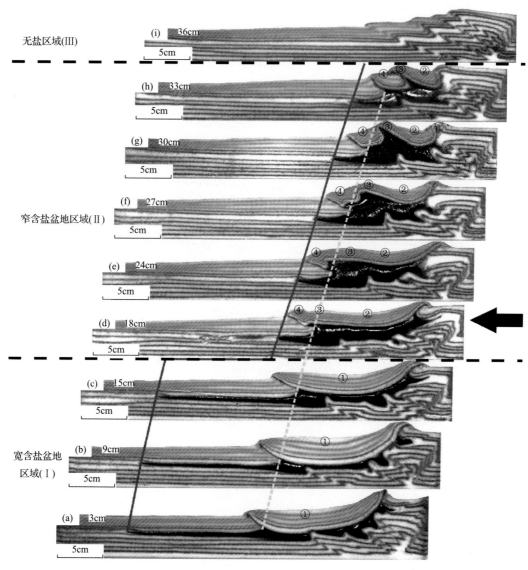

图 9-21　实验模型中平行挤压方向的实验切剖面组合[剖面位置见图 9-20(e)]

图中红色线段代表着含盐盆地前缘沉积边界，黄色虚线段则代表被动盐底辟初始发育位置。数字序列①~④则表示图 9-20中不同的褶皱

层褶皱变形非常强[图 9-21(d)～(g)]，甚至在靠近边界走滑断层的区域内褶皱被断层切穿，盐岩出露地表[图 9-21(h)]；④含盐区域和无盐区域构造变形特征明显不一致，前者垂向分层构造变形特征明显，变形过程中盐岩具有滑脱调节的作用，后者则地层上下构造变形一致，基底断层直接在地表出露。

通过该实验，可以看出盐滑脱层分布对冲断构造演化具有重要的影响(Davis and Engelder，1985；Letouzey et al.，1995；Sans and Verges，1995；Costa and Vendeville，2002；Bahroudi and Koyi，2003)。正如该挤压实验模型中所描述的那样，不同的模型剖面中构造分段差异变形样式的分布与盐层宽度的变化有着极大的关系(图 9-20)，实验结果证明，盐滑脱层层宽度的变化可以导致冲断带内横向分段差异构造变形。

2. 影响深层构造

结合三个盐滑脱层分布差异的复杂实验模型(图 5-15，实验 5-2-3、5-2-4 和 5-2-5)，来探讨盐滑脱层空间分布差异对深层构造的影响。其中，实验 5-2-3 为单盐凹模型，实验 5-2-4 为三个盐凹的模型，实验 5-2-5 为四个盐凹的模型。

图 5-15 显示了三个实验模型下部深层的三维结构。实验对比发现，在具有先存基底古隆凹和差异滑脱盐岩分布的情况下，原始滑脱层分布较厚的部位在变形过程中具有原地加厚的特征。这一方面表明滑脱作用的盐构造变形和盐增厚具有一定的原地性，另一方面也表明滑脱作用盐岩层的原地加厚与滑脱盐层下的基底古隆凹格局密切相关。古隆起在韧性滑脱盐岩的侧向流动中具有阻隔作用。因此，基底古隆起的作用不仅造成滑脱层空间分布的差异，也可能分隔现今变形后增厚滑脱盐层的差异分布。

空间上，滑脱盐岩的分布因基底古隆凹格局而存在差异，盐下的深层构造在走向上表现为交错的鳞片状冲断片叠置的结构。相比较而言，当深部的冲断构造已扩展到古隆起区域时，其带状和走向上成排的结构特征可能更明显。

因此，对于盐下深部构造层，模型实验的三维建模结果表明，区域上韧性滑脱层的差异空间分布是制约其下部深层构造呈区带性分段变形的因素之一。结构上，发育于较厚滑脱层下的垂向堆叠冲断变形可能在走向上呈交错的鳞片状结构，而在滑脱层较薄的隆起带上的冲断片，可能沿走向的排带状结构更突出。需要指出的是，从实验模型的设置条件来看，这种受滑脱层空间分布影响的构造变形差异和分带性也与基底拆离的深度变化有关。

三、构造层厚度

1. 能干层厚度差异的制约

为了探讨能干性构造层厚度差异在滑脱作用下的影响，作者在开展的大量实验中，对三个实验模型进行了对比分析(图 9-22)。模型 1(图 4-20)为底板水平的实验模型，盐下构造层(石英砂层)厚度为 15mm。模型 2(实验 5-3-5)和模型 3(实验 5-3-7)为底板倾斜的实验模型，坡度为 2°。其中，模型 2 的盐下构造层(石英砂层)厚度从 25mm 增加到 30mm，模型 3 的盐下构造层(石英砂层)厚度从 20mm 增加到 35mm。

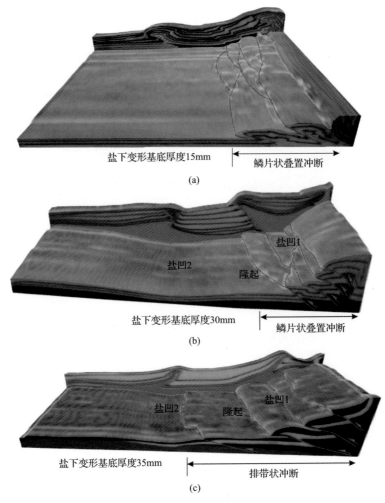

盐下变形基底厚度15mm ⟵ 鳞片状叠置冲断 ⟶

(a)

盐凹1

盐凹2 隆起

盐下变形基底厚度30mm ⟵ 鳞片状叠置冲断 ⟶

(b)

盐凹2 隆起 盐凹1

盐下变形基底厚度35mm ⟵ 排带状冲断 ⟶

(c)

图 9-22 下构造层厚度差异实验模型的下部深层构造三维结构

(a) 模型 1；(b) 模型 2；(3) 模型 3

结合三维模型的结构重建，针对实验模型的盐下深层结构变形开展分析。由图 9-22 的三维重构结果可见，在模型 1 中，盐下（硅胶层下）构造层的冲断变形表现为发育走向上交错的冲断片组合，以冲断片的断面为分隔，构成较典型的鳞片状组合结构。在模型 2 中，深部构造层的冲断片形成断面的交错。但在模型 3 中，深部构造层的冲断片沿走向无明显的断层交错，从而形成排带状的冲断构造。

实验结果表明，由于三个模型的深部构造层初始厚度存在差异，其发育的深部冲断构造在组合上表现不同。由于深部构造层之下的实验底板通常被当做地质构造层的拆离面，意味着这些构造组合的产生实际上可能与深部构造层的基底拆离（滑脱）深度有关。此外，基底拆离面的加深实质上意味着深部构造冲断的体积作用效应变大，因而深部构造在三维空间的整体性变形更显著，相对而言，构造变形受来自上覆沉积及盐岩自身流动性的影响可能在一定程度上要小得多。这在一定程度上可以解释深部构造层随着厚度增加而发育差异的冲断构造结构组合。

以库车地区为例，基于实验的相似性比例计算，25～30mm 的盐下拆离深度约相当于地质构造原型 3.75～4.5km 的深度，而 35mm 的盐下拆离深度约相当于地质构造原型 5.25km 的深度。以此推测，库车地区的盐下构造变形与构造的拆离面深度具有一定联系，基底拆离面深度通常制约着构造变形组合样式的差异。盐下拆离面深度小于 5km 的冲断构造叠片，其三维结构的展布在一定程度上可能表现为鳞片状交错堆叠的特征。

在库车拗陷的克拉苏-克深构造带，地震剖面的结构显示大致在 9～11km 深度存在一较深的拆离面，但对于盐下构造层而言，其盐下的拆离深度为 1～4km（图 9-23）。此外，在克拉苏-克深构造带的深部三维结构中（图 9-24），这一地区冲断片的三维构造在空间上存在走向上的交错叠置，表现出一定的鳞片状冲断片组合，使深部构造复杂化。结合模拟实验的分析，这种结构的形成在一定程度上应与盐下拆离面发育的深度小于 5km 有关。

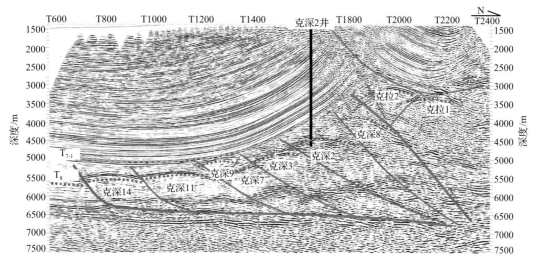

图 9-23　克深构造带结构剖面

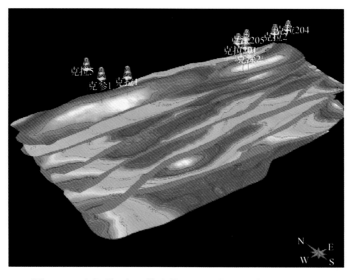

图 9-24　克拉苏-克深构造带深层巴什基奇克组三维构造

2. 非能干韧性滑脱层厚度差异的制约

结合离散元数值模拟分析了多层滑脱作用下深层基底韧性滑脱层厚度的影响(图9-25)。数值模型包含了两个滑脱层：下部深层基底韧性滑脱层设置为厚约 300m 的膏盐，上部滑脱层设置为厚约 150m 的膏盐。

分析表明，受双滑脱层影响，冲断带变形范围大，发育五排前展式褶皱冲断构造，冲断带表面坡度较缓。下部滑脱层控制褶皱带的整体格局及构造分带，同时中部滑脱层起到很好的层间滑动与构造差拆离作用，是影响上构造层与中构造层变形差异的主要因素。从整体看，上、中构造层具有较好的对应，但两套构造层对应构造的高点由于受中部滑脱层的影响有一定错位。数值模拟揭示下滑脱层存在垂向的流动聚集增厚。模型的初始状态，下滑脱膏盐在区域上均匀分布，随着区域水平挤压作用的继续，软弱的滑脱层系(膏盐)逐渐向背斜的核部汇聚增厚。在水平挤压作用下，这一现象在下构造层的挤压后端较明显。近年来，四川盆地东部发现下寒武统膏盐具有条带状分布的特征，膏盐条带的位置与浅部的褶皱带具有较好的对应关系。模型显示，这些条带分布特征可能是膏盐受后期挤压作用影响的结果。

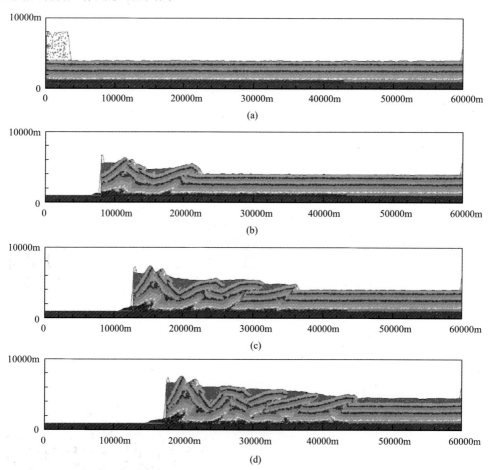

图 9-25　韧性滑脱层厚度差异的离散元数值模拟(下滑脱层厚 300m，上滑脱层厚 150m)

四、基底边界条件

前陆褶皱-冲断带的增生楔体构造通常是由克拉通基底之上的沉积楔体变形发展而来。沉积楔体中发育的构造变形通常受制于基底的边界特征。一般说来，由于沉积楔体向克拉通方向减薄，其内部的叠瓦冲断看上去会相应地减少。前人的研究表明，前陆基底增生的叠瓦冲断对基底斜坡坡角变化较为敏感，楔体基底的坡角越高，形成的冲断数量越少，但单个冲断的位移量会越大（Boyer，1995）。

除了基底斜坡坡角对对冲断变形有影响外，在深层冲断构造中，基底的刚性特征也是一个重要的制约因素。研究设计了一个具有连续刚性基底的实验模型。图5-41实验中，刚性的基底部分用湿砂替代，分布于盐凹1至盐凹2之下，近挤压端铺设干砂作为变形构造层。实验演化过程见第五章第二节。

实验分析表明，利用湿砂模拟盐下构造层中含刚性基底层的特征具有一定的效果。在基底结构刚性强度较大的情况下，对深部构造变形的传递起到了一个阻碍边界的作用。在这种情况下，当深部构造发育到基底边界时，变形无法继续突破基底的刚性强度向盆内进一步传递，使边界部位的冲断表现出较大的断距。但是，如果基底的刚性部分规模不大，且呈一定间隔分段分布，深部构造变形的发育可能由于基底的活化而在一定程度上受制于基底的这种刚性结构特征。

五、沉积、剥蚀外动力条件

在挤压背景下，伴随冲断变形的前缘同构造沉积和抬升块体的去顶剥蚀作用是常见的外动力作用。这两种作用是相反的地质过程，其发生的位置也有所差异。对于同构造沉积作用的影响而言，实验分析表明，在简单基底摩擦拆离的滑脱作用中（图9-26），单个构造的幅度往往伴随同构造沉积的负载而变大，且构造间的间距也在增加。

然而，多滑脱构造作用的复杂性在于上覆沉积与深层构造变形的解耦和分离。在图9-27的模拟对比实验中，研究显示，简单基底摩擦拆离模型所形成的冲断楔体锥角约为10°[图9-27(a)]，但在三构造层的多滑脱模型中[图9-27(b)]，同等尺度的深层构造层所形成的冲断构造楔体锥角则变大，约为20°。这意味着在多滑脱作用的构造体系中，由于上覆沉积作用的影响将导致深层冲断楔角度变大，深层构造层的垂向增生作用更明显，冲断片更易叠置。结合模型三维结构分析来看，在多滑脱作用的深层构造中，走向上呈鳞片状结构展布的特征通常更突出。

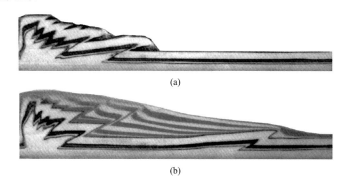

(a)

(b)

图9-26 同构造沉积作用对基底摩擦拆离变形的影响

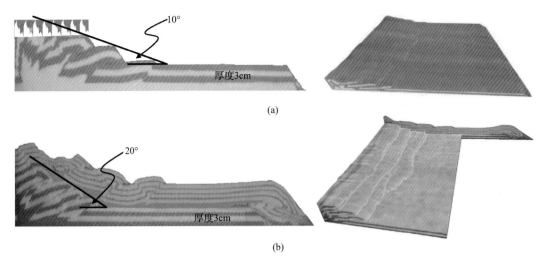

图 9-27　上覆沉积对深层冲断变形的影响

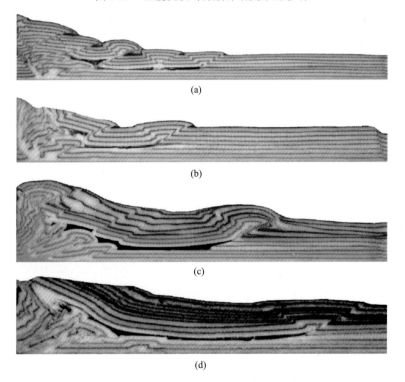

图 9-28　沉积、剥蚀外动力作用多滑脱构造变形对比

(a)无沉积剥蚀；(b)剥蚀；(c)同构造沉积；(d)同构造沉积-剥蚀

此外，在结合沉积、剥蚀作用的多滑脱构造模型中发现(图 9-28)，当模型考虑有韧性的岩层(实验上的中间硅胶夹层)存在时，在相同的挤压条件下，同构造的沉积、剥蚀作用对变形的制约主要体现在韧性层(滑脱面)之上的构造层中。构造片之上的去顶剥蚀作用使构造向盆内的传递作用减小，而同构造沉积作用则使构造向盆内远距离传递，但构造带数量明显减少。当模型同时联合了同构造的沉积与剥蚀作用时，浅部构造层的变

形表现为近山前的反向单斜和盆内远距离的背斜。

研究结合离散元的数值模拟对山前剥蚀作用的影响作了进一步分析。图 9-29 的模拟结果显示，在滑脱层控制的构造变形中，山前剥蚀作用使剖面变形集中于挤压后端，深层变形传播的距离短，形成紧密排布的断层叠合堆垛构造。近挤压端构造快速抬升—剥蚀，受中间滑脱层系的影响，其上方地层形成被动反冲，造成浅构造层的单斜构造。

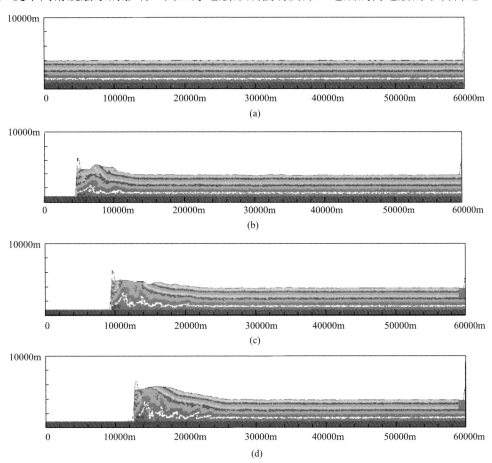

图 9-29　山前剥蚀作用离散元数值模拟

分析认为，在滑脱作用控制的构造变形中，同构造沉积作用表现为模型脆/韧性强度比增加的过程，这使模型浅部具有大的构造间距可以得到合理地解释。而构造片的去顶剥蚀作用相应为脆/韧性强度比减小的过程，随着滑脱层上的上覆沉积减少，韧性层的流动性变得突出，因而近山前的浅部地层可能在韧性流反向位移和深部冲断的作用下被抬升[图 9-28(d)、图 9-29]，同时也使向盆内传递的变形位移量被分解，从而大大削弱了盆内构造变形的幅度。

参 考 文 献

陈汉林, 张芬芬, 程晓敢, 等. 2010. 帕米尔东北缘地区构造变形特征与盆山结构. 地质学报, 45(1): 102-112.

陈书平, 汤良杰, 贾承造, 等. 2004. 秋立塔克构造带盐构造形成的传力方式的构造物理模拟. 西安石油大学学报(自然科学版), 19(1): 6-10.

程晓敢, 雷刚林, 陈汉林, 等. 2011. 西昆仑山前甫沙-克里阳地区新生代变形特征及油气控制作用. 石油学报, 32(1): 83-89.

程晓敢, 黄智斌, 陈汉林, 等. 2012. 西昆仑山前冲断带断裂特征及构造单元划分. 岩石学报, 28(8): 2591-2601.

杜治利, 梁瀚, 师骏, 等. 2013. 西昆仑山前柯东构造新生代构造变形及油气意义. 石油学报, 34(1): 22-29.

贾承造, 李本亮, 雷永良, 等. 2013. 环青藏高原盆山体系构造与中国中西部天然气大气区. 中国科学: 地球科学, (10): 1621-1631.

贾东, 陈竹新, 罗良, 等. 2007. 断层相关褶皱的磁组构与有限应变: 川西岷江冲断构造的实例分析. 自然科学进展, 17(2): 188-195.

李四光. 1947. 地质力学之基础与方法. 上海: 中华书局.

刘胜, 邱斌, 尹宏, 等. 2005. 西昆仑山前乌泊尔逆冲推覆带构造特征. 石油学报, 26(6): 16-19.

刘玉萍, 尹宏伟, 张洁, 等. 2008. 褶皱-冲断体系双层滑脱构造变形物理模拟实验. 石油实验地质, 30(4): 424-428.

漆家福, 雷刚林, 李明刚, 等. 2009. 库车拗陷-南天山过渡带的收缩构造变形模式. 地学前缘, 16(3): 120-128.

单家增. 1996. 构造模拟实验在石油地质学中的应用. 北京: 石油工业出版社.

沈礼, 贾东, 尹宏伟, 等. 2012. 基于粒子成像测速(PIV)技术的褶皱冲断构造物理模拟. 地质论评, 58(3): 471-480.

沈礼, 贾东, 尹宏伟, 等. 2016. 构造物理模拟和PIV有限应变分析对构造裂缝预测的启示. 高校地质学报, 22(1): 171-182.

汤良杰. 1996. 塔里木盆地演化和构造样式. 北京: 地质出版社.

汤良杰, 贾承造, 皮学军, 等. 2003. 库车前陆褶皱带盐相关构造样式. 中国科学(D辑), 33(1): 38-46.

汤良杰, 金之钧, 贾承造, 等. 2004. 塔里木盆地多期盐构造与油气聚集. 中国科学, 34(A01): 89-97.

汤良杰, 余一欣, 陈书平, 等. 2005. 含油气盆地盐构造研究进展. 地学前缘, 12(4): 375-382.

唐鹏程, 李世琴, 雷刚林, 等. 2012. 库车褶皱-冲断带拜城凹陷盐构造特征与成因. 中国地质大学学报(地球科学), 37(1): 69-76.

田继强, 贾承造, 段书府, 等. 2012. 塔西南昆仑山前冲断带甫沙—克里阳段构造特征与物理模拟. 石油学报, 33(6): 941-948.

汪新, 唐鹏程, 谢会文, 等. 2009. 库车拗陷西段新生代盐构造特征及演化. 大地构造与成矿学, 33(1): 57-65.

邬光辉, 王招明, 刘玉魁, 等. 2004. 塔里木盆地库车拗陷盐构造运动学特征. 地质论评, 50(5): 476-483.

邬光辉, 蔡振中, 赵宽志, 等. 2006. 塔里木盆地库车拗陷盐构造成因机制探讨. 新疆地质, 24(2): 182-186.

伍秀芳, 刘胜, 汪新, 等. 2004. 帕米尔-西昆仑北麓新生代前陆褶皱冲断带构造剖面分析. 地质科学, 39(2): 260-271.

谢会文, 李勇, 郭卫星, 等. 2011. 塔里木盆地库车拗陷中段盐上层构造特征. 石油与天然气地质, 32(54): 768-776.

谢会文, 雷永良, 能源, 等. 2012. 挤压作用下盐岩流动的三维物理模拟分析. 地质科学, 47(3): 824-835.

余一欣, 汤良杰, 李京昌, 等. 2006. 库车前陆褶皱-冲断带基底断裂对盐构造形成的影响. 地质学报, 80(3): 330-336.

余一欣, 马宝军, 汤良杰, 等. 2008. 库车拗陷西段盐构造形成主控因素. 石油勘探与开发, 35(1): 23-27.

钟嘉猷. 1998. 实验构造地质学及其应用. 北京: 科学出版社.

周建勋, 漆家福, 童亨茂. 1999. 盆地构造研究中的砂箱模拟实验方法. 北京: 地震出版社.

周新桂, 张林炎, 范昆. 2007. 含油气盆地低渗透储层构造裂缝定量预测方法和实例. 天然气地球科学, 18(3): 328-333.

Adam J, Urai J, Wieneke B, et al. 2005. Shear localisation and strain distribution during tectonic faulting-new insights from granular flow experiments and high-resolutionoptical image correlation techniques. Journal of Structural Geology, 27 (2): 283-301.

Adam J, Klinkmüller M, Schreurs G, et al. 2013. Quantitative 3D strain analysis in analogue experiments simulating tectonic deformation: Integration of X-ray computed tomography and digital volume correlation techniques. Journal of Structural Geology, 55: 127-149.

Anderson E M. 1905. The dynamics of faulting. Transaction of Edinburgh Geological Society,8: 387-402.

Avebury P C. 1903. An experiment in mountain-building. Quarterly Journal of the Geological Society, 59 (1-4) : 348-355.

Bahroudi A, Koyi H A, 2003. Effect of spatial distribution of Hormuz salt on deformation style in the Zagros fold and thrust belts: An analogue modelling approach. Journal of Geological Society of London, 160 (5) : 719-733.

Belousov V. 1961. Experimental geology. Scientific American, 204 (2) : 97-106.

Bernard S, Avouac JP, Dominguez S, et al. 2007. Kinematics of fault-related folding derived from a sandbox experiment. Journal of Geophysical Research, 112, B03S12, doi: 10.1029/2005JB004149.

Bhattacharji S. 1958. Theoretical and experimental investigations on cross folding. Journal of Geology, 66 (6) : 625-667.

Bigi S, Paolo L D, Vadacca L, et al. 2010. Load and unload as interference factors on cyclical behavior and kinematics of Coulomb wedges: insights from sandbox experiments. Journal of Structural Geology, 32 (1) : 28-44.

Bilotti F, Shaw J H. 2005. Deep-water niger delta fold and thrust belt modeled as a critical-taper wedge: The influence of elevated basal fluid pressure on structural styles. AAPG Bulletin, 89 (11) : 1475-1491.

Bonini M. 2001. Passive roof thrusting and forelandward fold propagation in scaled brittle-ductile physical models of thrust wedges. Journal of Geophysical Research. 106: 2291-2311.

Bonini M. 2007. Deformation patterns and structural vergence in brittle-ductile thrust wedges: An additional analogue modeling perspective. Journal of Structural Geology, 29: 141-158.

Borgh M M, Oldenhuis R, Biermann C, et al. 2011. The effects of basement ramps on deformation of the Prebetics (Spain): A combined field and analogue modelling study. Tectonophysics, 502: 62-74.

Bosboom R E, Dupont-Nivet G, Houben A J P, et al. 2011. Late Eocene sea retreat from the Tarim Basin (west China) and concomitant Asian paleoenvironmental change. Palaeogeogr Palaeoclimatol Palaeoecol, 299 (3-4) : 385-398.

Boyer S E. 1995. Sedimentary basin taper as a factor controlling the geometry and advance of thrust belts. American Journal of Science, 295 (10) : 1220-1254.

Burtman V S. 2000. Cenozoic crustal shortening between the Pamir and Tien Shan and a reconstruction of the Pamir-Tien Shan transition zone for the Cretaceous and Palaeogene. Tectonophysics, 319 (2) : 69-92.

Butler R W H. 1987. Thrust sequences. Journal of the Geological Society, 144 (4) : 619-634.

Byerlee J D. 1978. Friction of rocks. Pure Applied Geophysics, 116 (4-5) : 615-626.

Cadell H M. 1888. Experimental researches in mountain building. Transactions of the Royal Society of Edinburgh, 35: 337-357.

Chamberlin R T. 1925. The wedge theory of diastrophism. Journal of Geology, 33 (8) : 755-792.

Chamberlin R T, Miller W Z. 1918. Low-angle faulting. Journal of Geology, 26 (1) : 1-44.

Chamberlin R T, Shepard F P. 1923. Some experiments in folding. Journal of Geology, 31 (6) : 490-512.

CloosH. 1928. Experimente zur inneren Tektonik. Zentralblatt für Mineralogie, Geologieund Paläontologie Abhandlungen B, 12: 609-621.

Colletta B, Letouzey J, Pinedo R, et al. 1991. Computerized X-ray tomography analysis of sandbox models: Examples of thin-skinned thrust systems. Geology, 19 (9) : 1063-1067.

Costa E, Vendeville B C. 2002. Experimental insights on the geometry and kinematics of fold-and-thrust belts above weak, viscous evaporitic décollement. Journal of Structural Geology, 24 (11) : 1729-1739.

Cotton J T, Koyi H A. 2000. Modeling of thrust fronts above ductile and frictional detachments: Application to structures in the Salt Range and Potwar Plateau, Pakistan. Geological Society of America Bulletin, 112: 351-363.

Couzens-Schultz B A, Vendeville B C, Wiltschko D V. 2003. Duplex style and triangle zone formation: Insights from physical modeling. Journal of Structural Geology, 25: 1623-1644.

Cruz L, Teyssier C, Perg L, et al. 2008. Deformation, exhumation, and topography of experimental doubly-vergent orogenic wedges subjected to asymmetric erosion. Journal of Structural Geology, 30 (1) : 98-115.

Dahlen F A. 1984. Non cohesive critical Coulomb wedges: An exact solution. Journal of Geophysical Research, 89 (B12) : 10125-10133.

Dahlen F A. 1990. Critical taper model of fold-and-thrust belts and accretionary wedges. Annual Review of Earth and Planetary Sciences, 18: 55-99.

Dahlen F A, Suppe J.1988. Mechanics, growth, and erosion of mountain belts. Geological Society of America Special Papers. Processes in Continental Lithospheric Deformation, (218): 161-178.

Dahlen F A, Barr T D. 1989. Brittle frictional mountain building 1. Deformation and mechanical energy budget. Journal of Geophysical Research, 94 (B4): 3906-3922.

Dahlen F A, Suppe J, Davis D. 1984. Mechanics of fold-and-thrust belts and accretionary wedges: Cohesive coulomb theory. Journal of Geophysical Research, 89 (B12): 10087-10101.

Daubrée G A. 1878. Expériences tendant à imiter des formes diverses de ploiements, contournement set ruptures que présente l'écorce terrestre. Comptes Rendus Hebdomadairesdes Séances de l'Académie des Sciences, 86 (12): 733-739, 864-869, 928-931.

Davis D M, Engelder T. 1985. The role of salt in fold-and-thrust belts. Tectonophysics, 119 (1-4): 67-88.

Davis D M, von Huene R. 1987. Inferences on sediment strength and fault friction from structures at the Aleutian Trench. Geology, 15 (6): 517-522.

Davis D, Suppe J, Dahlen F A. 1983. Mechanics of fold-and-thrust belts and accretionary wedges. Journal of Geophysical Research, 88 (B12): 1153-1172.

Davy P, Cobbold P R. 1991. Experiments on shortening of a 4-layer model of the continental lithosphere. Tectonophysics, 188 (1-2): 1-25.

Dewey J F, Shackleton R M, Chang C, et al. 1988. The tectonic evolution of the Tibetan Plateau. Philosophical Transations of the Royal Society of London A Mathematical & Engineering Sciences, 327 (1594): 379-413.

Dobrin M B. 1941. Some quantitative experiments on a fluid salt-dome model and their geological interpretations. Eos American Geophysical Union Transactions, 22: 528-542.

Dooley T P, Jackson M P A, Hudec M R. 2009. Inflation and deflation of deeply buried salt stocks during lateral shortening. Journal of Structural Geology, 31: 582-600.

Dooley T P, Jackson M P A, Jackson C A L, et al. 2015. Enigmatic structures within salt walls of the Santos Basin-Part 2: Mechanical explanation from physical modelling. Journal of Structural Geology, 75: 163-187.

Eisenstadt G, Sims D. 2005. Evaluating sand and clay models: Do rheological differences matter. Journal of Structural Geology, 27 (8): 1399-1412.

Elliott D. 1976. The energy balance and deformation mechanisms of thrust sheets. Philosophical Transactions of the Royal Society of London, 283 (1312): 289-312.

Ellis S. 1996. Forces driving continental collision: Reconciling indentation and mantle subduction tectonics. Geology, 24 (8): 699-702.

Erickson S G. 1996. Influence of mechanical stratigraphy on folding vs faulting. Journal of Structural Geology, 18 (4): 431-435.

Escalona A, Mann P. 2006. Tectonic controls of the right-lateral Burro Negro tear fault on Paleogene structure and stratiaraphy, northeastern Maracaibo Basin. AAPG Bulletin, 90 (4): 479-504.

Escher B G, Kuenen P H. 1929. Experiments in connection with salt domes. Leidsche Geologische Mededelingen, 3: 151-182.

Farzipour-Saein A, Nilfouroushan F, Koyi H. 2013. The effect of basement step/topography on the geometry of the Zagros fold and thrust belt (SW Iran): An analog modeling approach. International Journal of Earth Sciences, 102 (8): 2117-2135.

Favre A. 1878. Expériences sur les effets des refoulements ou écrasements latéraux engéologie. La Nature: Archives Des Sciences Physiques et Naturelles, 246: 278-283.

Fermor P. 1999. Aspects of the three-dimensional structure of the Alberta foothills and front ranges. Geological Society of America Bulletin, 111 (3): 317-346.

Fincham A M, Spedding G R. 1997. Low cost high resolution DPIV for measurement of turbulent fluids. Experiments in Fluids, 23: 449-462.

Forchheimer P. 1883. Uber sanddruck und Bewegungserscheinungen im innerentrockenen sandes. Aachen: Tübingen.

Fort X. 2004. Salt tectonics on the Angolan margin, synsedimentary deformation process. AAPG Bulletin, 88(11): 1523-1544.

Fossen H. 2010. Structural Geology. Cambridge: Cambridge University Press.

Gilbert G K. 1904. Domes and dome structure of the high Sierra. Geological Society of America Bulletin, 15(1): 29-36.

Gomes C J S. 2013. Investigating new materials in the context of analog-physical models. Journal of Structural Geology, 46: 158-166.

Gorceix C. 1924. Origine des grands reliefs terrestres. Essai de géomorphisme rationnelet expérimental. Paris: Lechevalier.

Graveleau F, Hurtrez J E, Dominguez S, et al. 2011. A new experimental material for modeling relief dynamics and interactions between tectonics and surface processes. Tectonophysics, 513: 68-87.

Graveleau F, Malavieille J, Dominguez S. 2012. Experimental modelling of orogenic wedges: A review. Tectonophysics, 538-540: 1-66.

Graveleau F, Strak V, Dominguez S, et al. 2015. Experimental modelling of tectonics-erosion-sedimentation interactions in compressional, extensional, and strike-slip settings. Geomorphology, 244: 146-168.

Griffith A A. 1921. The phenomena of rupture and flow in solids. Philosophical Transactions of the Royal Society of London, 221: 163-198.

Guglielmo G, Jackson M P A, Vendeville B C. 1997. Three-dimensional visualization of salt walls and associated fault systems. AAPG Bulletin, 81(1): 46-61.

Hall J. 1815. On the vertical position and convolutions of certain strata and their relation with granite. Transactions of the Royal Society of Edinburgh, 7: 79-108.

Haq S S B, Davis D M. 2008. Extension during active collision in thin-skinned wedges: Insights from laboratory experiments. Geology, 36(6): 475-478.

Haq S S B, Davis D M. 2009. Interpreting finite strain: Analysis of deformation in analog models. Journal of Structural Geology, 31(7): 654-661.

Hobbs W M. 1914. Mechanics of formation of arcuate mountains-Part I. Journal of Geology, 22(1): 71-90.

Hoth S. 2005. Deformation, erosion and natural resources in continental collision zones: Insight from scaled sandbox simulations. Potsdam: Deutsches Geo Forschangs Zentrum GFZ.

Hoth S, Hoffmann-Rothe A, Kukowski N. 2007. Frontal accretion: An internal clock for bivergent wedge deformation and surface uplift. Journal of Geophysical Research, 112: B06408.

Hubbert M K. 1937. Theory of scale models as applied to the study of geologic structures. Geological Society of America Bulletin, 48(10): 1459-1519.

Hubbert M K. 1951. Mechanical basis for certain familiar geologic structures. Bulletin of the Geological Society of America, 62(4): 355-372.

Hudec M R, Jackson M P A. 2007. Terra infirma: Understanding salt tectonics. Earth-Science Reviews, 82: 1-28.

Jackson M P A, Talbot C J. 1986. External shapes, strain rates, and dynamics of salt structures. Geological Society of America Bulletin, 97(3): 305-323.

Jackson M P A, Talbot C J. 1991. A glossary of salt tectonics. Bureau of economic geology: The university of Texas at Austin, Geological Circular, 91-4: 1-44.

Jackson M P A, And B C V, Schultzela D D. 1994. Structural dynamics of salt systems. Annual Review of Earth & Planetary Science, 22(1): 93-117.

Knappett J A, Haigh S K, Madabhushi S P G. 2006. Mechanisms of failure for shallow foundations under earthquake loading. Soil Dynamics and Earthquake Engineering, 26: 91-102.

Koenigsberger J, Morath O. 1913. Theoretische grundlagen der experimentellen tektonik. Zeitschrift der Deutschen Geologischen Gesellschaft, 65: 65-86.

Krantz R W. 1991. Measurements of friction coefficients and cohesion for faulting and fault reactivation in laboratory models using sand and sand mixtures. Tectonophysics, 188 (1): 203-207.

Kuenen P H, de Sitter L U. 1938. Experimental investigation into the mechanism offolding. Leidse Geologische Mededelingen, 10: 217-239.

Lallemand S E, Schnürle P, Malavieille J. 1994. Coulomb theory applied to accretionary and nonaccretionary wedges: Possible causes for tectonic erosion and/or frontal accretion. Journal of Geophysical Research Solid Earth, 99 (B6): 12033-12055.

Lee J S. 1929. Some characteristic structural types in eastern Asia and their bearing upon the problem of continental movements. Geological Magazine, 66 (9): 358-375, 413-431, 457-473, 501-522.

Lee J S. 1948. The strain ellipsoid and shear planes in rocks. Bulletin of the Geological Society of China, 28 (Z1): 13-24.

Letouzey J, Colleta B, Vially R, et al. 1995. Evolution of salt-related structures in compressional settings. AAPG Memoir, 65 (65): 41-60.

Leturmy P, Mugnier J L, Vinour P, et al. 2000. Piggyback basin development above a thin-skinned thrust belt with two detachment levels as a function of interactions between tectonic and superficial mass transfer: The case of the Subandean Zone (Bolivia). Tectonophysics, 320: 45-67.

Li T, Chen J, Thompson J A, et al. 2012. Equivalency of geologic and geodetic rates in contractional orogens: New insights from thePamir Frontal Thrust. Geophysical Research Letters. 39 (15): 51-60.

Link T A.1927. The origin and significance of "epi-anticlinal" faults as revealed by experiments. AAPG Bulletin, 11 (8): 853-866.

Liu H, McClay K R, Powell D, 1992. Physical models of thrust wedges// McClay K R. Thrust Tectonics. London: Chapman and Hall: 71-81.

Lohest M. 1913. Expériences de tectonique. Annales de la Societe Geologique deBelgique. Mémoires, 39: 547-585.

Lohrmann J, Kukowski N, Adam J, et al. 2003. The impact of analogue material properties on the geometry, kinematics, and dynamics of convergent sand wedges. Journal of Structural Geology, 25: 1691-1711.

Luth S, Willingshofer E, Sokoutis D, et al. 2010. Analogue modelling of continental collision: Influence of plate coupling on mantle lithosphere subduction, crustal deformation and surface topography. Tectonophysics, 484: 87-102.

Malavieille J, Konstantinovskaya E. 2010. Impact of surface processes on the growth of orogenic wedges: Insights from analog models and case studies. Geotectonics, 44 (6): 541-558.

Mandal N, Chattopadhyay A, Bose S. 1997. Imbricate thrust spacing: Experimental and theoretical analyses// Evolution of Geological Structures in Micro-to Macro-scales: 143-165.

Mandl G. 1998. Mechanics of tectonic faulting: models and basic concepts. Amsterdam: Elsevier.

Martinod J, Davy P. 1994. Periodic instabilities during compression or extension ofthe lithosphere: 2. Analogue experiments. Journal of Geophysical Research, 99 (B2): 12057-12069.

Massoli D, Koyi H A, Barchi M R, 2006. Structural evolution of a fold and thrust belt generated by multiple décollements: Analogue models and natural examples from the Northern Apennines (Italy). Journal of Structural Geology, 28: 185-199.

Matte P, Tapponnier P, Arnaud N, et al. 1996. Tectonics of Western Tibet, between the Tarim and the Indus. Earth and Planetary Science Letters, 142: 311-330.

Maystrenko Y, Bayer U, Scheck-Wenderoth M. 2006. 3D reconstruction of salt movements within the deepest post-Permian structure of the Central European Basin System-the Glueckstadt Graben. Netherlands Journal of Geosciences Geologie en Mijnbouw, 85 (3): 181-196.

McQuillan H. 1973. Small-scale fracture density in Asmari formation of southwest Iran and its relation to bed thickness and structural setting. AAPG Bulletin, 57 (4): 2367-2385.

Mead W J. 1920. Notes on the mechanics of geologic structures. Journal of Geology, 28 (6): 505-523.

Meunier S. 1904. La géologie expérimentale. Paris: Alcan.

Morley C K. 2007. Interaction between critical wedge geometry and sediment supply in a deep-water fold belt. Geology, 35: 139-142.

Mourgues R, Lacoste A, Garibaldi C. 2014. The Coulomb critical taper theory applied to gravitational instabilities. Journal of Geophysical Research: Solid Earth,119: 754-765.

Mugnier J L, Baby P, Colletta B, et al. 1997. Thrust geometry controlled by erosion and sedimentation: A view from analogue models. Geology, 25(5): 427-430.

Mulugeta G. 1988a. Squeeze-box in the centrifuge. Tectonophysics, 148: 323-335.

Mulugeta G., 1988b. Modelling the geometry of Coulomb thrust wedges. Journal of Structural Geology, 10: 847-859.

Nettleton L L. 1943. Recent experimental and geophysical evidence of mechanics of salt-dome formation. AAPG Bulletin, 27(1): 51-63.

Nieuwland D A,Nijman M. 2001. The atlas of structural geometry: A digital collection of 25 years of analogue modeling. Netherlands Journal of Geosciences,80(2): 59-60.

Nilforoushan F, Koyi H A, Swantesson J O H, et al. 2008. Effect of basal friction on surface and volumetric strain in models of convergent settings measured by laser scanner. Journal Structural Geology, 30: 366-379.

Nilforoushan F, Koyi H A. 2007. Displacement fields and finite strains in a sandbox model, simulating a fold-thrust belt. Geophysical Journal International, 169(3): 1341-1355.

Noble T E, Dixon J M. 2011. Structural evolution of fold–thrust structures in analog models deformed in a large geotechnical centrifuge. Journal of Structural Geology, 33(2): 62-77.

Panien M, Schreurs G, Pfiffner A. 2006. Mechanical behaviour of granular materials used in analogue modelling: Insights from grain characterisation, ring-shear tests and analogue experiments. Journal of Structural Geology, 28: 1710-1724.

Parker T J, McDowell A N.1955. Model studies of salt-dome tectonics. AAPG Bulletin, 39(12): 2384-2470.

Paulcke W. 1912. Das Experiment in der Geologie. Festschrift zur Feier des fünfündfündfzigsten.

Persson K S, Sokoutis D. 2002. Analogue models of orogenic wedges controlled by erosion. Tectonophysics, 356: 323-336.

Ramberg H. 1967. Model experimentation of the effect of gravity on tectonic processes. Geophysical Journal of the Royal Astronomical Society, 14(1-4): 307-329.

Ramberg H. 1981. Gravity, Deformation and the Earth's Crust// Theory, Experiments and Geological Applications. London: Academic Press.

Reade T M. 1886. The Origin of Mountain Ranges Considered Experimentally, Structurally, Dynamically, and in Relation to Their Geological History. London: Taylor and Francis.

Reiter K, Kukowski N, Ratschbacher L. 2011. The interaction of two indenters in analogue experiments and implications for curved fold-and-thrust belts. Earth Planetary Science Letters. 320: 132-146.

Reyer E. 1892. Ursachen der Deformationen und der Gebirgsbildung. Leipzig: W. Engelmann.

Rich J L.1934. Mechanics of low-angle overthrust faulting as illustrated by Cumberland thrust block, Virginia, Kentucky, and Tennessee. AAPG Bulletin, 18(12): 1584-1596.

Robinson A C, Yin A, Manning C E, et al. 2007. Cenozoic evolution of the eastern Pamir: Implications for strain-accommodation mechanisms at the western end of the Himalayan-Tibetan orogen. Geological Society of America Bulletin, 119(7): 882-896.

Sans M, Verges J. 1995. Fold development related to contractional salt tectonics: Southeastern Pyrenean thrust front, Spain. AAPG Memoir, 65(65).

Scarano F, Riethmuller M L. 2000. Advances in iterative multigrid PIV image processing. Experiments in Fluids, 29: 51-60.

Schardt H.1884. Geological studies in the Pays-D'Enhaut Vaudois. Bulletin de la Société Vaudoise des Sciences Naturelles, 20(90): 139-167.

Schellart W P. 2000. Shear test results for cohesion and friction coefficients for different granular materials: Scaling implications for their usage in analogue modelling. Tectonophysics, 324:1-16.

Schrank C E, Boutelier D A, Cruden A R. 2008. The analogue shear zone: From rheology to associated geometry. Journal of Structural Geology, 30(2): 177-193.

Schreurs G, Hanni R, Panien M, et al. 2003. Analysis of analogue models by helical X-ray computed tomography//Mees F, Swennen R, van Geet M, et al. Applications of X-ray Computed Tomography in the Geosciences. Geological Society of London Special Publications, 215: 213-223.

Schreurs G, Buiter S J H, Boutelier D, et al. 2006. Analogue benchmarks of shortening and extension experiments// Buiter S J H, Schreurs G. Analogueand Numerical Modelling of Crustal-Scale Processes. Geological Society of London Special Publications, 253: 1-27.

Sherkati S, Molinaro M, Lamotte D F D, et al. 2005. Detachment folding in the Central and Eastern Zagros fold-belt (Iran): Salt mobility, multiple detachments and late basement control. Journal of Structural Geology, 27 (9): 1680-1696.

Smit J H W, Brun J P, Sokoutis D. 2003. Deformation of brittle-ductile thrust wedges in experiments and nature. Journal of Geophysical Research Solid Earth, 108 (B10): 2480, doi: 10.1029/2002JB002190.

Sobel E R, Chen J, Heermance R V. 2006. Late Oligocene-Early Miocene initiation of shortening in the Southwestern Chinese Tian Shan: implication for Neogene shortening rate variations. Earth and Planetary Science Letters, 247 (1-2): 70-81.

Sobel E R, Chen J, Schoenbohm L M, et al. 2013. Oceanic-style subduction controls late Cenozoic deformation of the Northern Pamir orogen. Earth and Planetary Science Letters, 363: 204-218.

Sokoutis S, Bonini M, Medvedev S, et al. 2000. Indentation of a continent with a built-in thickness change: Experiment and nature. Tectonophysics, 320: 243-270.

Storti F, Salvini F, McClay K. 1997. Fault-related folding in sandbox analogue models of thrust wedges. Journal of Structural Geology, 19: 583-602.

Strak V, Dominguez S, Petit C, et al. 2011. Interaction between normal fault slip and erosion on relief evolution: Insights from experimental modeling. Tectonophysics, 513: 1-19.

Suppe J. 2007. Absolute fault and crustal strength from wedge tapers. Geology, 35: 1127-1130.

Tapponnier P, Peltzer G, Le Dain A Y, et al. 1982. Propagating extrusion tectonics in Asia: New insights from simple experiments with plasticine. Geology, 10 (12): 611-616.

Terada T, Miyabe N. 1929. Experimental investigations of the deformation of sand mass by lateral pressure. Bulletin of the Earthquake Research Institute, 6: 109-126.

Torrey P D, Fralich C E. 1926. An experimental study of the origin of salt domes. Journal of Geology, 34 (3): 224-234.

Turrini C, Ravaglia A, Perotti C R. 2001. Compressional structures in a multilayered mechanical stratigraphy: Insights from sandbox modeling with three-dimensional variations in basal geometry and friction. Memoir of the Geological Society of America, 193: 153-178.

Twiss R J, Moores E M. 2007. Structural Geology. 2nd edition. New York: W H Freeman and Company: 1-736.

Velaj T, Davison I, Serjani A, et al. 1999. Thrust tectonics and the role of evaporites in the Ionian Zone of Albania. AAPG Bulletin, 83 (9): 1408-1425.

Vendeville B C, Calvez J L. 1995. Physical models of normal-fault relays between variably offset grabens. AAPG Bulletin, 79: 1253-1254.

Wang C Y, Chen H L, Cheng X G, et al. 2013. Evaluating the role of syn-thrusting sedimentation and interaction with frictional detachment in the structural evolution of the SW Tarim basin, NW China: Insights from analogue modelling. Tectonophysics, 608: 642-652.

Wang Q M, Nishidai T, Coward M P, 1992. The Tarim Basin, NW China: Formation and aspects of petroleum geology. Journal of Petroleum Geology, 15 (1): 5-34.

Weijermars R. 1986. Flow behaviour and physical chemistry of bouncing putties and related polymers in view of tectonic laboratory applications. Tectonophysics, 124 (3-4): 325-358.

Weijermars R, Schmeling H. 1986. Scaling of Newtonian and non-Newtonian fluid dynamics without inertia for quantitative modelling of rock flow due to gravity. Physics of the Earth and Planetary Interiors, 43 (4): 316-330.

Weijermars R, Jackson M P A, Vendeville B C. 1993. Rheological and tectonic modelingof salt provinces. Tectonophysics, 217(1-2): 143-174.

White D J, Take W A, Bolton M D. 2003. Soil deformation measurement using particle image velocimetry (PIV) and photogrammetry. Geotechnique, 53(7): 619-631.

Wieneke B. 2001. PIV adaptive multi-pass correlation with deformed interrogation windows. PIV Challenge, 2001: 1-6.

Willis B. 1893. The mechanics of Appalachian structure//Powell J W. Thirteenth Annual report of the United States Geological Survey to the Secretary of the Interior Part 2. USGS: 211-282.

Withjack M O, Callaway S. 2000. Active normal faulting beneath a salt layer: An experimental study of deformation patterns in the cover sequence 1. AAPG Bulletin, 84(5): 4643-4654.

Wolf H, Konig D, Triantafyllidis T. 2003. Experimental investigation of shear band patterns in granular material. Journal of Structural Geology, 25: 1229-1240.

Wu J E, McClay K R. 2011. Two-dimensional analog modeling of fold and thrust belts: Dynamic interactions with syncontractional sedimentation and erosion// McClay K, Shaw J, Suppe J. Thrust Fault-Related Folding. AAPG Memoir, 94: 301-333.

Wu X, Liu S, Wang X, et al. 2004. Analysis on structural sections in the Cenozoic Pamir-Western Kunlun foreland and fold-and-thrust belt. Chinese Journal of Geology 39: 260-271.

Xiao H B, Dahlen F A, Suppe J. 1991. Mechanics of extensional wedges. Journal of Geophysical Research Solid Earth, 96(B6): 10301-10318.

Yamada Y, Baba K, Matsuoka T. 2006. Analogue and numerical modeling of accretionary prisms with a decollement in sediments// Buiter S J H, Schreurs G. Analogue and Numerical Modelling of Crustal-Scale Processes. Geological Society. London: Special Publications, 253: 169-183.

Zhao W L, Davis D M, Dahlen F A, et al. 1986. Origin of convex accretionary wedges: Evidence from Barbados. Journal of Geophysical Research, 91(B10): 10246-10258.